江苏省高等学校重点教材(编号:2021－2－194)

数控机床编程与加工

主　编　张淑兰　陈书法
副主编　蔡小霞　公　成
参　编　张南乔　韩兆兴　郑书谦

哈爾濱工業大學出版社

内 容 简 介

本书紧扣机械类专业办学定位要求，培养能够在生产一线从事机械工程领域内设计、制造、控制及运行管理等工作岗位，具有较强实践能力、创新意识、社会责任感的复合应用型人才。实现思政育人和课程育人的有机融合，落实立德树人的根本任务。重点阐述了应用广泛的FANUC、SIEMENS和华中数控系统的数控车床编程，数控铣床编程，加工中心编程，数控机床操作与加工，数控机床维护与保养，工程项目管理。本书突出多种数控系统的数控机床编程、数控机床操作加工、数控机床维护与保养及工程项目管理，每章均附有习题与思考题。以实用技能培养为重点，贴近实际工业生产过程，突出应用型人才培养特色。

本书为高等学校机械类、机电类专业本科生的数控技术实习、数控技术课程的实践教材，也可作为高职院校机械、机电类专业学生先进制造技术的实训教材；可供企业从事数控技术应用的工程技术人员参考，并可供数控机床培训及第二课堂数控技术创新培训教材使用。

图书在版编目(CIP)数据

数控机床编程与加工/张淑兰，陈书法主编．—哈尔滨：哈尔滨工业大学出版社，2023.8

ISBN 978－7－5603－9786－3

Ⅰ.①数…　Ⅱ.①张…②陈…　Ⅲ.①数控机床－程序设计　②数控机床－加工工艺　Ⅳ.①TG659

中国国家版本馆CIP数据核字(2023)第139694号

HITPYWGZS@163.COM

艳|文|工|作|室　13936171227

策划编辑　李艳文　范业婷
责任编辑　李长波
出版发行　哈尔滨工业大学出版社
社　　址　哈尔滨市南岗区复华四道街10号　邮编150006
传　　真　0451－86414749
网　　址　http://hitpress.hit.edu.cn
印　　刷　哈尔滨市工大节能印刷厂
开　　本　787 mm×1 092 mm　1/16　印张15.25　字数400千字
版　　次　2023年8月第1版　2023年8月第1次印刷
书　　号　ISBN 978－7－5603－9786－3
定　　价　58.00元

前　言

数控技术是制造业实现自动化、柔性化、集成化生产的基础,数控机床是具有国家战略意义和体现国家综合国力水平的重要基础性产业,其水平的高低和拥有量的多少是衡量一个国家工业现代化程度的重要标志。随着我国国民经济的高速发展,数控技术与机床的应用急剧增加。为了适应机械制造业发展的新形势,迎接面向 21 世纪的教学改革,培养大批高素质的、掌握数控技术的应用型人才是当务之急。为此,我们结合多年的教学实践经验,组织编写了本书。

本书注重在教育教学过程中引导学生树立正确的世界观、人生观和价值观,让爱国主义精神在学生心中牢牢扎根,增强学生的中国特色社会主义道路自信、理论自信、制度自信、文化自信,立志肩负起民族复兴的时代重任。以实用技能培养为重点,重在实践应用,注重技能培养,本书重点阐述了应用广泛的 FANUC、SIEMENS 和华中数控系统的数控车床编程、数控铣床编程和操作、加工中心编程和操作、数控机床维护与保养、工程项目管理。突出多种数控系统的数控机床编程、数控机床操作加工、数控机床维护与保养及工程项目管理,贴近实际工业生产过程,突出应用型人才培养特色,提高人才就业竞争力。

本书可作为高等学校机械、机电类专业本科生的数控技术实习、数控技术课程的实践教材,也可作为高职院校机械、机电类专业学生先进制造技术的实训教材,可供企业从事数控技术应用的工程技术人员作为参考,并可供数控机床培训及第二课堂数控技术创新培训使用。

本书由江苏海洋大学张淑兰、陈书法担任主编并负责统稿,蔡小霞、公成担任副主编。第 1 章由陈书法、蔡小霞编写,第 2 章由张淑兰、陈书法编写,第 3 章由张淑兰、蔡小霞编写,第 4 章由公成、郑书谦编写,第 5 ~ 6 章由张南乔、公成编写,第 7 章由郑书谦、蔡小霞编写,第 8 章由韩兆兴编写,全书思政内容由蔡小霞编写。

限于编者水平,书中疏漏及不足之处在所难免,恳请读者批评指正。

编　者

2023 年 3 月

目　　录

第 1 章　数控机床概述……1

1.1　概述……1

1.2　数控机床坐标系……4

1.3　数控程序编制的加工工艺分析……6

习题与思考题……8

第 2 章　数控车床编程……9

2.1　SIEMENS 数控车床编程……9

2.2　FANUC 数控车床编程……24

2.3　华中数控车床编程……42

2.4　车削加工编程综合实例……49

习题与思考题……53

第 3 章　数控铣床编程……54

3.1　SIEMENS 数控铣床编程……54

3.2　华中数控铣床编程……76

3.3　铣削加工编程综合实例……84

习题与思考题……87

第 4 章　加工中心编程……89

4.1　数控加工中心概述……89

4.2　SIEMENS 810D 数控系统编程……90

4.3　海德汉 TNC530 系统编程指令……116

4.4　加工中心综合编程实例……140

习题与思考题……142

第 5 章　Mastercam 自动编程……143

5.1　概述……143

5.2　二维图形绘制……148

5.3　三维实体设计……160

5.4　二维加工路径……165

习题与思考题……183

第 6 章 数控机床操作与加工 …… 185

6.1 数控车床操作与加工 …… 185

6.2 数控铣床操作与加工 …… 199

6.3 加工中心操作与加工 …… 205

习题与思考题 …… 210

第 7 章 数控机床维护与保养 …… 211

7.1 数控车床维护与保养 …… 211

7.2 数控铣床维护与保养 …… 216

7.3 加工中心维护与保养 …… 219

习题与思考题 …… 222

第 8 章 工程项目管理 …… 223

8.1 概述 …… 223

8.2 项目范围管理 …… 226

8.3 项目成本管理 …… 229

8.4 项目人力资源管理 …… 232

8.5 项目沟通管理 …… 235

习题与思考题 …… 237

参考文献 …… 238

第1章　数控机床概述

数控机床是现代工业制造领域的基础装备，是国民经济发展和国家安全的重要保障。我国第一台数控机床 X53K1 是在 1958 年由清华大学与北京第一机床厂合作研究、联合研制而成的。这台数控机床的诞生，填补了我国在数控机床领域的空白，为我国机械工业的自动化奠定了基础。

20 世纪 50 年代，参加数控机床研制任务的是清华大学电机系和机械系的老师与学生，平均年龄只有 25 岁，是最年轻的数控机床科研队伍。当时他们要研制的数控机床是现代化工业高科技、高技术的结晶。参加研制的全体人员，凭着仅有的一页参考资料卡和一张示意图，攻下一道又一道难关，用 9 个月的时间研制出数控系统、控制机床的工作台、横向滑鞍以及立铣头进给运动系统，实现了数控铣床三个坐标联动。

我国科技工作前辈们用他们的探索精神、创新精神、奉献精神和爱国主义精神，实现了数控机床从零到有的突破，为我国数控机床行业的发展奠定了重要基础，他们的精神和态度，将永远支撑着我国数控机床行业的发展。

1.1　概　　述

数控机床，是用数字化的信息来实现自动控制，将与加工零件有关的信息（工件与刀具相对运动轨迹的尺寸参数，切削加工的工艺参数，以及各种辅助操作等加工信息），用规定的文字、数字和符号组成的代码，按一定的格式编写成加工程序单，将加工程序通过控制介质输入到数控装置中，由数控装置经过分析处理后，发出各种与加工程序相对应的信号和指令控制机床进行自动加工。

数控机床的运行处于不断的计算、输出、反馈等控制过程中，从而保证刀具和工件之间相对位置的准确性。

1.1.1　数控机床的特点

与传统机床相比，数控机床具有下述显著特点：

1. 自动化程度高

数控机床上的零件加工是在程序的控制下自动完成的。在零件加工过程中操作者只需完成装卸工件、装刀对刀、操作键盘、启动加工、加工过程监视、工件质量检验等工作，因此劳动强度低，劳动条件明显改善。数控机床是柔性自动化加工设备，是制造装备数字化、智能化的主角，是计算机辅助制造（Computer Aided Manufacturing, CAM）、柔性制造系统（Flexible Manufacturing System, FMS）、计算机集成制造系统（Computer Integrated Manufacturing System, CIMS ）、智能制造系统（Intelligent Manufacturing System, IMS）等柔性自动化制造系统的重要底层设备。

2. 加工精度高

数控机床的控制分辨率高，机床本体强度、刚度、抗振性、低速运动平稳性、精度、热稳定性等性能均很好，具有各种误差补偿功能，机械传动链很短，且采用闭环或半闭环反馈控制，因此本身具有较高的加工精度。由于数控机床的加工过程自动完成，排除了人为因素的影响，因此加工零件的尺寸一致性好、合格率高、质量稳定。

3. 生产率高

一方面，数控机床主运动速度和进给运动速度范围大且无级调速，快速空行程速度高，结构刚性好，驱动功率大，可选择最佳切削用量或进行高速强力切削，与传统机床相比，切削时间明显缩短；另一方面，数控机床加工可免去测量、多次装夹等加工准备和辅助时间，从而明显提高生产效率。

4. 对工件的适应性强

数控机床具有坐标控制功能，配有完善的刀具系统，可通过数控编程加工各种形状复杂的零件，还可通过主运动和进给运动速度的合理匹配适应多种难加工材料零件的加工。数控机床属于柔性自动化通用机床，在不需对机床和工装进行较大调整的情况下，即可适应各种批量的零件加工。

5. 有利于生产管理信息化

数控机床按数控加工程序自动进行加工，可以精确计算加工工时及预测生产周期，所用工装简单，采用刀具已标准化，因此有利于生产管理的信息化。现代数控机床正在向智能化、开放化、网络化方向发展，可将工艺参数自动生成、刀具破损监控、刀具智能管理、故障诊断专家系统、远程故障诊断与维修等功能集成到数控系统中，并可在计算机网络和数据库技术支持下将多台数控机床集成为柔性自动化制造系统，为企业制造信息化、“机器换人”工程、智能制造提供底层设备基础。

数控机床虽然具有以上多个优点，但由于它的技术复杂、成本较高，目前较适用于多品种、中小批量生产及形状比较复杂、精度要求较高的零件加工。

1.1.2 数控机床的组成及分类

数控机床的基本组成包括加工程序、输入/输出装置、数控装置、伺服系统、辅助控制装置、反馈系统及机床本体，如图 1.1 所示。

数控机床可以根据不同的方法进行分类，常用的分类方法有：按数控机床加工原理分类、按数控机床运动轨迹分类和按进给伺服系统控制方式分类。

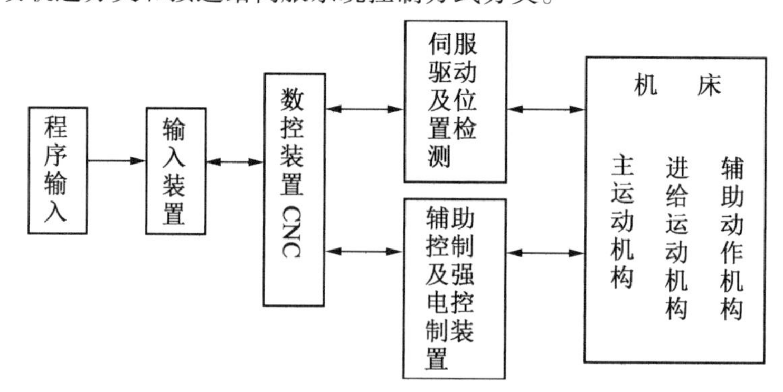

图 1.1 数控机床的组成

1. 按数控机床加工原理分类

(1)金属切削类数控机床。

金属切削类数控机床有数控车床、数控铣床、数控钻床、数控镗床、数控磨床、数控镗铣床等。加工中心 MC 是带有刀库和自动换刀装置的数控机床。

(2)金属成形类数控机床。

金属成形类数控机床有数控折弯机、数控弯管机和数控压力机等。

(3)数控特种加工机床。

数控特种加工机床有数控电火花线切割机床、数控电火花加工机床、数控激光加工机床等。

2. 按数控机床运动轨迹分类

(1)点位控制数控机床。

这类机床控制系统只控制工具相对工件从某一加工点移到另一个加工点之间的精确坐标位置，而对点与点之间移动的轨迹不进行控制，且移动过程中不做任何加工。通常采用这一类系统的设备有数控钻床、镗床、冲床等。

(2)直线控制数控机床。

这类机床控制系统不仅要控制点与点的精确位置，还要控制两点之间的移动轨迹是一条直线，在移动中能以给定的进给速度进行加工。采用此类控制方式的设备有数控车床、数控铣床等。

(3)连续控制数控机床。

这类机床控制系统又称轮廓控制系统或轨迹控制系统。这类控制系统能够对两个或两个以上坐标方向进行严格控制，即不仅控制每个坐标的行程位置，同时还控制每个坐标的运动速度。各坐标的运动按规定的比例关系相互配合，精确地协调起来连续进行加工，以形成所需要的直线、斜线或曲线、曲面。采用此类控制方式的设备有数控车床、铣床、加工中心、电加工机床、特种加工机床等。

3. 按进给伺服系统控制方式分类

(1)开环控制数控机床。

这类机床控制系统不装备位置检测装置，即无位移的实际值反馈与指令值进行比较修正，因而控制信号的流程是单向的。开环控制系统如图 1.2 所示。

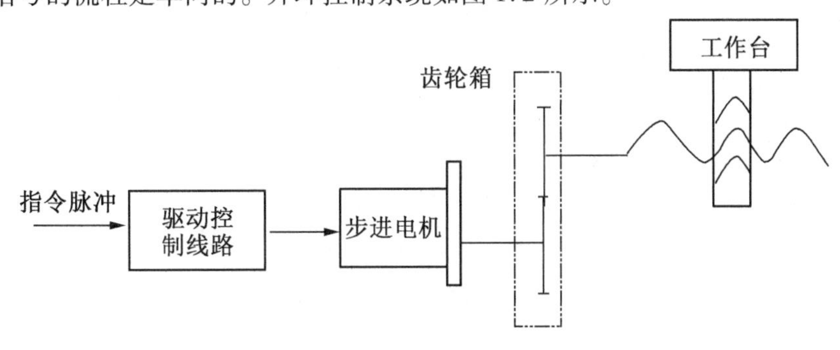

图 1.2　开环控制系统

(2)闭环控制数控机床。

这类机床控制系统是带有位置检测装置，将位移的实际值反馈回去与指令值比较，用比较后的差值去控制,直至差值消除时才停止修正动作的系统。闭环控制系统如图 1.3 所示。

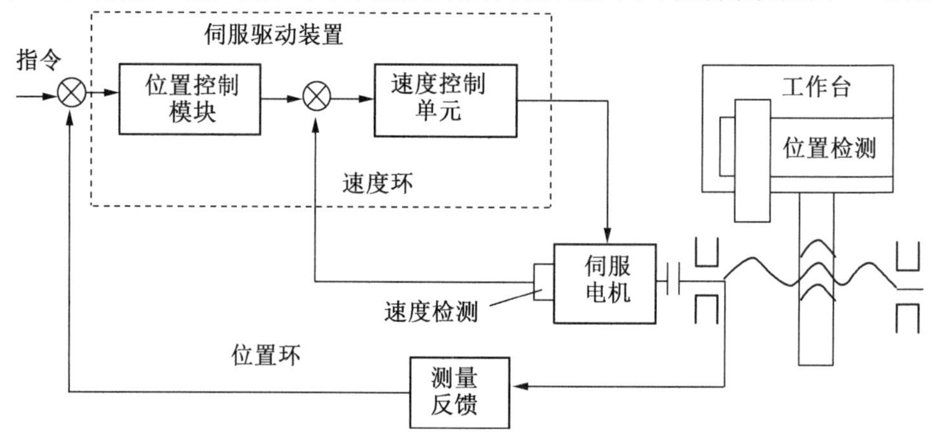

图 1.3 闭环控制系统

(3)半闭环控制数控机床。

这类机床控制系统是闭环系统的一种派生。它与闭环系统的不同之处是将检测元件装在传动链的旋转部位,它所检测到的不是工作台的实际位移量,而是与位移量有关的旋转轴的转角量。因此,其精度比闭环系统稍差,但这种系统结构简单,便于调整,检测元件价格也较低,因而是一种广泛使用的数控系统。半闭环控制系统如图 1.4 所示。

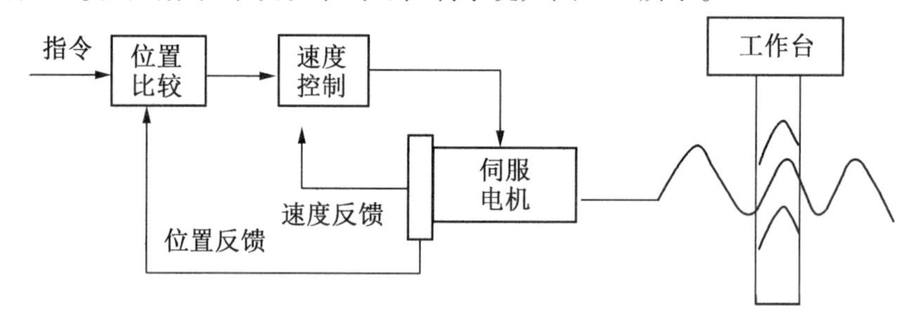

图 1.4 半闭环控制系统

数控机床品种繁多,结构各异,但是仍有很多相同之处。数控车床可进行平面任意曲线的加工,可车削圆柱、圆锥螺纹,具有刀尖半径补偿、螺距误差补偿、固定循环、图形模拟显示等功能。适合于加工形状复杂的盘类或轴类零件。

数控铣床是目前广泛采用的数控机床,主要用于各类较复杂的平面、曲面和壳体类零件的加工,如各类模具、样板、叶片、凸轮、连杆和箱体等,并能进行铣槽、钻、扩、铰、镗孔的工作,特别适合复杂曲面模具零件的加工。

加工中心适于加工箱体类零件和具有复杂曲线的工件。

1.2 数控机床坐标系

1.2.1 机床坐标轴

为了简化编制程序的方法和保证程序的通用性,对数控机床的坐标轴和方向的命名制定了统一的标准,规定直线进给运动的坐标轴用 X、Y、Z 表示,常称基本坐标轴。X、Y、Z 坐标轴的相互关系用右手定则决定,如图 1.5 所示,图中大拇指的指向为 X 轴的正方向,食指指向为 Y 轴的正方向,中指指向为 Z 轴的正方向。围绕 X、Y、Z 轴旋转的圆周进给坐标轴分别用 A、B、C 表示,根据右手螺旋定则,以大拇指指向 $+X$、$+Y$、$+Z$ 方向,则食指、中指等的指向是圆周进给运动的 $+A$、$+B$、$+C$ 方向。

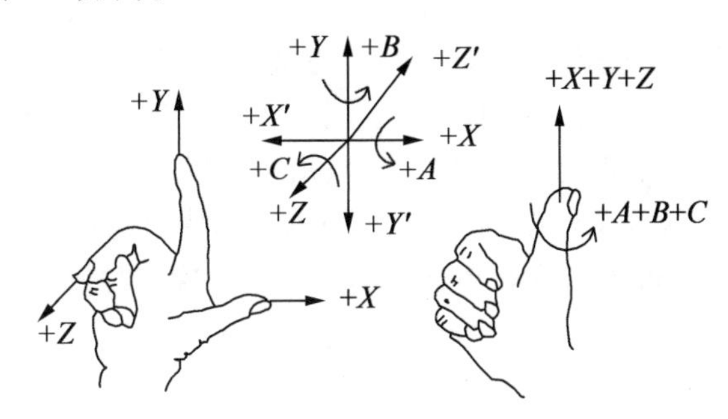

图 1.5　机床坐标轴

数控机床的进给运动,有的由主轴带动刀具运动来实现,有的由工作台带着工件运动来实现。上述坐标轴正方向是假定工件不动,刀具相对于工件做进给运动的方向。如果是工件移动则用加“′”的字母表示,按相对运动的关系,工件运动的正方向恰好与刀具运动的正方向相反,同样两者运动的负方向也彼此相反。

在基本的线性坐标轴 X、Y、Z 之外的附加线性坐标轴指定为 U、V、W 和 P、Q、R。这些附加坐标轴的运动方向可按决定基本坐标轴运动方向的方法来决定。

机床坐标轴的方向取决于机床的类型和各组成部分的布局,数控铣床 Z 轴与主轴轴线重合,刀具远离工件的方向为正方向 $+Z$。X 轴垂直于 Z 轴,并平行于工件的装夹面,如图 1.6 所示。

数控车床是以其主轴轴线为 Z 轴,刀具远离工件的方向为 Z 轴正方向。X 轴位于经过主轴轴线的平面内,垂直于主轴线,与中拖板运动方向相平行,且刀具远离主轴轴线方向为 X 轴的正方向。CJK6032 车床的各轴方向如图 1.7 所示。

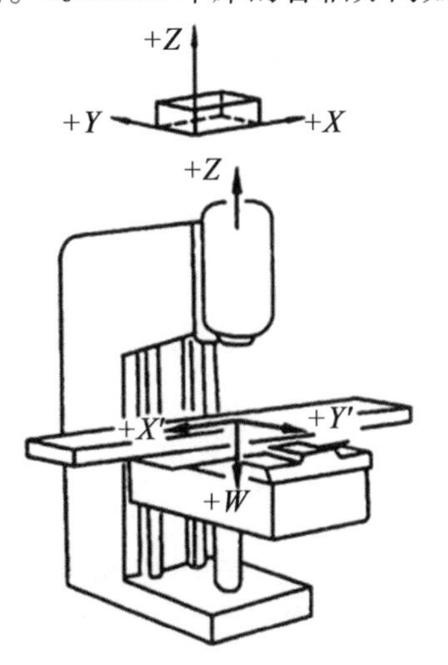

图 1.6　数控立式升降台铣床坐标轴方向

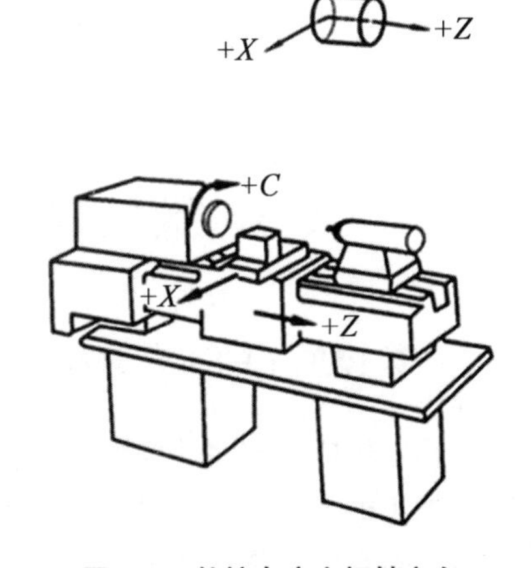

图 1.7　数控车床坐标轴方向

1.2.2 机床坐标系、机床原点、参考点

机床坐标系是机床固有的坐标系,机床坐标系的原点也称机床原点或机床零点。这个原点在机床制造调整后,便被确定下来,它是固定的点。如果以机床原点为坐标原点,建立一个 *X* 轴、*Y* 轴与 *Z* 轴的直角坐标系,则此坐标系就称机床坐标系。

为了正确地在机床工作时建立机床坐标系,通常在每个坐标轴的移动范围内设置一个机床参考点,机床启动时,通常要进行机动或手动回参考点,以建立机床坐标系。机床参考点可以与机床零点重合,也可以不重合,通过机床参数指定参考点到机床零点的距离。参考点为机床上一固定点,其固定位置由 *X* 向、*Y* 向与 *Z* 向的机械挡块及电机零点位置来确定,机械挡块一般设定在 *X*、*Y* 与 *Z* 正向最大位置。当进行回参考点的操作时,装在纵向和横向拖板上的行程开关碰到挡块后,向数控系统发出信号,由系统控制拖板停止运动,完成回参考点的操作。

机床回到了参考点的位置,也就知道了该坐标轴的零点位置,找到所有坐标轴的参考点,CNC 就建立起了机床坐标系。

数控系统的处理器能计算所有坐标轴相对于机床零点的位移量,但系统上电时并不知道测量起点,每个坐标轴的机械行程是由最大和最小限位开关来限定的。机床坐标轴的有效行程范围是由软件限位来界定的,其值由制造商定义。

1.2.3 工件坐标系、工件原点和对刀点

工件坐标系是编程人员在编程时使用的,编程人员选择工件上的某一已知点为工件原点,建立一个新的坐标系,称为工件坐标系。工件坐标系一旦建立便一直有效,直到被新的工件坐标系所取代。

工件原点也称程序原点,是人为设定的点。工件坐标系的原点选择要符合图样尺寸的标注习惯,尽量满足编程简单、尺寸换算少、引起的加工误差小等条件。一般先找出图样上的设计基准点,通常以该点作为工件原点。对称零件或以同心圆为主的零件,工件原点应选在对称中心线或圆心上。

对刀点是零件程序加工的起始点,对刀的目的是确定工件原点在机床坐标系中的位置,对刀点可与工件原点重合,也可在任何便于对刀之处,但该点与工件原点之间必须有确定的坐标联系。

加工开始时要设置工件坐标系,用 G92 指令可建立工件坐标系;用 G54 ~ G59 指令可选择工件坐标系。

1.3 数控程序编制的加工工艺分析

1.3.1 数控加工的工艺分析

数控编程首先应该掌握数控加工工艺的特点,才能处理好手工编程中所涉及的一些工艺问题。数控加工的工艺处理主要内容为:确定走刀路线和安排工步顺序;定位基准与夹紧方案的确定;夹具、刀具的选择;确定对刀点和换刀点;测量方法的确定;确定切削参数等。

1. 数控加工的工艺路线设计

根据数控加工的特点进行数控加工工序的划分。

进行数控加工工序设计，进一步把本工序的加工内容、加工用量、工艺装备、定位夹紧方式以及刀具运动轨迹都具体确定下来，为编制加工程序做好充分准备。

2. 数控加工工序的设计

(1)确定走刀路线和安排工步顺序。

走刀路线是刀具在整个加工工序中的运动轨迹，它不但包括了工步的内容，也反映出工步的顺序。走刀路线是编写程序的依据之一。

(2)确定零件的安装方法和选择夹具。

力求设计基准、工艺基准与编程计算的基准统一，尽量减少装夹次数，尽可能做到在一次定位装夹后就能加工出全部待加工表面。尽量采用组合夹具、可调式夹具及其他通用夹具，夹具要开敞，其定位夹紧机构元件不能影响加工中的走刀。

(3)确定对刀点和换刀点。

对刀点就是刀具相对工件运动的起点。它可以设在被加工零件上，也可以设在与零件定位基准有固定尺寸联系的夹具上的某一位置。换刀点是为加工中心、数控车床等多刀加工的机床编程而设置的，因为这些机床在加工过程中间要自动换刀。为防止换刀时碰伤零件或夹具，换刀点常常设置在被加工零件的外面，并要有一定的安全量。

(4)选择刀具。

数控加工的特点是对刀具的刚性及耐用度要求较普通加工严格。因为刀具的刚性不好，影响生产效率，在数控自动加工中极易产生打断刀具的事故，加工精度会大大下降。刀具的耐用度差，则要经常换刀、对刀而增加准备时间，也容易在工件轮廓上留下接刀阶差，影响工件表面质量。

(5)确定切削参数。

切削参数主要指切削速度、进给量、背吃刀量。对不同的零件材质，有一个最佳加工用量即最佳切削参数。所以切削参数应按最佳切削参数选择。

①切削速度的大小可影响切削效率、切削温度、刀具耐用度等。影响切削速度的因素有：刀具材料，工件材料，刀具耐用度，背吃刀量与进给量，刀具形状，切削液和机床性能。

②进给量影响表面粗糙度。影响进给量的因素有：粗、精车工艺（粗车进给量应较大，以缩短切削时间，精车进给量应较小以降低表面粗糙度），机床性能，工件的装夹方式，刀具材料及几何形状，背吃刀量及工件材料（工件材料较软时，可选择较大进给量；反之，可选较小进给量）等。

③背吃刀量。影响背吃刀量的因素有：粗、精车工艺，刀具强度，机床性能，工件材料及表面粗糙度等。

1.3.2　数学处理

根据被加工零件图样，按照已经确定的加工路线和允许的编程误差，计算数控系统所需要输入的数据，称为数学处理。

1. 编程原点及工件坐标系的确定

从理论上讲，编程原点选在零件上的任何一点都可以，但实际上，为了换算尺寸尽可能简便,减少计算误差,应选择一个合理的编程原点。

2. 各节点数值计算

数控系统一般只能做直线插补和圆弧插补的切削运动。如果工件轮廓是非圆曲线,数控系统就无法直接实现插补,而需要通过一定的数学处理。数学处理的方法是,用直线段或圆弧段去逼近非圆曲线,逼近线段与被加工曲线交点称为节点。

在编程时,根据零件图样给出的形状、尺寸和公差等,直接通过数学方法,如三角、几何与解析几何法等,计算出编程时所需要的有关各节点的坐标值。节点的计算一般都比较复杂,靠手工计算已很难胜任,必须借助计算机辅助处理。求得各节点后,就可按相邻两节点间的直线来编写加工程序。

当按照零件图样给出的条件不能直接计算出编程时所需的坐标,也不能按零件给出的条件直接进行工件轮廓几何要素的定义进行自动编程时,就必须根据所采用的具体工艺方法、工艺装备等加工条件,对零件原图形及有关尺寸进行必要的数学处理或改动,才可以进行各点的坐标计算和编程工作。

习题与思考题

1.1 什么是数控机床? CNC 的含义是什么?

1.2 画出数控机床的组成框图,并简要说明每一部分的含义。

1.3 数控机床按伺服系统分为哪三类? 画出三类控制系统的框图。

1.4 什么是机床坐标系、参考点及工件坐标系? 说明三者之间有何区别? 画图说明数控车床、数控铣床中三者之间大致的相对位置。

1.5 数控机床加工时进行工艺分析的主要内容有哪些?

第2章　数控车床编程

数控机床是装备制造的工作母机,其技术水平代表着一个国家的综合竞争力。数控系统是机床装备的"大脑",是决定数控机床功能、性能、可靠性、成本价格的关键因素,也是制约我国数控机床行业发展的瓶颈。数控系统可以说是我国数控机床的核心"芯片"。随着我国数控机床产业的发展壮大,数控系统的唯一出路就是走自主创新之路。

2012年,华中数控和沈阳高精分别为沈阳飞机工业有限公司改造了辛辛那提LANCE2000加工中心。经过近一年的生产验证,数控系统完全能满足使用要求。在沈飞的示范效应带动下,华中8型数控系统开始在成飞、西飞、洪都航空等航空骨干企业得到应用。

具有完全自主知识产权的国产数控系统——"华中8型"高档数控系统,从更精、更快、更智能方面全面达到国际先进水平。2017年,"华中8型"数控系统获得"国家科技进步二等奖"。2019年,"华中8型"高端型数控系统全面进入汽车制造、能源装备、船舶制造、机床工具、模具、3C等领域,累计销售10万多台套,在2 000多家企业批量应用。2021年4月12日,全新一代基于人工智能技术的"华中9型"智能数控系统正式发布,助力中国智造"换道超车",实现我国数控技术从"跟跑"到"领跑"的跨越。

实践反复告诉我们,关键核心技术是要不来、买不来、讨不来的。只有把关键核心技术掌握在自己手中,才能真正掌握竞争和发展的主动权,才能从根本上保障国家经济安全、国防安全。中国数控系统产业发展历程证明,对于国家经济、军事发展具有战略意义的数控系统核心技术,必须立足自主创新,自我发展。

2.1　SIEMENS数控车床编程

本节以西门子SIEMENS 802D数控系统为例介绍西门子数控车床编程。SIEMENS 802系统包括802S/Se/Sbase line、802C/Ce/Cbase line、802D等型号。

2.1.1　编程基本要求

1. 数控车床坐标轴

车床坐标轴为X、Z,一般采用直径编程。

2. 程序结构

数控车床程序结构由程序名、程序段构成。

(1)程序名。

每个程序均有一个程序名。在编制程序时按以下规则确定程序名:

开始的两个符号必须是字母,其后的符号可以是字母、数字,最多使用16个字符,例如:XC123。

(2)程序段。

程序段由序号、准备功能字、辅助功能字及其他指令构成,最后一个程序段包含结束程序符。

2.1.2 数控系统的功能

1. 准备功能

802D 系统指令表见表 2.1。

表 2.1 802D 系统指令表

指令	含义	说明
G0	快速运动	模态有效
G1*	进给直线插补	
G2	顺时针圆弧插补	
G3	逆时针圆弧插补	
CIP	中间点圆弧插补	
G33	恒螺距的螺纹切削	
CT	带切线过渡的圆弧插补	
G4	暂停	非模态有效
G74	回参考点	
G75	回固定点	
TRANS	可编程偏置	
SCALE	可编程比例系数	
ATRANS	附加的编程偏置	
ASCALE	附加的可编程比例系数	
G22	半径数据尺寸	
G23	直径数据尺寸	
G25	主轴转速下限或工作区域下限	
G26	主轴转速上限或工作区域上限	
G18*	*ZX* 平面	模态有效,平面选择
G40	刀尖半径补偿方式取消	模态有效,刀尖半径补偿及取消
G41	刀尖半径左补偿	
G42	刀尖半径右补偿	
G500	取消可设定零点偏置	模态有效,可设定零点偏置
G54 ~ G59	可设定零点偏置 1 ~ 6	
G53	按程序段方式取消可设定零点偏置	取消可设定零点偏置
G153	按程序段方式取消可设定零点偏置,包括手轮偏置	

续表 2.1

指令	含义	说明
G60	准确定位	模态有效
G64	连续路径方式	
G9	准确定位,单程序段有效	
G601*	在 G60 或 G9 方式下精准确定位	模态有效
G602	在 G60 或 G9 方式下粗准确定位	
G70	英制尺寸	模态有效
G71*	公制尺寸	
G90*	绝对尺寸	模态有效
G91	增量尺寸	
G94	进给率 F,单位为 mm/min	模态有效
G95*	主轴进给率 F,单位为 mm/r	
G96	恒定切削速度(F 单位为 mm/r,S 单位为 m/min)	
G97	删除恒定切削速度	
G450*	圆弧过渡	刀尖半径补偿时拐角特性 模态有效
G451	等距线的交点,刀具在工件转角处不切削	

注:* 为系统默认。

2. 辅助功能

辅助功能 M 代码见表 2.2。

表 2.2 辅助功能 M 代码

指令	含义	说明
M0	程序停止	用 M0 停止程序的执行,按“启动”键继续执行加工
M1	程序有条件停止	执行过程与 M0 相同,仅在“条件停有效”功能被软键或接口信号触发后才生效
M2	程序结束	切断机床所有动作,并使程序复位
M30	程序结束	
M17	子程序结束	预定
M3	主轴正转	模态有效
M4	主轴反转	
M5	主轴停止	
M6	更换刀具	在机床数据有效时用 M6 更换刀具,其他情况下直接用 T 指令换刀
M7	切削液开	
M9	切削液关	

3. 其他指令

(1)进给率 *F*。

进给率 *F* 是刀具轨迹速度,它是所有移动坐标轴速度的矢量和。坐标轴速度是刀具轨迹速度在坐标轴上的分量。进给率 *F* 在 G1、G2、G3、G5 插补方式中生效,并且一直有效,直到被一个新的地址 *F* 取代为止。进给率 *F* 的单位由 G 功能确定:mm/min 或者 mm/r。

G94 和 G95

G94 直线进给率: mm/min

G95 旋转进给率:mm/r(只有主轴旋转才有意义)

(2)主轴转速/旋转方向 *S*。

当机床具有受控主轴时,主轴的转速可以设置在地址 *S* 下,单位为 r/min。旋转方向和主轴运动起始点和终点通过 M 指令规定。

M3 主轴正转

M4 主轴反转

M5 主轴停

(3)刀具 T。

编程 T 指令可以选择刀具。是用 T 指令直接更换刀具还是仅仅进行刀具的预选,必须要在机床数据中确定。

用 T 指令直接更换刀具(刀具调用),或者仅用 T 指令预选刀具,另外还要用 M6 指令才可进行刀具的更换。

刀具号为 T1 ~ T99,T0 没有刀具。

2.1.3 基本编程方法

1. 坐标系指令

(1)绝对坐标和相对坐标指令 G90、G91。

G90 和 G91 指令分别对应着绝对坐标和相对坐标。在坐标不同于 G90/G91 的设置时,可以在程序段中通过 AC/IC 以绝对坐标/相对坐标方式进行。这两个指令不决定到达终点位置的轨迹,轨迹由 G 功能组中的其他 G 功能指令决定。

X = AC(…) 以绝对坐标输入,程序单段有效。

X = IC(…) 以相对坐标输入,程序单段有效。

编程举例:

```
N10 G90 X20 Z90              ;绝对坐标
N20 X75 Z -32                ;仍然是绝对坐标
……
N180 G91 X40 Z20             ;转换为相对坐标
N190 X -12 Z17               ;仍然是相对坐标
```

(2)工件坐标系原点偏置指令 G54 ~ G59。

设定工件零点在机床坐标系中的位置,仅在 *Z* 轴方向设置工件零点偏置,如图 2.1 所示。

(3)取消可设定零点偏置指令 G500、G53、G153。

G500 取消可设定零点偏置——模态有效。

G53 取消可设定零点偏置——程序段方式有效,可设置的零点偏置也一起取消。

G153 如同 G53,取消附加的基本框架。

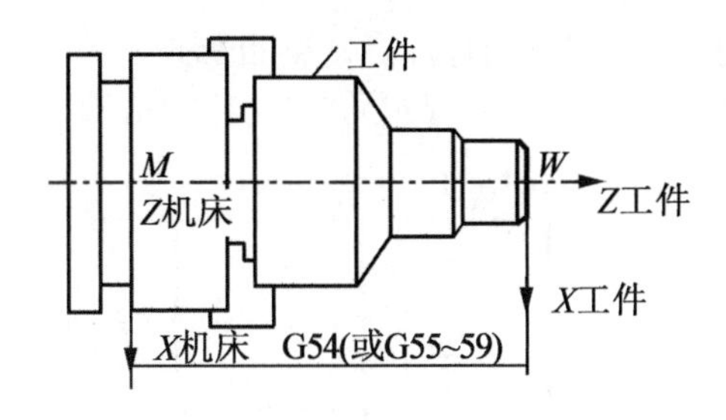

图 2.1　坐标系设置示意图

编程举例:

```
N10 G54......                ;调用第一可设定零点偏置
N20 X......Z......           ;加工工件
......                       ;
N90 G500 G0 X......          ;取消可设定零点偏置
```

2. 尺寸指令

(1)公制尺寸、英制尺寸指令 G71、G70。

指令格式:G70

　　　　　G71

G70 指令把所有的几何值转换为英制尺寸;

G71 指令把所有的几何值转换为公制尺寸。

(2)半径与直径数据尺寸指令 G22、G23。

G22 半径数据尺寸

G23 直径数据尺寸

车床中加工零件时通常把 X 轴的位置数据作为直径数据编程,数控系统将所有输入的数据设定为直径尺寸。程序中需要时也可以转换为半径尺寸。

编程举例:

```
N10 G23 G01 X44 Z30          ;X 轴直径数据方式
N20 X48 Z25                  ;G23 继续生效
N30 Z10
......
N110 G22 X22 Z30             ;X 轴开始转换为半径数据方式
N120 X24 Z25
N130 Z10
......
```

3. 常用 G 代码

(1)快速线性移动指令 G0。

指令格式:G0 X_Z_;

X、Z 为刀具移动的终点坐标。

G0 指令使刀具相对于工件以各轴预先设定的速度,从当前位置快速移动到程序段指令的定位目标点。G0 一般用于加工前的快速定位或加工后的快速退刀。

(2)直线插补指令 G01。

指令格式: G1 X_ Z_ F_;

刀具以直线从起始点按 F 指定进给速度运动到目标点。

【例 1】 加工图 2.2 所示 $\phi20$ 段,外圆车刀 T01,编写精加工程序。

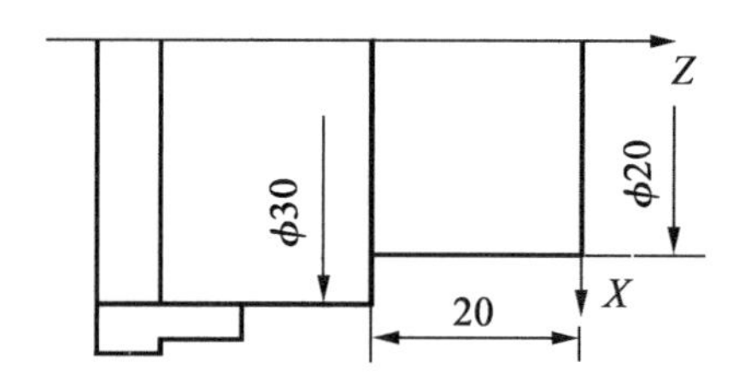

图 2.2 例 1 车削零件图

```
XC1234
N10 G54 M03 S1000;
N20 M06 T01;
N30 G0 X20 Z5;
N40 G1 X20 Z-20;
N50 G1 X40;
N60 G0 X80 Z100 T00;
N70 M05 M02;
```

(3)圆弧插补指令 G2、G3。

刀具以圆弧轨迹从起始点移动到终点,方向由 G 指令确定。G2 顺时针方向,G3 逆时针方向,G2 和 G3 如图 2.3 所示。G2 或 G3 一直有效,直到被 G 功能组中其他的指令(G0,G1,…)取代为止。

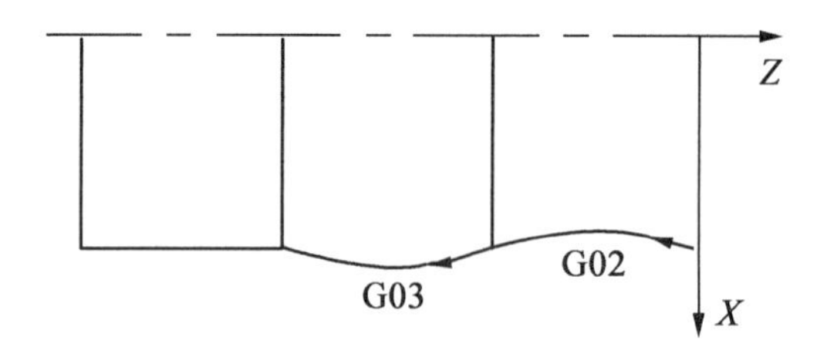

图 2.3 G02、G03 插补方向

编程格式:

```
G2/G3 X_ Z_ I_ K_      ;圆弧终点坐标、圆心相对坐标编程
G2/G3 X_ Z_ CR=_       ;圆弧半径、终点坐标编程
G2/G3 AR=I_ K_         ;圆弧张角和圆心相对坐标编程
G2/G3 AR=_ X_ Z_       ;圆弧张角和终点坐标编程
```

其中:

X、Z:圆弧终点坐标;

I、K:圆心相对于圆弧起点坐标;

CR:圆弧半径;

AR:圆弧张角。

编程举例:

圆心坐标和终点坐标举例:

```
N5 G90 Z30 X40                ;用于 N10 的圆弧起始点
N10 G2 Z50 X40 K10 I -7       ;终点和圆心
```

终点和半径尺寸举例:

```
N5 G90 Z30 X40                ;用于 N10 的圆弧起始点
N10 G2 Z50 X40 CR =12.207     ;终点和半径
```

说明:CR 数值前带负号“ - ”表明所选插补圆弧段大于半圆。

终点和张角尺寸举例:

```
N5 G90 Z30 X40                ;用于 N10 的圆弧起始点
N10 G2 Z50 X40 AR =105        ;终点和张角
```

圆心和张角尺寸举例:

```
N5 G90 Z30 X40                ;用于 N10 的圆弧起始点
N10 G2 K10 I -7 AR =105       ;圆心和张角
```

【例 2】 加工图 2.4 所示零件,外圆车刀 T01,编写精加工程序。

```
XC1111
N10 G54 M03 S1000;
N20 M06 T01;
N30 G0 X16 Z5;
N40 G1 X16 Z -12;
N45 G2 X28 Z -12 CR =6;
N50 G1 Z -35;
N55 G1 X40;
N60 G0 X80 Z100 T00;
N70 M05 M02;
```

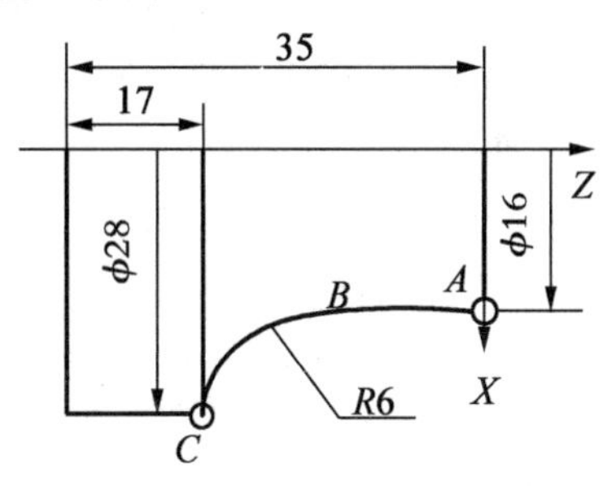

图 2.4　例 2 车削零件图

(4)恒螺距螺纹切削指令 G33。

用 G33 功能可以加工下述各种类型的恒螺距螺纹:圆柱螺纹、圆锥螺纹、外螺纹/内螺纹、单螺纹和多重螺纹、多段连续螺纹。

前提条件:主轴上有角度位移测量系统(内置编码器)。

G33 一直有效,直到被 G 功能组中其他的指令(G0,G1,G2,G3,…)取代为止。

右旋螺纹或左旋螺纹:右旋和左旋螺纹由主轴旋转方向 M3 和 M4 确定。

注释:螺纹长度中要考虑导入空刀量和退出空刀量。

编程举例:

加工一圆柱螺纹,螺纹长度(包括导入空刀量和退出空刀量)为 100 mm,螺距为 4 mm/r。右旋螺纹,圆柱已经预加工。

```
N10 G54 G0 G90 X50 Z0 S500 M3   ;回起始点,主轴正转
N20 G33 Z -100 K4               ;螺距为 4 mm/r
N30 G0 X54;
N40 Z0;
N50 X50;
……
```

(5)返回固定点指令 G75。

用 G75 可以返回到机床中某个固定点, 比如换刀点。固定点位置固定地存储在机床数据

中,它不会产生偏移。每个轴的返回速度就是其快速移动速度。G75 需要一独立程序段,并按程序段方式有效。在 G75 之后的程序段中原先“插补方式”组中的 G 指令(G0,G1,G2, …)将再次生效。

编程格式:

```
G75 X_ Z_;
```

程序段中 X 和 Z 下设置的数值(这里为 0)不识别。

(6)回参考点指令 G74。

用 G74 指令实现 NC 程序中回参考点功能,每个轴的方向和速度存储在机床数据中。G74 需要一独立程序段,并按程序段方式有效。在 G74 之后的程序段中原先“插补方式”组中的 G 指令(G0,G1,G2, …)将再次生效。

编程格式:

```
G74 X_ Z_;
```

程序段中 X 和 Z 下设置的数值(这里为 0)不识别。

(7)准确定位、连续路径加工指令 G9、G60、G64。

G9 准确定位,单程序段有效;

G60 准确定位,模态有效;

G64 连续路径加工。

指令 G9 仅对自身程序段有效,而 G60 准确定位一直有效,直到被 G64 取代为止。

(8)暂停指令 G4。

编程格式:

```
G4 F_                          ;暂停时间(s)
G4 S_                          ;暂停主轴转数
```

编程举例:

```
N5 G1 F200 Z-50 S300 M3        ;进给率 F,主轴转数 S
N10 G4 F2.5                    ;暂停 2.5 s
N20 Z70;
N30 G4 S30                     ;主轴暂停 30 转,相当于在 S=300 r/min 和转速修调 100%
                                时暂停 t=0.1 min
N40 X......                    ;进给率和主轴转速继续有效
```

注释:G4 S……只有在受控主轴情况下才有效(当转速给定值同样通过 S……编程时)。

(9)刀具半径补偿号 D。

一把刀具可以匹配从 1 到 9 几个不同补偿的数据组(用于多个切削刃)。另外可以用 D 及其对应的序号设置一个专门的切削刃。如果没有编写 D 指令,则 D1 自动生效。如果设置 D0,则刀具补偿值无效。

编程格式:

```
D_                             ;刀具刀补号 1~9
D0                             ;补偿值无效
```

刀具调用后,刀具长度补偿立即生效。先设置的长度补偿先执行,对应的坐标轴也先运行。刀具半径补偿必须与 G41 或 G42 一起执行。

（10）刀尖半径补偿指令 G41、G42。

编程格式：

```
G41 D_G0(G1)X_ Z_                ;在工件轮廓左边刀补
G42 D_G0(G1)X_ Z_                ;在工件轮廓右边刀补
```

刀具以直线回轮廓，并在轮廓起始点处与轨迹切向垂直。在通常情况下，在 G41、G42 程序段之后紧接着工件轮廓的第一个程序段。只有在线性插补时 G0 或 G1 才可以进行 G41、G42 的选择。

（11）刀尖半径补偿取消指令 G40。

用 G40 取消刀尖半径补偿，G40 指令之前的程序段刀具以正常方式结束（结束时补偿矢量垂直于轨迹终点处切线）。在运行 G40 程序段之后，刀具中心到达编程终点。在选择 G40 程序段编程终点时要始终确保刀具移动不会发生碰撞。

编程格式：

```
G40 G0(G1)X_ Z_;
```

4. 常用固定循环

（1）切槽循环指令 CYCLE93。

切槽循环可以用于纵向和表面加工时对任何垂直轮廓单元进行对称和不对称的切槽。可以进行外部和内部的切槽，如图 2.5 所示。参数含义见表 2.3。

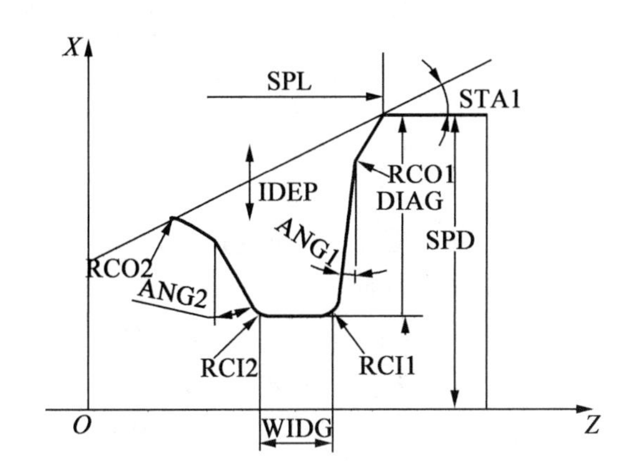

图 2.5 切槽循环参数的含义

表 2.3 切槽循环参数表

参数	值	含义
SPD	Real	横向坐标轴起始点
SPL	Real	纵向坐标轴起始点
WIDG	Real	切槽宽度（无符号输入）
DIAG	Real	切槽深度（无符号输入）
STA1	Real	轮廓和纵向轴之间的角度
ANG1	Real	侧面角 1：在切槽一边，由起始点决定
ANG2	Real	侧面角 2：在另一边

续表 2.3

参数	值	含义
RCO1	Real	半径/倒角 1,外部:位于由起始点决定的一边
RCO2	Real	半径/倒角 2,外部
RCI1	Real	半径/倒角 1,内部:位于起始点侧
RCI2	Real	半径/倒角 2,内部
FAL1	Real	槽底的精加工余量
FAL2	Real	侧面的精加工余量
IDEP	Real	进给深度(无符号输入)
DTB	Real	槽底停顿时间
VARI	Int	加工类型范围值:1 ~8 和 11 ~18

编程格式:

```
CYCLE93(SPD,SPL,WIDG,DIAG,STA1,ANG1,ANG2,RCO1,RCO2,RCI1,RCI2,FAL1,FAL2,IDEP,
DTB,VARI)
```

进给深度(面向槽底)和宽度(从槽到槽),在循环内部计算并分配给相同的最大允许值。

在倾斜表面切槽时,刀具将以最短的距离从一个槽移动到下一个槽。在此过程中,循环内部计算出到轮廓的安全距离。

SPD 和 SPL(起始点):可以使用这些坐标来定义槽的起始点,从起始点开始,在循环中计算出轮廓。循环计算出在循环开始的起始点。切削外部槽时,刀具首先会按纵向轴方向移动,切削内部槽时,刀具首先按横向轴方向移动。

WIDG 和 DIAG(槽宽和槽深):参数槽宽(WIDG)和槽深(DIAG)用来定义槽的形状。计算时,循环始终认为是以 SPD 和 SPL 为基准。

如果槽宽大于有效刀具宽度,则取消此宽度值。取消时,循环将整个宽度平分。去掉切削沿半径后,最大的进给量是刀具宽度的 95%,从而会形成切削重叠。

如果所设置的槽宽小于实际刀具宽度,将出现错误信息 61602“刀具宽度定义不正确”同时加工终止。如果在循环中发现切削沿宽度等于零,也会出现报警。

STA1(角):使用参数 STA1 来编程加工槽的斜线角。该角可以采用 0° ~180°并且始终用于纵坐标轴。

ANG1 和 ANG2(侧面角):不对称的槽可以通过不同定义的角来描述,范围为 0° ~ 89.999°。

RCO1、RCO2 和 RCI1、RCI2(半径/倒角):槽的形状可以通过输入槽边或槽底的半径/倒角来修改。注意:输入的半径是正号,而倒角是负号。

如何考虑编程的倒角和参数 VARI 的十位数有关。

如果 VARI <0(十位数 =0),倒角 CHF =…。

如果 VARI >10,倒角带 CHR 编程。

FAL1 和 FAL2(精加工余量):可以单独设置槽底和侧面的精加工余量。在加工过程中,进行毛坯切削直至最后余量。然后使用相同的刀具沿着最后轮廓进行平行于轮廓的切削。

IDEP(进给深度):通过设置一个进给深度,可以将平行于轴的切槽分成几个深度进给。

每次进给后,刀具退回 1 mm 以便断屑。在所有情况下必须设置参数 IDEP。

DTB(停留时间):在选择切槽底部的停留时间时,必须保证主轴在此旋转至少一周。时间以秒来编程。

VARI(加工类型):槽的加工类型由参数 VARI 的单位数定义。它可以采用图中所示的值。

参数的十位数表示倒角是如何考虑的。

VARI1 ~8:倒角被考虑成 CHF。

VARI11 ~18:倒角被考虑成 CHR。

【例 3】　零件如图 2.6 所示,编写加工程序。

```
XC22222
N10 G54 G0 X80 Z100;
N20 T1 D1;
N30 M3 S800;
N40 G0 X50;
N50 CYCLE93 (100, -30, 45, 20,0, 15, 15, 0.000, 0, 2,
2, 0.2, 0.2, 4, 1, 5);
N60 G0 X80 Z100;
N70 M5;
N80 M2;
```

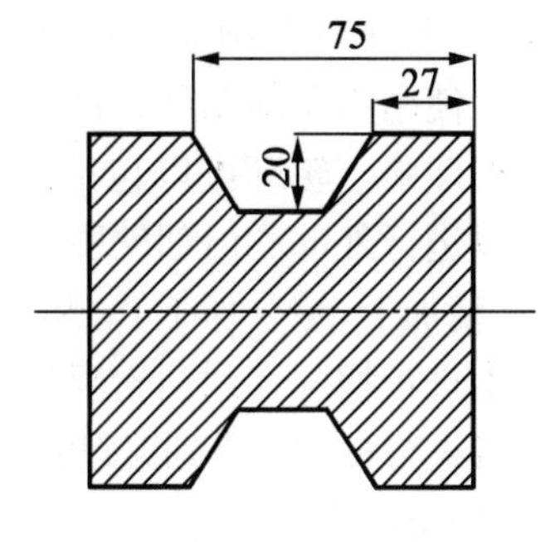

图 2.6　切槽循环零件图

(2)E、F 退刀槽形状循环指令 CYCLE94。

使用此循环,可以按 DIN509 切削形状为 E 和 F 的退刀槽,并要求成品直径大于 3 mm,如图 2.7 所示。参数含义见表 2.4。

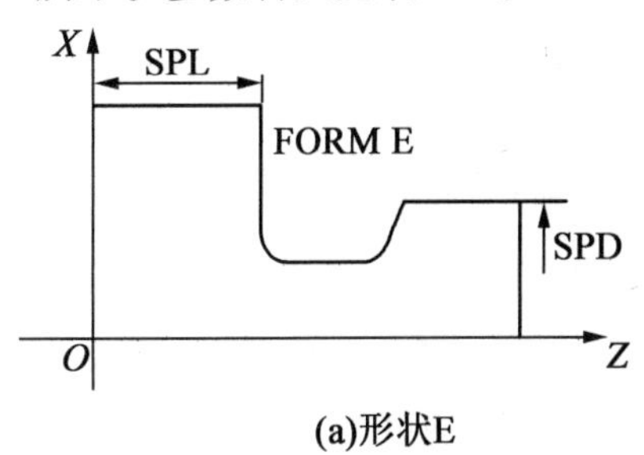

(a)形状E

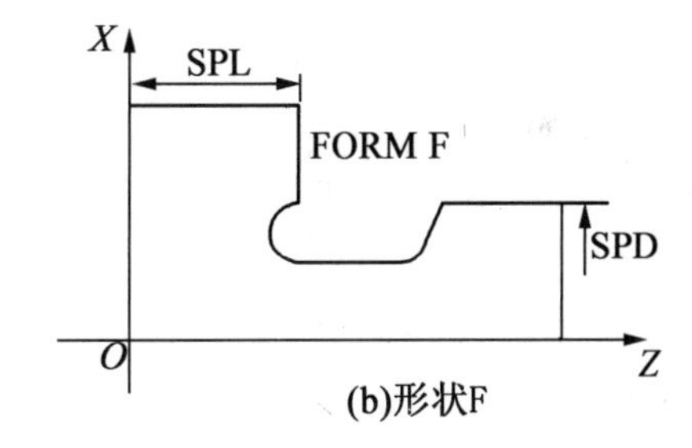

(b)形状F

图 2.7　退刀槽循环示意图

表 2.4　退刀槽循环参数表

参数	值	含义
SPD	Real	横向轴的起始点(无符号输入)
SPL	Real	纵向轴刀具补偿的起始点(无符号输入)
FORM	Char	设定形状:E(用于形状 E),F(用于形状 F)

编程格式:

```
CYCLE94(SPD,SPL,FORM)
```

循环启动前到达的位置(起始位置)可以是任意位置,但须保证回该位置开始加工时不发生刀具碰撞。

SPD 和 SPL(起始点):使用参数 SPD 定义用于加工的成品的直径。在纵向轴的成品直径使用参数 SPL 定义。

FORM(设定):通过此参数确定 DIN509 标准所规定的形状 E 和 F。

循环自动计算起始点值。它的位置是在纵向距离末尾直径 2 mm 和最后尺寸 10 mm 的位置。有关设置的坐标值的起始点的位置由当前有效刀具的刀尖位置决定。

(3)毛坯切削循环指令 CYCLE95。

使用粗车削循环,可以进行轮廓切削。该轮廓已编程在子程序中。轮廓可以包括凹凸切削。使用纵向和表面加工可以进行外部和内部轮廓的加工。工艺可以随意选择(粗加工、精加工、综合加工)。粗加工轮廓时,按最大的编程进给深度进行切削且到达轮廓的交点后清除平行于轮廓的毛刺,一直进行粗加工直到编程的精加工余量,如图 2.8 所示。参数含义见表2.5。

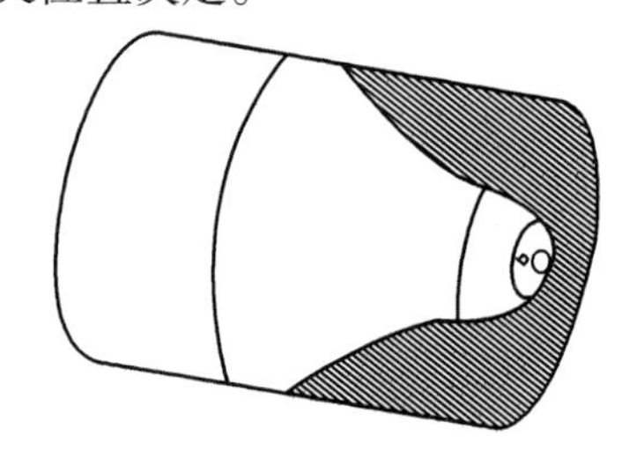

图 2.8 毛坯切削循环示意图

表 2.5 毛坯切削循环参数表

参数	值	含义
NPP	String	轮廓子程序名称
MID	Rcal	进给深度(无符号输入)
FALZ	Rcal	在纵向轴的精加工余量(无符号输入)
FALX	Rcal	在横向轴的精加工余量(无符号输入)
FAL	Rcal	轮廓的精加工余量
FF1	Rcal	非切槽加工的进给率
FF2	Rcal	切槽时的进给率
FF3	Rcal	精加工的进给率
VARI	Rcal	加工类型,范围值:1~12
DT	Rcal	粗加工时用于断屑时的停顿时间
DAM	Rcal	粗加工因断屑而中断时所经过的长度
_VRT	Rcal	粗加工时从轮廓的退回行程,增量(无符号输入)

在粗加工的同一方向进行精加工。刀具半径补偿可以由循环自动选择或不选择。

编程格式:

```
CYCLE95(NPP,MID,FALZ,FALX,FAL,FF1,FF2,FF3,VARI,DT,DAM,_VRT)。
```

循环开始前所到达的位置(起始位置)可以是任意位置,但须保证从该位置回轮廓起始点时不发生刀具碰撞。

(4)螺纹切削循环指令 CYCLE97。

使用螺纹切削循环可以获得在纵向和表面加工中具有恒螺距的圆形和锥形的内外螺纹。螺纹可以是单头螺纹或多头螺纹。螺纹切削循环参数如图 2.9 所示。参数含义见表 2.6。

为了可以使用此循环,需要使用带有位置控制的主轴。

编程格式:

```
CYCLE97(PIT,MPIT,SPL,FPL,DM1,DM2,APP,ROP,TDEP,FAL,IANG,NSP,NRC,NID,VARI,NUMT)
```

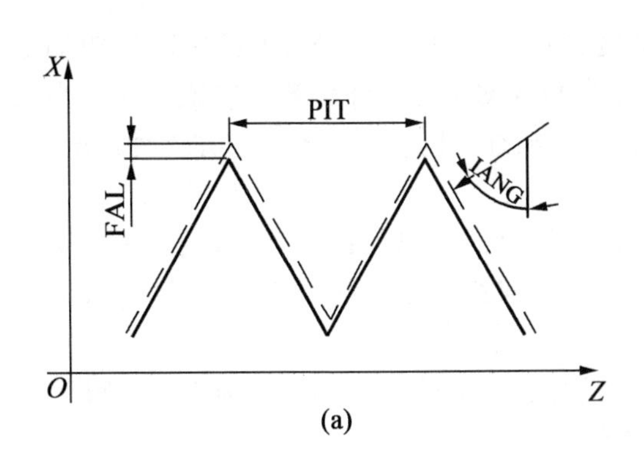

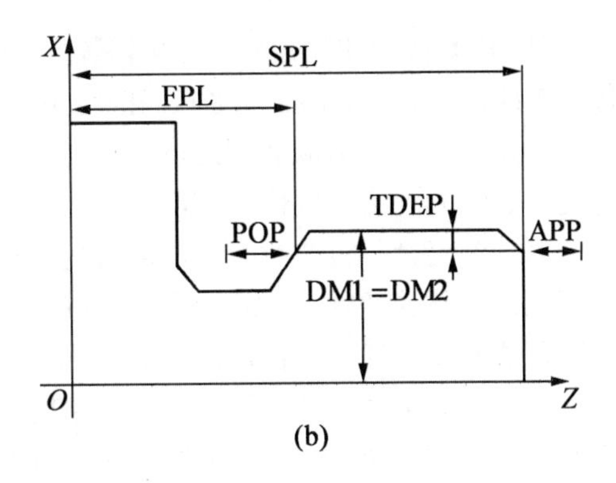

图 2.9　螺纹切削循环参数

表 2.6　螺纹切削循环参数表

参数	值	含义
PIT	Real	螺距
MPIT	Real	螺纹尺寸值:3(用于 M3),……,60(用于 M60)
SPL	Real	螺纹终点,位于横向轴上
FPL	Real	螺纹终点,位于纵向轴上
DM1	Real	起始点的螺纹直径
DM2	Real	终点的螺纹直径
APP	Real	空刀导入量(无符号输入)
ROP	Real	空刀退出量(无符号输入)
TDEP	Real	螺纹深度(无符号输入)
FAL	Real	精加工余量(无符号输入)
IANG	Real	进给切入角:“+”或“-”
NSP	Real	首圈螺纹的起始点偏移(无符号输入)
NRC	Int	粗加工切削量(无符号输入)
NID	Int	停顿次数
VARI	Int	定义螺纹的加工类型,范围值:1~4
NUMT	Int	螺纹头数(无符号输入)

循环启动前到达的位置可以是任意位置,但必须保证刀尖可以没有碰撞地回到所设置的螺纹起始点+导入空刀量。

PIT 和 MPIT(螺距和螺纹尺寸):螺距是一个平行于轴的数值且无符号。要获得公制的圆柱螺纹,也可以通过参数 MPIT(M03 到 M60)设置螺纹尺寸。

DM1 和 DM2(直径):使用此参数来定义螺纹起始点和终点的螺纹直径。如果是内螺纹,则是孔的直径。

SPL、FPL、APP 和 ROP 的相互联系(起始点,终点,空刀导入量,空刀退出量):编程的起始点(SPL)和终点(FPL)为螺纹最初的起始点。但是,循环中使用的起始点是由空刀导入量 APP 产生的起始点。而终点是由空刀退出量 ROP 返回的编程终点。在横向轴中,循环定义的起始点始终比设置的螺纹直径大 1 mm。此返回平面在系统内部自动产生。

TDEP、FAL、NRC 和 NID 的互相联系(螺纹深度,精加工余量,切削量,停顿次数):粗加工量为螺纹深度 TDEP 减去精加工余量,循环将根据参数 VARI 自动计算各个进给深度。当螺纹深度分成具有切削截面积的进给量时,切削力在整个粗加工时将保持不变。在这种情况下,将使用不同的进给深度值来切削。

第二个变量是将整个螺纹深度分配成恒定的进给深度。这时,每次的切削截面积越来越大,但由于螺纹深度值较小,则形成较好的切削条件。完成第一步中的粗加工以后,将取消精加工余量 FAL,然后执行 NID 参数下设置的停顿路径。

IANG(切入角):如果要以合适的角度进行螺纹切削,此参数的值必须设为零。如果要沿侧面切削,此参数的绝对值必须设为刀具侧面倒角的一半。

进给的执行是通过参数的符号定义的。如果是正值,进给始终在同一侧面执行,如果是负值,在两个侧面分别执行。在两侧交替的切削类型只适用于圆螺纹。如果用于锥形螺纹的 IANG 值虽然是负,但是循环只沿一个侧面切削。

NSP(起始点偏移)和 NUMT(头数):用 NSP 参数可设置角度值用来定义待切削部件的螺纹圈的起始点,这称为起始点偏移,范围为 0 ~ +359.9999。如果未定义起始点偏移或该参数未出现在参数列表中,螺纹起始点则自动在零度标号处。

使用参数 NUMT 可以定义多头螺纹的头数。对于单头螺纹,此参数值必须为零或在参数列表中不出现。螺纹在待加工部件上平均分布;第一圈螺纹由参数 NSP 定义。如果要加工一个具有不对称螺纹的多头螺纹,在编程起点偏移时必须调用每个螺纹的循环。

VARL(加工类型):使用参数 VARL 可以定义是否执行外部或内部加工,及对于粗加工时的进给采取何种加工类型。VARI 参数可以为 1 到 4 的值,它们的定义见表 2.7。

表 2.7 加工类型参数的定义

值	外部/内部	恒定进给/恒定切削截面积
1	A	恒定进给
2	I	恒定进给
3	A	恒定切削截面积
4	I	恒定切削截面积

2.1.4 计算参数 R

要使一个 NC 程序不仅仅适用于特定数值下的一次加工,或者必须要计算出数值,两种情况均可以使用计算参数,可以在程序运行时由控制器计算或设定所需要的数值;可以通过操作面板设定参数数值。如果参数已经赋值,则它们可以在程序中对由变量确定的地址进行赋值。

1. 编程

R0 = . . .

到

R249 = . . .

2. 说明

一共 250 个计算参数可供使用。

R0 ~ R99:可以自由使用。

R100 ~ R249:加工循环传递参数。

如果没有用到加工循环,则这部分计算参数也同样可以自由使用。

3. 赋值

例:R0 =3.567 8;R1 = -37.3;R2 =2;R3 = -7;R4 = -45 678.123 4;R5 =2.678EX7。

用指数表示法可以赋值更大的数值范围。一个程序段中可以有多个赋值语句;也可以用计算表达式赋值。

4. 给其他的地址赋值

通过给其他的NC地址分配计算参数或参数表达式,可以增加NC程序的通用性。可以用数值、算术表达式或R参数对任意NC地址赋值。但对地址N、G和L例外。

赋值时在地址符之后写入符号“=”。

给坐标轴地址(运行指令)赋值时,要求有一独立的程序段。

5. 参数的计算

在计算参数时也遵循通常的数学运算规则。圆括号内的运算优先进行。另外,乘法和除法运算优先于加法和减法运算。

2.1.5 子程序

一个主程序可以被另外一个主程序当作子程序调用。用子程序编写经常重复进行的加工。

子程序的结构与主程序的结构一样,在子程序中也是最后一个程序段中用M2结束子程序运行。子程序结束后返回主程序。

1. 程序结束

除了用M2指令外,还可以用RET指令结束子程序。

RET要求占用一个独立的程序段。

用RET指令结束子程序、返回主程序时不会中断G64连续路径运行方式,用M2指令则会中断G64运行方式,并进入停止状态。

2. 子程序程序名

为了方便地选择某一子程序,必须给子程序取一个程序名。程序名可以自由选取,但必须符合规定。其方法与主程序中程序名的选取方法一样。

3. 子程序调用

在一个程序中(主程序或子程序)可以直接用程序名调用子程序。子程序调用要求占用一个独立的程序段。

举例:

```
N10 L201 P2                         ;调用子程序 L201, 运行 2 次
N20 JX205                           ;调用子程序 JX205
```

4. 程序重复调用

如果要求多次连续地执行某一子程序,则在编程时必须在所调用子程序的程序名后地址P下写入调用次数,最大次数可以为9999(P1 ~ P9999)。

5. 嵌套深度

子程序不仅可以从主程序中调用,也可以从其他程序中调用,这个过程称为子程序的嵌

套。子程序的嵌套深度可以为三层,也就是四级程序界面(包括主程序界面)。

在子程序中可以改变模态有效的 G 功能,比如 G90 到 G91 的变换。在返回调用程序时请注意检查一下所有模态有效的功能指令,并按照要求进行调整。

对于 R 参数,不要无意识地用上级程序界面中所使用的计算参数来修改下级程序界面的计算参数。

2.2 FANUC 数控车床编程

本节介绍 FANUC 0i 数控系统数控车床编程。

2.2.1 坐标系

如果没有设置正确的坐标系,尽管指令是正确的,但机床有可能并不按你想象的动作运动,这种误动作有可能损坏刀具、机床、工件甚至伤害用户。在程序开始之前必须设定工件坐标系和编程的原点。通常把程序原点确定为便于编程的点。坐标系设置示意图如图 2.10 所示。

数控车床有两种编程方法,绝对坐标值和相对坐标值编程。

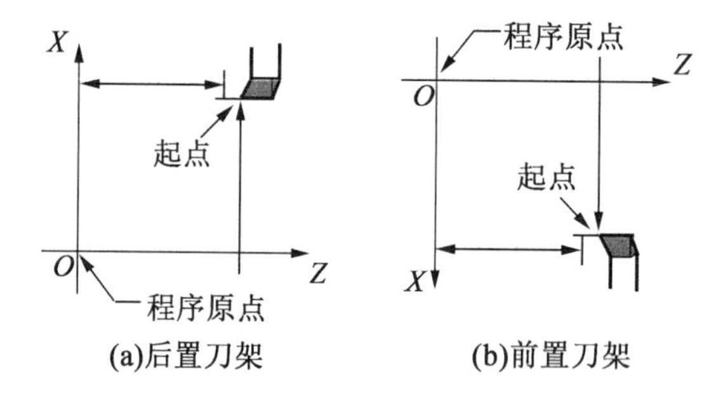

图 2.10 坐标系设置示意图

在绝对值指令中,用终点位置的坐标值编程;在增量值指令中用移动距离编程。两种不同编程方法与坐标系之间的关系如图 2.11 所示。

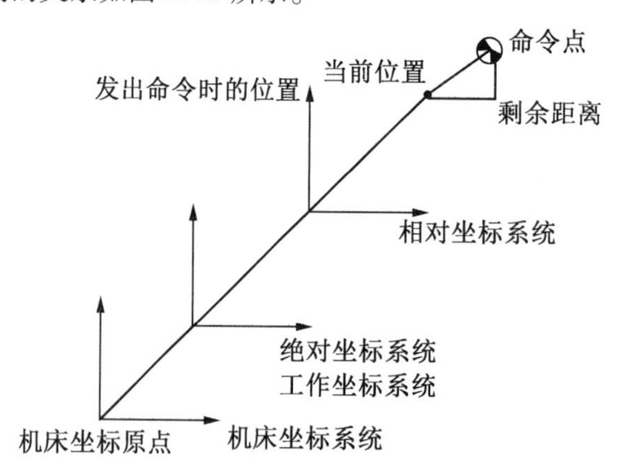

图 2.11 两种编程方法与坐标系之间的关系

同一个程序段中可以采用绝对和相对坐标指令,当 X 和 U 或者 W 和 Z 指令在一个程序段时,后指定者有效。

2.2.2　FANUC 数控车床编程指令

1. G 功能指令

G 功能指令及含义见表 2.8。

表 2.8　G 功能指令及含义

代码	含义	说明
G	G 功能(准备功能字)	G 功能分为模态指令和非模态指令
G00	定位(快速移动)	模态有效
G01	直线插补	
G02	顺时针圆弧插补	
G03	逆时针圆弧插补	
G04	暂停(Dwell)	
G18	*ZX* 编程平面	
G20	英制输入	模态有效
G21	公制输入	
G22	内部行程限位有效	
G23	内部行程限位无效	
G27	检查参考点返回	
G28	参考点返回	
G29	从参考点返回	
G30	回到第二参考点	
G32	切螺纹	
G40	取消刀尖半径偏置	模态有效
G41	刀尖半径偏置(左侧)	
G42	刀尖半径偏置(右侧)	
G50	修改工件坐标;设置主轴最大的转速	
G52	设置局部坐标系	
G53	选择机床坐标系	
G54 ~ G59	设置工件坐标系原点偏置	模态有效
G70	精加工循环	
G71	内外径粗车循环	
G72	台阶粗切循环	
G73	复合切削循环	

续表 2.8

代码	含义	说明
G74	*Z* 向步进钻削	
G75	*X* 向切槽	
G76	螺纹切削循环	
G80	取消固定循环	
G83	钻孔循环	
G84	攻丝循环	
G85	正面镗孔循环	
G87	侧面钻孔循环	
G88	侧面攻丝循环	
G89	侧面镗孔循环	
G90	(内外直径)单一切削循环	
G92	单一螺纹切削循环	
G94	(端面) 切削循环	
G96	恒线速度控制	
G97	恒线速度控制取消	
G98	每分钟进给率	
G99	每转进给率	

2. M 辅助功能指令

辅助功能也称 M 功能,是控制机床或系统开关功能的一种命令,如主轴的启停,程序终止,切削液开、关等。

M 辅助功能指令及含义见表 2.9。

表 2.9 M 辅助功能指令及含义

代码	功能	说明
M00	程序停止	
M01	选择性程序停止	
M02	程序结束	
M30	程序结束复位	
M03	主轴正转	模态有效
M04	主轴反转	
M05	主轴停	
M08	切削液启动	模态有效
M09	切削液停	

续表 2.9

代码	功能	说明
M40	主轴齿轮在中间位置	
M41	主轴齿轮在低速位置	
M42	主轴齿轮在高速位置	
M68	液压卡盘夹紧	
M69	液压卡盘松开	
M78	尾架前进	
M79	尾架后退	
M94	镜像取消	
M95	*X* 坐标镜像	
M98	子程序调用	
M99	子程序结束	

3. 其他功能指令

其他功能指令及含义见表 2.10。

表 2.10　其他功能指令及含义

代码	含义	说明
D	刀具半径补偿号	D00 ~ D99
F	进给率	刀具/工件的进给速度,对应 G98 或 G99,单位分别为 mm/min 或 mm/r
S	主轴转速	单位:r/min
T	刀具号	T01 ~ T99
I	插补参数	*X* 轴尺寸
K	插补参数	*Z* 轴尺寸

4. FANUC 0i 数控系统编程基本要求

(1)程序名以“O”开头,加上 4 位数字,如 O1234;

(2)没有特殊说明情况下,采用直径编程;

(3)程序基本结构:程序名、程序段、程序结束;

(4)刀具号使用格式为 T0X0X,取消刀补格式为 T0X00,其中 X 为数字 1 ~9。

2.2.3　G 功能指令使用

1. 平面选择 G18

指令格式:G18

G18 表示选择 *ZX* 平面。数控车床只有两个坐标轴:*Z*、*X*,系统默认为 G18。

2. **公制尺寸、英制尺寸指令** G20、G21

指令格式:G20

G21

G20 指令把所有的几何值转换为英制尺寸;

G21 指令把所有的几何值转换为公制尺寸。

3. **工件坐标系原点偏置指令** G54 ~ G59

设定工件零点在机床坐标系中的位置,如图 2.1 所示。

4. **设定工件坐标系** G50

编程格式:

```
G50 IP_
```

设定了工件坐标系,刀具上的点,比如刀尖就处在指定的坐标位置,如果 IP_ 是增量指令值,定义工件坐标系后,当前的刀具位置就与原来刀具位置加上指定的增量值的结果相符合,如果在偏置期间用 G50 设定坐标系,在设定的坐标系中,刀偏置前的位置与用 G50 规定的位置相符。

5. **坐标轴运动**

(1)快速移动指令 G00(图 2.12)。

在绝对坐标方式下,这个指令把刀具从当前位置移动到指定的位置。在增量坐标方式下,移动到某个距离处。刀具路径类似直线切削那样,以最短的时间(不超过每一个轴快速移动速率)定位于要求的位置。

编程格式:

```
G00 X_ Z_                    ;(绝对坐标编程)
```

或

```
G00 U_ W_                    ;(相对坐标编程)
```

X、Z:刀具移动的终点坐标。

例:

```
G00 X40 Z10;
```

(2)直线插补指令 G01(图 2.13)。

直线插补以直线方式和指令给定的移动速率,从当前位置移动到指令位置。

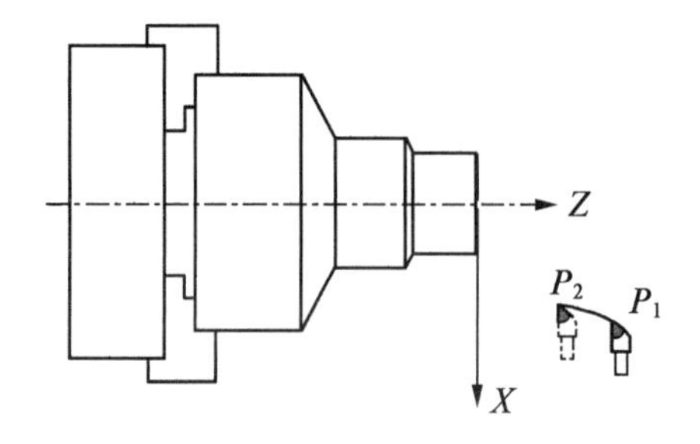

图 2.12　G00 示意图

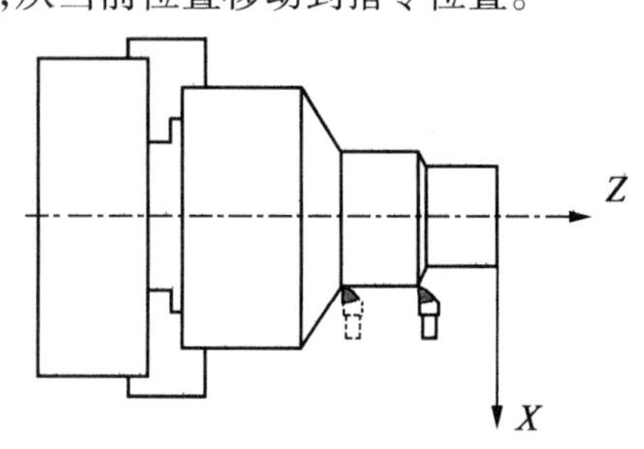

图 2.13　G01 示意图

编程格式：

```
G01 X_ Z_ F_          ;(绝对坐标编程)
```

或

```
G01 U_ W_ F_          ;(相对坐标编程)
```

X、Z：刀具移动的终点坐标。

F：刀具移动速度(进给率，默认单位为 mm/min)。

【例1】 精车图2.14所示零件，外圆车刀T01。

```
O3009
N05 G54 M03 S800;
N10 G00 X80 Z100;
N15 M06 T0101;
N20 G00 X10 Z2;
N25 G01 Z0 F0.2;
N30 G01 X16 Z-3;
N35 Z-35;
N25 X25 Z-45;
N30 X30 Z-60;
N35 X80;
N40 G00 X100 Z100 T0100;
N45 M05;
N50 M02;
```

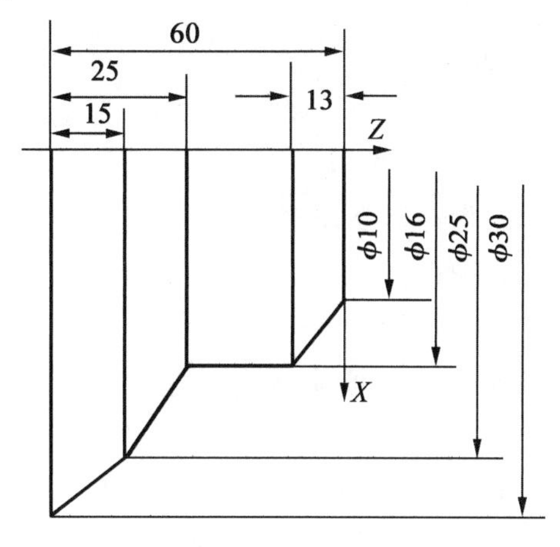

图2.14　直线插补G01实例

(3)圆弧插补指令G02/G03。

G02顺时针圆弧插补，G03逆时针圆弧插补，如图2.3所示。

编程格式：

```
G02(G03) X_ Z_ I_ K_ F_       ;(绝对坐标编程)
G02(G03) X_ Z_ R_ F_          ;(绝对坐标编程)
```

或

```
G02(G03) U_ W_ I_ K_ F_       ;(相对坐标编程)
G02(G03) U_ W_ R_ F_          ;(相对坐标编程)
```

X、Z：圆弧终点坐标；

U、W：圆弧终点与起点之间的距离；

I、K：圆心相对于圆弧起点坐标的相对值；

R：圆弧半径(小于180°为正，大于等于180°为负)。

【例2】 加工图2.15所示零件，工件坐标系如图中所示，1号刀为外圆车刀，编写精加工程序。

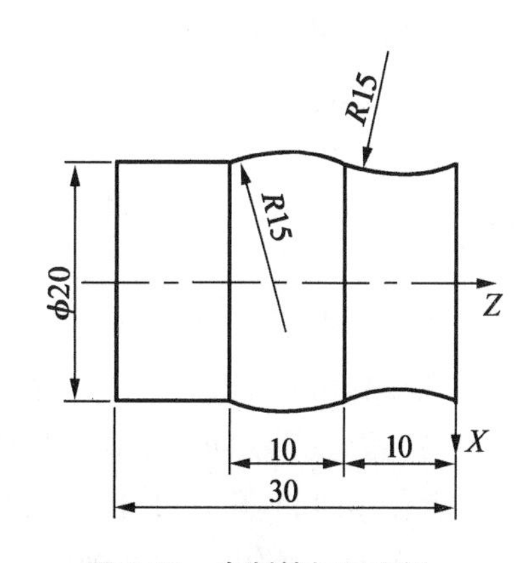

图2.15　车削精加工实例

```
O1234
N05 G54;
N10 M03 S1000;
```

```
N15 G00 X80 Z100;
N20 M06 T0101;
N25 G00 X20 Z5;
N30 G01 Z0 F0.3;
N35 G02 X20 Z-10 R15;
N40 G03 X20 Z-20 R15;
N45 G01 X20 Z-30;
N50 G01 X30;
N55 G00 X80 Z100 T0100;
N60 M05 M02;
```

6. 暂停指令 G04

编程格式:

G04 X_;或 G04 U_;或 G4 P_;

X:指定时间(秒,允许小数点)。

U:指定时间(秒,允许小数点)。

P:指定时间(毫秒,不允许小数点)。

G4 指令暂停,按指令的时间延迟执行下个程序段。

7. 返回参考点指令 G28

G28 指令是以快速移动速度由当前点定位刀具到达参考点,以便换刀。

编程格式:

G28 X_ Z_;

X、Z:刀具当前点坐标。

8. 参考点返回指令 G29

刀具以快速移动速度由参考点位置移动到目标点位置。

编程格式:

G29 X_ Z_;

X、Z:刀具目标点坐标。

9. 螺纹切削指令 G32

编程格式:

G32 X_Z_F_;

或

G32 U_W_F_;

F:螺纹螺距。

在编制切螺纹程序时应当带主轴转速 RPM 均匀控制的功能 G97,并且要考虑螺纹部分的某些特性。在螺纹切削方式下移动速率控制和主轴速率控制功能将被忽略。而且在进给保持按钮起作用时,其移动过程在完成一个切削循环后就停止了。

表 2.11 为常用螺纹切削的进给次数与吃刀量。

表 2.11　常用螺纹切削的进给次数与吃刀量

公制螺纹								
螺　　距		1.0	1.5	2	2.5	3	3.5	4
牙深半径		0.649	0.974	1.299	1.624	1.949	2.273	2.598
（直径量）切削次数及吃刀量	1 次	0.7	0.8	0.9	1.0	1.2	1.5	1.5
	2 次	0.4	0.6	0.6	0.7	0.7	0.7	0.8
	3 次	0.2	0.4	0.6	0.6	0.6	0.6	0.6
	4 次		0.16	0.4	0.4	0.4	0.6	0.6
	5 次			0.1	0.4	0.4	0.4	0.4
	6 次				0.15	0.4	0.4	0.4
	7 次					0.2	0.2	0.4
	8 次						0.15	0.3
	9 次							0.2

【例 3】　加工图 2.16 所示螺纹。螺纹车刀 T02。

```
O2222
N05 G54;
N10 M03 S1000;
N15 G28 X30 Z20;
N20 M06 T0202;
N25 G29 X19.2 Z2;
N30 S300;
N35 G32 X19.2 Z-9 F1.5;
N40 G00 X25;
N45 G00 Z2;
N50 G00 X18.6;
N55 G32 X18.6 Z-9 F1.5;
N60 G00 X25;
N65 G00 Z2;
N70 G00 X18.2;
N75 G32 X18.2 Z-9 F1.5;
N80 G00 X25;
N85 G00 Z2;
N90 G00 X18.04;
N95 G32 X18.04 Z-9 F1.5;
N100 G00 X40;
N105 G00 Z100 T0200;
N110 M05 M02;
```

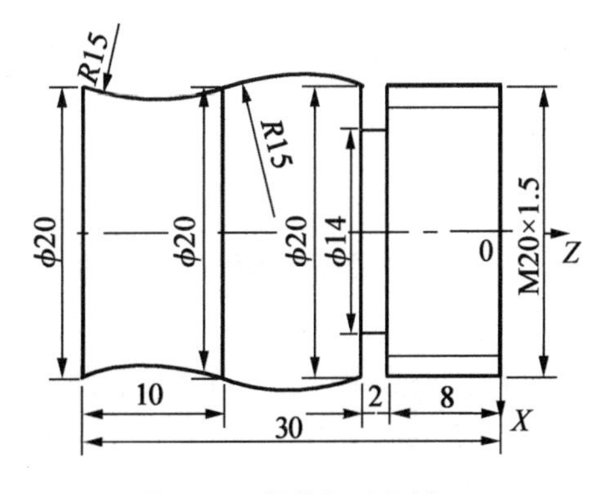

图 2.16　螺纹加工实例

10. 刀具半径补偿功能指令 G41/G42

编程格式：

```
G41 D01 G00(G01) X_Z_            ;在工件轮廓左边刀补
G42 D01 G00(G01) X_ Z_           ;在工件轮廓右边刀补
```

在实际切削加工中,车刀的刀尖不可能是一个绝对的尖点,总有一个小圆弧,如图 2.17 所示。刀具必须有相应的刀沿号才能有效。刀尖半径补偿通过 G41/G42 生效。控制器自动计算出当前刀具运行所产生的、与编程轮廓等距离的刀具轨迹。

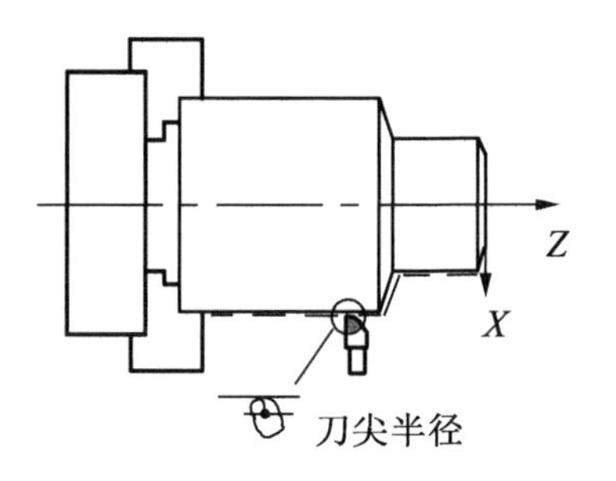

图 2.17　刀尖圆弧示意图

补偿的原则取决于刀尖圆弧中心的运动方向,它总是与切削表面法向矢量重合,补偿的基准点是刀尖圆弧中心。

把这个原则用于刀具补偿,应当分别以 X 和 Z 的基准点来测量刀具长度、刀尖半径 R,以及用于假想刀尖半径补偿所需的刀尖形式数 1 ~9,如图 2.18 所示。

刀具以直线回轮廓,并在轮廓起始点处与轨迹切向垂直。通常情况下,在 G41/G42 程序段之后紧接着工件轮廓的第一个程序段。只有在线性插补时 G00 或 G01 才可以进行 G41/G42 的选择。

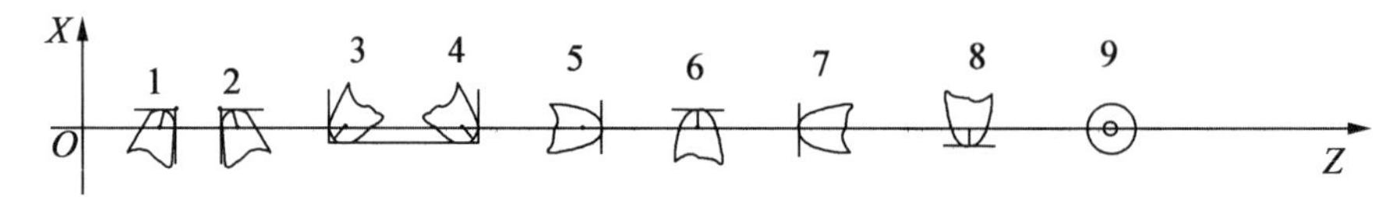

图 2.18　刀尖形式示意图

11. 刀具半径补偿取消功能指令 G40

指令格式:G40　X_ Z_;

(1)只有在线性移动或者插补时(G00,G01)才可以进行 G40;

(2)指令中的 X、Z 表示刀具轨迹中取消刀具半径补偿点的坐标值。

12. 内外直径单一切削循环指令 G90

编程格式:

直线切削循环:G90 X(U)_Z(W)_F_;

加工步骤如图 2.19 所示。按 $A \to B \to C \to D$ 路径的循环操作。F:进给,R:快速进给。

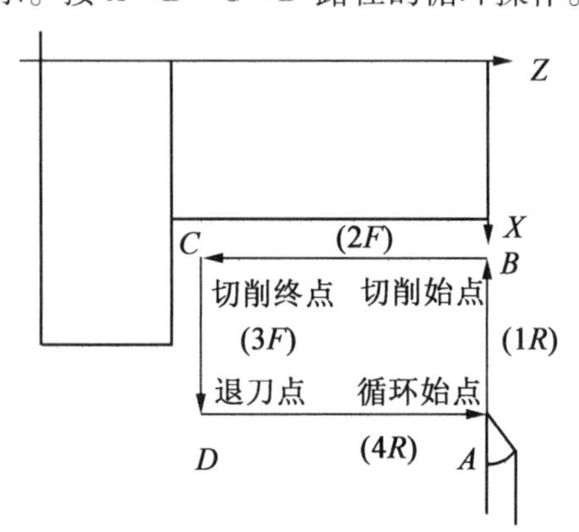

图 2.19　G90 循环示意图

【例 4】 采用 G90 加工图 2.20 所示零件 $\phi18$，外圆车刀 T01。

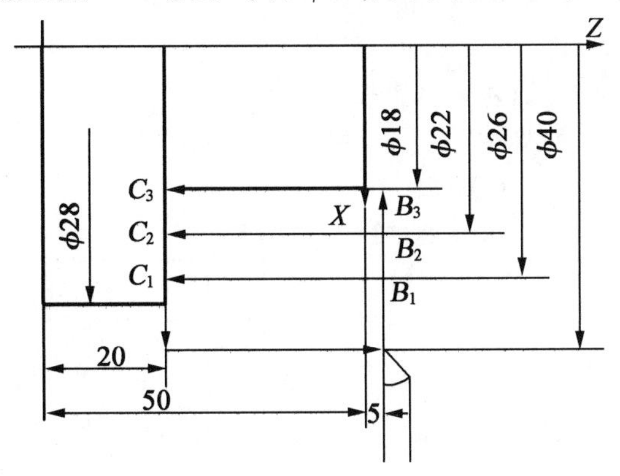

图 2.20　G90 实例

```
O3023
N05 G54 M03 S800;
N07 G00 X80 Z100;
N10 M06 T0101;
N15 G00 X40 Z5;
N20 G90 X26 Z5F0.2;
N25 G90 X22 Z5 F0.2;
N30 G90 X18 Z5 F0.2;
N35 G00 X80 Z100 T0100;
N40 M05 M02;
```

锥体切削循环：

```
G90 X(U)__Z(W)__R___F__;
```

必须指定锥体的“R”值。切削功能的用法与直线切削循环类似。R 的正负取值如图 2.21 所示。

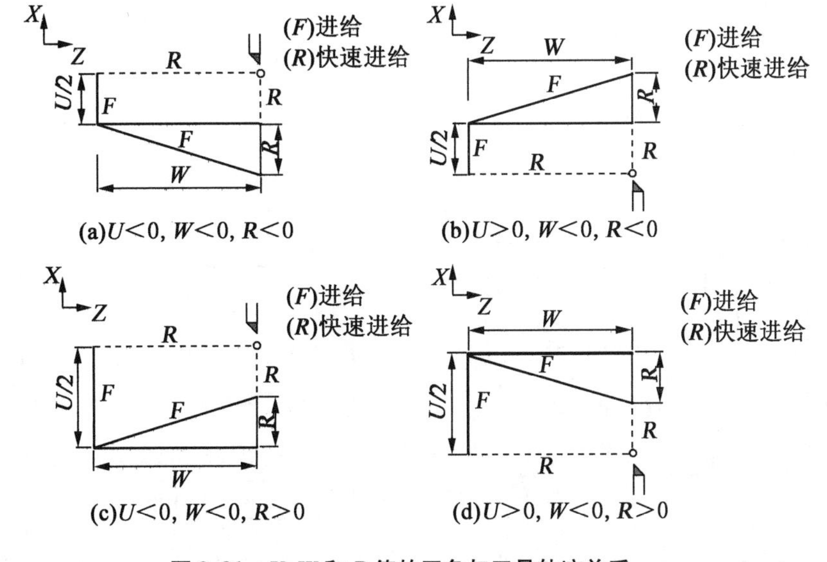

图 2.21　U、W 和 R 值的正负与刀具轨迹关系

13. 端面单一切削循环指令 G94

编程格式：

平台阶切削循环：G94 X(U)_Z(W)_F_；如图 2.22 所示。

锥台阶切削循环：G94 X(U)_ Z(W)_ R_ F_；如图 2.23 所示。

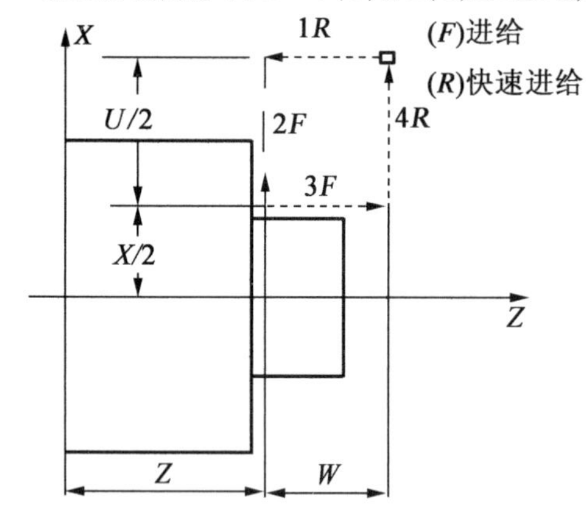

图 2.22　平台阶切削循环示意图

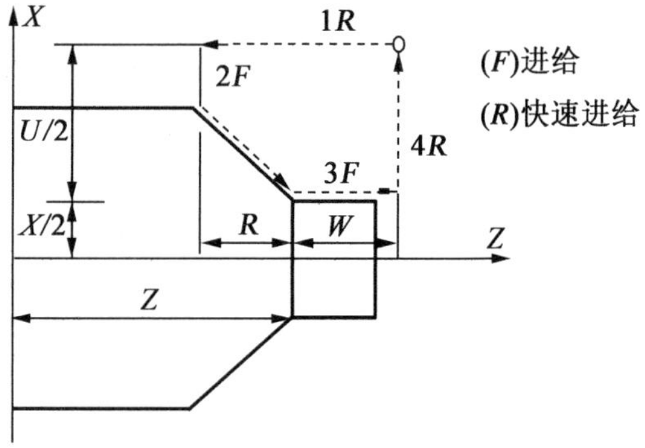

图 2.23　锥台阶切削循环示意图

14. 切削螺纹循环指令 G92

编程格式：

(1) 直螺纹切削循环。

G92 X(U)_Z(W)_F_；如图 2.24 所示。

G92 注意事项类似于 G32。倒角长度根据所指派的参数在 0.1L ~ 12.7L 的范围内设置，指定单位为 0.1L。

【例 5】　加工图 2.25 所示螺纹。刀具 T01。

```
O1031
N05 G54 M03 S300;
N10 G00 X80 Z100;
N15 M06 T0101;
N20 G00 X35 Z-2;
N25 G92 X29.2 Z-46 F1.5;
N30 G92 X28.6 Z-46 F1.5;
N35 G92 X28.2 Z-46 F1.5;
```

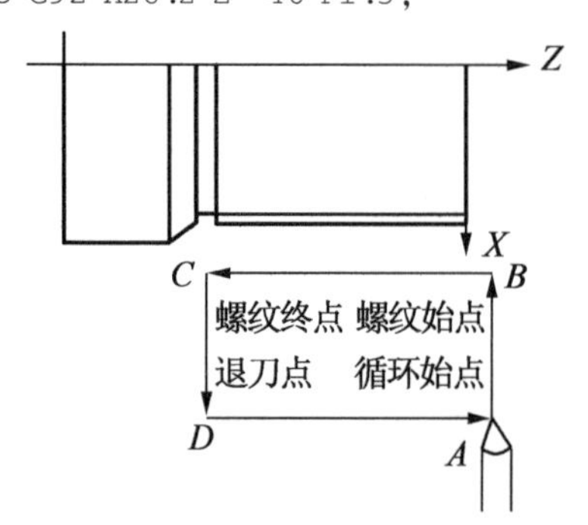

图 2.24　直螺纹切削循环示意图

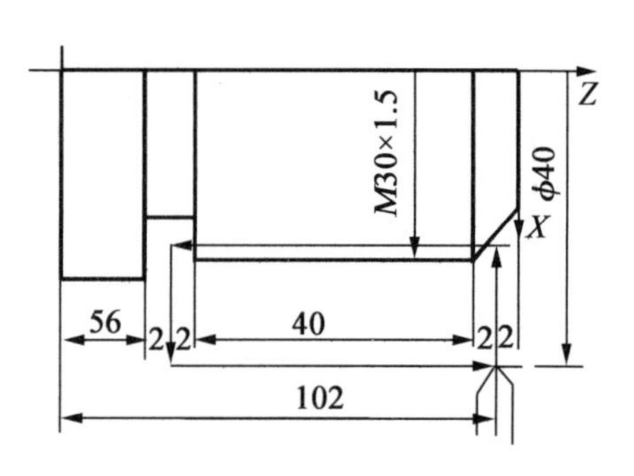

图 2.25　G92 切削实例

```
N40 G92 X28.04 Z-46 F1.5;
N45 G00 X80 Z100 T0100;
N50 M05 M02;
```

(2)锥螺纹切削循环。

G92 X(U)_Z(W)_R_F_;如图2.26所示。

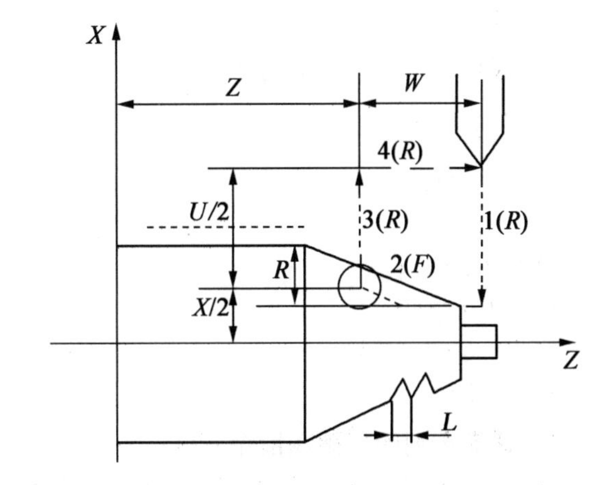

图2.26 锥螺纹切削循环示意图

15. 精车循环指令 G70

用G71、G72或G73粗车削后,用G70精车削。

编程格式:

```
G70 P(ns) Q(nf)
```

ns:精加工程序的第一个段号。

nf:精加工程序的最后一个段号。

16. 外圆粗车固定循环指令 G71

如图2.27所示,加工 *A* 至 *A'* 至 *B* 的精加工形状,用 Δd(切削深度)车削到指定的区域,留精加工预留量 $\Delta u/2$ 及 Δw。

编程格式:

```
G71 U(Δd) R(e)
G71 P(ns) Q(nf) U(Δu) W(Δw) F(f) S(s) T(t)
N(ns)……
……
N(nf)……
```

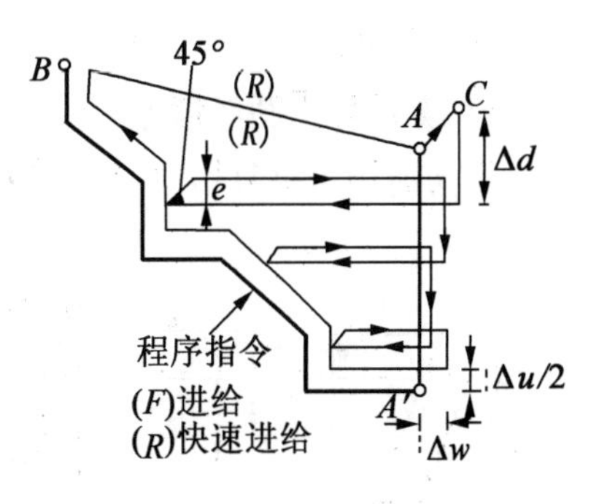

图2.27 G71加工路径

从顺序号ns到nf的程序段,指定 *A* 及 *B* 间的移动指令。

Δd: 切削深度(半径值)。

不指定正负符号。切削方向依照 *AA'* 的方向决定,在另一个值指定前不会改变。

e:退刀行程。在另一个值指定前不会改变。

ns:精加工形状程序的第一个段号。

nf:精加工形状程序的最后一个段号。

ΔU: *X* 方向精加工预留量的距离及方向。(直径/半径)

ΔW: *Z* 方向精加工预留量的距离及方向。

f、s、t: 包含在ns到nf程序段中的任何F、S或T功能在循环中被忽略,而在G71程序段中的F、S或T功能有效。

【例6】 采用G71粗精加工图2.28所示零件。外圆车刀T01。

```
O1000
G54;
M03 S800;
G00 X100 Z100;
M06 T0101;
G00 X30 Z5;
```

```
G71 U2 R2;
G71 P40 Q80 U0.5 W0.5 F0.3;
N40 G00 X5;
G01 Z-5;
X10 Z-13;
Z-18;
X16;
Z-23;
X25 Z-28;
Z-33;
N80 G01 X40;
G70 P40 Q80;
G00 X100 Z100 T0100;
M05 M02;
```

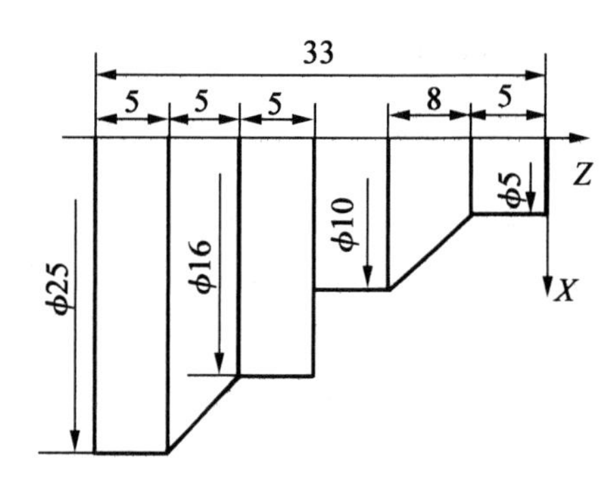

图 2.28 G71 加工实例

17. 端面车削固定循环指令 G72

如图 2.29 所示,除了是平行于 *X* 轴外,本循环与 G71 相同。

编程格式:

```
G72 W(Δd) R(e)
G72 P(ns) Q(nf) U(Δu) W(Δw) F(f) S(s) T(t)
```

18. 复合加工循环指令 G73

本功能用于重复切削一个逐渐变换的固定形式,适用于粗加工切削工件。如图 2.30 所示。

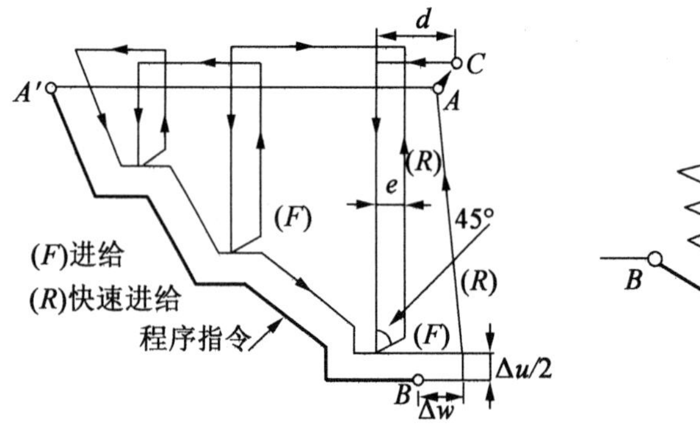

图 2.29 G72 循环示意图

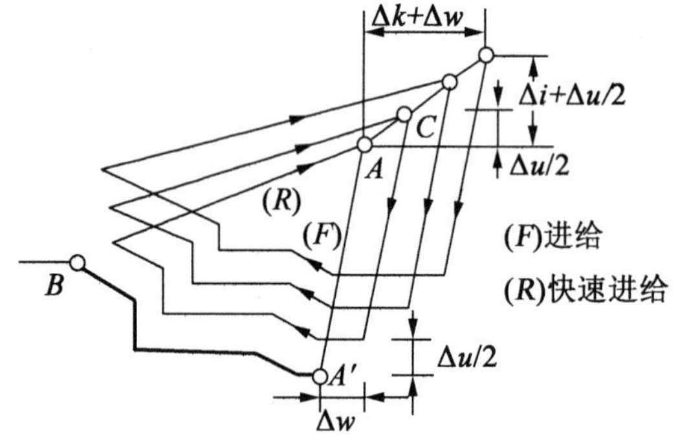

图 2.30 G73 循环示意图

编程格式:

```
G73U(Δi)W(Δk)R(d)
G73P(ns)Q(nf)U(Δu)W(Δw)F(f)S(s)T(t)
N(ns)……
……
F__
S__
T__
N(nf)……
```

A 和 B 间的运动指令指定在从顺序号 ns 到 nf 的程序段中。

Δi:X 轴方向退刀距离(半径指定), FANUC 系统参数(No.0719)指定。

Δk:Z 轴方向退刀距离(半径指定), FANUC 系统参数(No.0720)指定。

d:分割次数,这个值与粗加工重复次数相同,FANUC 系统参数(No.0719)指定。

ns:精加工形状程序的第一个段号。

nf:精加工形状程序的最后一个段号。

ΔU:X 方向精加工预留量的距离及方向。(直径/半径)

ΔW:Z 方向精加工预留量的距离及方向。

f、s、t:顺序号"ns"到"nf"程序段中的任何 F、S 或 T 功能在循环中被忽略,而在 G73 程序段中的 F、S 或 T 功能有效。

【例 7】 加工图 2.31 所示零件。棒料尺寸为 ϕ35,外圆车刀 T01,采用 G73 编写粗精加工程序。

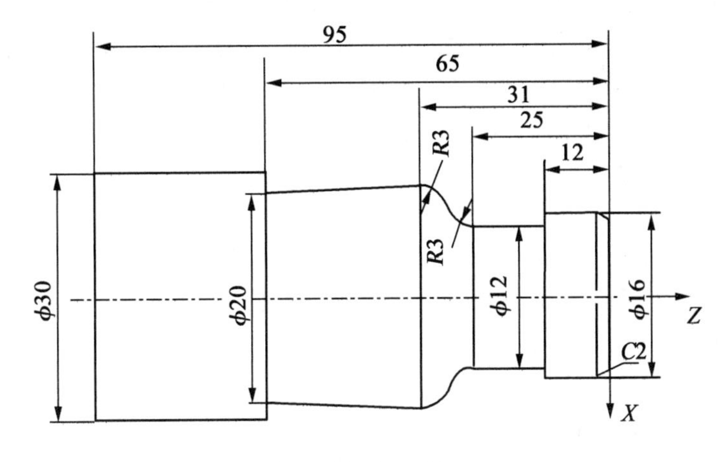

图 2.31　例 7 题图

```
O2108
G54 M03 S1000;
G00 X80 Z100;
M06 T0101;
G00 X35 Z5;
G73 U9 W0 R9;
G73 P100 Q200 U0.5 W0.5 F0.2;
N100 G00 X0;
G01 Z0;
X16 Z0 C2;
Z -12;
X12;
Z -25;
G02 X18 Z -28 R3;
G03 X24 Z -31 R3;
G01 X20 Z -65;
X30;
```

```
Z -95;
N200 X45;
G70 P100 Q200;
G0 X80 Z100;
T0100;
M05;
M02;
```

19. 螺纹切削循环指令 G76

编程格式:

```
G76 P(m)(r)(a) Q(Δd_min) R(d);
G76 X(u)_Z(w)_R(i) P(k) Q(Δd) F(L)
```

m: 精加工重复次数(1 至 99)。在另一个值指定前不会改变。

r: 倒角量,本指定是状态指定,在另一个值指定前不会改变。

a: 刀尖角度,可选择 80°、60°、55°、30°、29°、0°,用 2 位数指定。在另一个值指定前不会改变。当 m = 2, r = 1.2L, a = 60 时参数表示为 P021260。

Δd_min: 最小切削深度,用半径值表示。在另一个值指定前不会改变。FANUC 系统参数(No.0726)指定。

d: 精加工余量。

i: 螺纹部分的半径差。如果 i = 0,可做一般直线螺纹切削。

k: 螺纹高度,用半径值表示。这个值在 *X* 轴方向用半径值指定。

Δd: 第一次的切削深度(半径值)。

L: 螺纹导程(同 G32)。

20. 线速度控制指令 G96/G97

G96 的功能是执行恒线速度控制,并且只通过改变转速来控制相应的工件直径变化时维持稳定的恒定的切削速率,和 G50 指令配合使用。G97 的功能是取消恒线速度控制,并且仅仅控制转速的稳定。

21. 进给率单位设置指令 G98/G99

切削进给速度可用 G98 代码来指定每分钟的移动(mm/min),或者用 G99 代码来指定每转移动(mm/r)。G99 的每转进给率主要用于数控车床加工。

每分钟的移动速率 (mm/min) = 每转位移速率 (mm/r) × 主轴转速

2.2.4 用户宏程序

用户宏程序由于允许使用变量、算术和逻辑运算及条件转移,因此编制相同加工操作的程序更方便、更容易。将相同加工操作编为通用程序,如型腔加工宏程序和固定加工循环宏程序。使用时,加工程序可用一条简单指令调出用户宏程序,和调用子程序完全一样。

FANUC 0i 系统提供两种用户宏程序,即用户宏程序功能 A 和用户宏程序功能 B。由于用户宏程序功能 A 的宏程序在实际工作中很少使用,在本节仅以用户宏程序功能 B 为对象介绍宏程序的相关知识。

```
O0001;                        O9010;
……                            #1 = #18/2;
……                            G01 X#1 Z#1 F0.2;
G65 P9010 R50.0 L2;           G02 X#1 Z#-1 R#1;
……                            ……
……                            ……
M30;                          M99
    主程序                         用户宏程序
```

1. 变量

普通加工程序直接用数值指定 G 代码和移动距离,例如,G01 X100。使用用户宏程序时,数值可以直接指定或用变量指定。当用变量时,变量值可用程序或用 MDI 面板上的操作改变。

```
#1 = #2 + 100
G01 X#1 F300
```

(1)变量的表示。

与通用的编程语言不同,用户宏程序不允许使用变量名。变量用变量符号(#)和后面的变量号指定。例如:#1。

表达式可以用于指定变量号。表达式必须封闭在括号中。例如:#[#1 + #2 - 12]。

(2)变量的类型。

变量根据变量号可以分成四种类型,见表 2.12。

程序号、顺序号和任选程序段跳转号不能使用变量,编程时常用的变量是局部变量和公共变量。

表 2.12　变量类型

变量号	变量类型	功能
#0	空变量	该变量总是空,没有值能赋给该变量
#1 ~ #33	局部变量	局部变量只能用在宏程序中存储数据,例如,运算结果。当断电时,局部变量被初始化为空;调用宏程序时,自变量对局部变量赋值
#100 ~ #199 #500 ~ #999	公共变量	公共变量在不同的宏程序中的意义相同。当断电时,变量#100 ~ #199 初始化为空;变量#500 - #999 的数据保存,即使断电也不丢失
#1000 以上	系统变量	系统变量用于读和写 CNC 运行时各种数据的变化,例如,刀具的当前位置和补偿值

2. 宏程序语句

包括下列内容的程序段为宏程序语句:

包含算术或逻辑运算的程序段。

包含控制语句(例如:GOTO,DO,END)的程序段。

包含宏程序调用指令(例如:G65,G66,G67)的程序段。

(1)算术和逻辑运算。

表 2.13 中列出的算术和逻辑运算可以在变量中执行。运算符右边的表达式可包含常量或由函数或运算符组成的变量。表达式中的变量#j 和#k 可以用常数赋值。左边的变量也可以用表达式赋值。

表 2.13 算术和逻辑运算

功能	格式	备注
定义	#i = #j	
加法 减法 乘法 除法	#i = #j + #k; #i = #j - #k; #i = #j * #k; #i = #j/#k;	
正弦 反正弦 余弦 反余弦 正切 反正切	#i = SIN[#j]; #i = ASIN[#j]; #i = COS[#j]; #i = ACOS[#j]; #i = TAN[#j]; #i = ATAN[#j];	角度以度数指定,90°30′表示为 90.5°
平方根	#i = SQRT[#j];	
绝对值	#i = ABS[#j];	
舍入	#i = ROUNND[#j];	
上取整	#i = FIX[#j];	例:#j = 1.2 时#i←1; #j = -1.2 #i←-1
下取整	#i = FUP[#j];	例:#j = 1.2 #i←2; #j = -1.2 #i← -2
自然对数	#i = LN[#j];	
指数函数	#i = EXP[#j];	
或 异或 与	#i = #jOR#k; #i = #jXOR#k; #i = #jAND#k;	逻辑运算一位一位地按二进制数执行
从 BCD 转为 BIN 从 BIN 转为 BCD	#i = BIN[#j]; #i = BCD[#j];	用于与 PMC 的信号交换

说明:运算时,可能出现误差;使用条件表达式 EQ、NE、GE、GT、LE 和 LT 时也可能造成误差。

(2)转移和循环。

在程序中,使用 GOTO 语句和 IF 语句可以改变控制的流向,有三种转移和循环操作可供使用。

转移和循环——GOTO 语句(无条件转移)。

IF 语句(条件转移)。

WHILE 语句(当……时循环)。

①无条件转移 GOTO 语句:转移到标有顺序号 n 的程序段。当指定 1 到 99 999 以外的顺序号时,出现 P/S 报警 No. 128,可用表达方式指定顺序号。

GOTO n;n:顺序号(1 到 99 999)

②条件转移 IF 语句:IF 之后指定条件表达式。

IF[<条件表达式>]GOTO n:如果指定的条件表达式满足,则转移到标有顺序号 n 的程序段。如果指定的条件表达式不满足,则执行下个程序段。

IF[<条件表达式>]THEN:如果条件表达式满足,执行预先决定的宏程序语句。只执行一个宏程序语句。

条件表达式必须包括运算符。运算符插在两个变量中间或变量和常数中间,并且用括号([,])封闭。表达式可以替代变量。

运算符由 2 个字母组成,用于两个值的比较,以决定它们是相等还是一个值小于或大于另一个值。注意:不能使用不等符号。常用运算符见表 2.14。

表 2.14　运算符与含义对照表

运算符	含义
EQ	等于
NE	不等于
GT	大于
GE	小于或等于
LT	小于
LE	小于或等于

计算数值 1 ~ 10 总和的程序:

```
O9500                     ;
#1 = 0                    ;存储和数变量的初值
#2 = 1                    ;被加数变量的初值
N1 IF[ #2 GT 10 ] GOTO 2  ;当被加数大于 10 时转移到 N2
#1 = #1 + #2              ;计算和数
#2 = #2 + #1              ;下一个被加数
GOTO 1                    ;转到 N1
N2 M30                    ;程序结束
```

③循环(WHILE 语句)。在 WHILE 后指定一个条件表达式。当指定条件满足时,执行从 DO 到 END 之间的程序。否则,转到 END 后的程序段。DO 后的号和 END 后的号是指定程序执行范围的标号,标号值为 1,2,3。若用 1,2,3 以外的值会产生 P/S 报警 No. 126。

在 DO - END 循环中的标号可根据需要多次使用。但是,当程序有交叉重复循环(DO 范围的重叠)时,出现 P/S 报警 No. 124。

当指定 DO 而没有指定 WHILE 语句时,产生从 DO 到 END 的无限循环。

计算数值 1 到 10 总和的程序。

```
O0001;
#1 = 0;
#2 = 1;
WHILE[ #2LE10 ] DO 1;
#1 = #1 + #2;
#2 = #2 + 1;
END 1;
M30;
```

3. **宏程序调用**

用下面的方法调用宏程序:

①非模态调用(G65);

②模态调用(G66,G67);

③用G代码调用宏程序;

④用M代码调用宏程序;

⑤用M代码调用子程序;

⑥用T代码调用子程序。

宏程序调用(G65)不同于子程序调用(M98),用(G65)可以指定自变量(数据传送到宏程序),M98没有该功能。

当M98程序段包含另一个NC指令时,在指令执行之后调用子程序。相反,G65无条件地调用宏程序。

M98程序段包含另一个NC指令时,在单程序段方式中,机床停止。相反,G65机床不停止,用G65改变局部变量的级别。用M98不改变局部变量的级别。

2.3 华中数控车床编程

2.3.1 G准备功能指令

表2.15为华中数控系统的G指令功能表。

表2.15 G指令功能表

代码	组号	含义	代码	组号	含义
G00 G01 G02 G03	01	快速定位 直线插补 顺时针圆弧插补 逆时针圆弧插补	G57 G58 G59	11	零点偏置
G04	00	暂停延时	G65	00	宏指令简单调用
G20 G21	06	英制输入 公制输入	G66 G67	12	宏指令模态调用 宏指令模态调用取消
G27 G28 G29	00	参考点返回检查 返回到参考点 由参考点返回	G90 G91	03	绝对值编程 增量值编程
G32	01	螺纹切削	G92	00	坐标系设定
G40 G41 G42	07	刀具半径补偿取消 刀具半径左补偿 刀具半径右补偿	G80 G81 G82	01	内、外径车削单一固定循环 端面车削单一固定循环 螺纹车削单一固定循环
			G98 G99	05	每分进给 每转进给

表 2.15(续)

代码	组号	含义	代码	组号	含义
G52	00	局部坐标系设定	G71	00	内、外径车削复合固定循环
G54 G55 G56	11	零点偏置	G72 G73 G76	00	端面车削复合固定循环 封闭轮廓车削复合固定循环 螺纹车削复合固定循环

注:00 组中的 G 代码是非模态的,其他组的 G 代码是模态的。

2.3.2　M 辅助功能指令

辅助功能是用地址字 M 及二位数字表示的,它主要用于机床加工操作时的工艺性指令。其特点是靠继电器的通、断来实现其控制过程。表 2.16 为华中 HNC－21T 数控系统的 M 指令功能表。

表 2.16　M 指令功能表

指令	功能	说明
M00	程序暂停	执行 M00 后,机床所有动作均被切断,重新按程序启动按键后,再继续执行后面的程序段
M01	任选暂停	执行过程和 M00 相同,只是在机床控制面板上的“任选 停止”开关置于接通位置时,该指令才有效
M02	主程序结束	切断机床所有动作,并使程序复位
M03	主轴正转	
M04	主轴反转	
M05	主轴停	
M06	刀塔转位	该换刀指令 M06 必须与选刀指令(T 指令)结合,才能正确完成换刀动作
M07	切削液开	
M09	切削液关	
M98	调用子程序	其后 P 地址指定子程序号,L 地址调用次数
M99	子程序结束	子程序结束,并返回到主程序中

2.3.3　主轴功能 S、进给功能 F 和刀具功能 T

1. 主轴功能 S

主轴功能 S 控制主轴转速,单位为 r/min。例如 S500 表示主轴转速为 500 r/min。

2. 进给功能 F

(1)G98。

G98 指令表示 F 的进给速度单位为 mm/min。G98 指令执行一次后,系统将保持 G98 状态,即使关机也不受影响,直至系统又执行了含有 G99 的程序段,则 G98 被否定,而 G99 发生作用。

(2)G99。

若系统处于 G99 状态,F 所指定的进给速度单位为 mm/r。要取消 G99 状态,必须重新指定 G98。

3. 刀具功能 T

主要用于系统对各种刀具的选择,它是由地址 T 和其后的四位数字表示。其中前两位为选择的刀具号,后两位为选择的刀具补偿号。每一刀具加工结束后必须取消其刀具补偿,即将后两位数字设为“00”,取消刀具补偿。

2.3.4　数控车床常用编程指令

1. 坐标系相关的 G 指令

(1)坐标系设定指令 G92。

格式:G92 X_ Z_;

该指令是规定刀具起点在工件原点的距离,X、Z 为刀尖起刀点在工件坐标系中的坐标值。

(2)零点偏置指令 G54 ~ G59。

零点偏置是数控系统的一种特征,即允许把数控测量系统的原点在相对机床基准的规定范围内移动,而永久原点的位置被存贮在数控系统中。该值可用 MDI 方式输入相应项中。

2. 绝对编程与增量编程指令 G90、G91

格式:G90/G91 X_ Z_;

如图 2.32 所示,从 A 点移动到 B 点,两种方法编程如下:

绝对指令半径编程:G90 G01 X15 Z10;

增量指令半径编程:G91 G01 X7 Z -20;

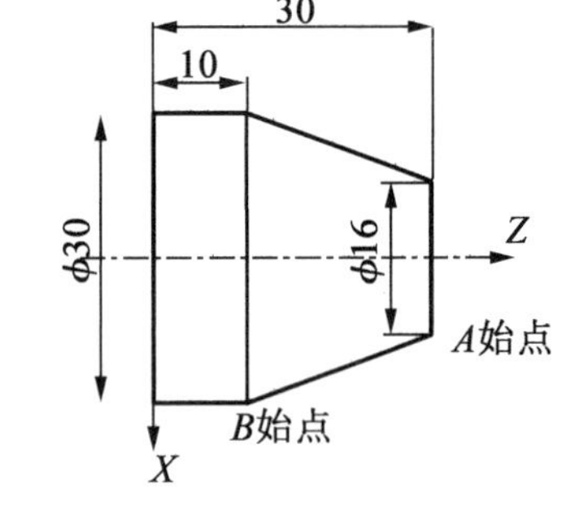

图 2.32　A 点移动到 B 点

3. 直径编程和半径编程

如图 2.32 所示直径编程的程序如下:

绝对指令直径编程:G90 G01 X30 Z10;

增量指令直径编程:G91 G01 X14 Z -20;

数控车床出厂时一般设定为直径编程。如需用半径编程,要改变系统中相关参数,使系统处于半径编程状态。

4. 运动方式相关基本 G 指令

(1)快速点定位指令 G00。

格式:G00 X_ Z_;

根据该指令,刀具从当前点快速移到 X、Z 所指定的目标点上,其中 X、Z 在绝对指令时,为目标点的坐标值,在增量指令时,为目标点相对当前点(始点)的移动距离。刀具在运动时,其进给路线可能为折线,这与参数设定的各轴快速进给速度有关。

(2)直线插补指令 G01。

格式:G01 X_ Z_ F_;

执行该指令时,刀具按 F 给定的走刀量,从当前点进行直线插补并到达 X、Z 指定的目标点上。

(3)倒角、倒圆指令 G01。

倒角控制机能可以在两相邻轨迹之间插入直线倒角或圆弧倒角。

①直线倒角。

格式:G01 X_ Z_ C_;

其中 X、Z 值,在绝对指令时,如图 2.33(a)所示,两相邻直线交点 G 的坐标值。在增量指令时,是交点 G 相对于起始直线轨迹的始点 E 的移动距离,C 值是交点 G 相对于倒角始点 F 的距离。

②圆弧倒角。

格式:G01 X_ Z_ R_;

其 X、Z 值与直线倒角一样,R 值是倒角圆弧的半径值,如图 2.33(b)所示。

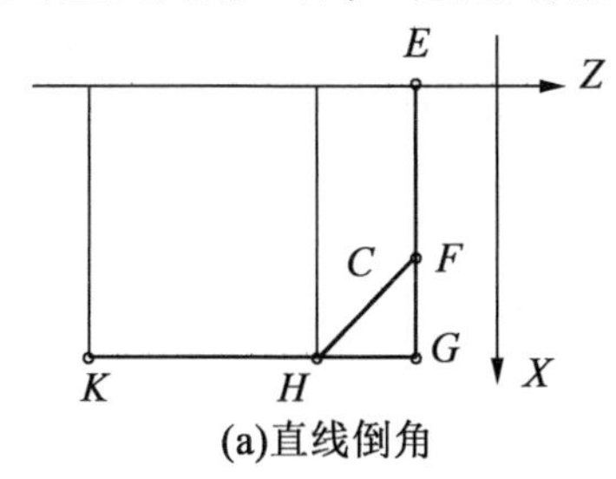

(a)直线倒角

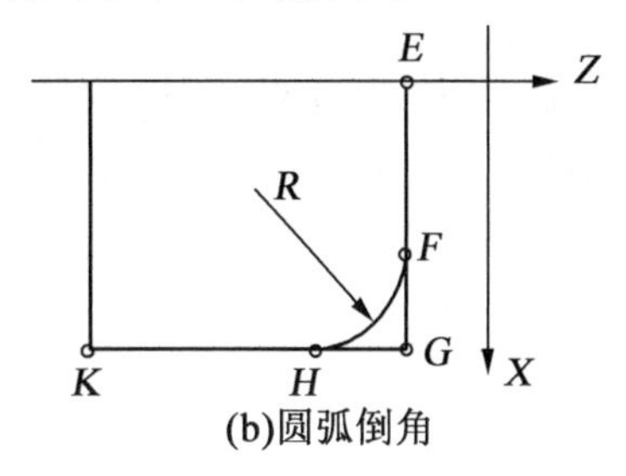

(b)圆弧倒角

图 2.33　直线倒角和圆弧倒角

使用增量指令编程进行倒角控制时,指令必须从点 G 开始计算距离。单段工作方式下,刀具将在点 G 处停止前进,而非停于点 F。在螺纹切削程序段中不得出现倒角指令。

X、Z 轴指定的移动量比指定的 R 或 C 小时,将报警。在 G01 状态下,C、R 指令均出现时,以后出现的为准。

(4)圆弧插补指令 G02、G03。

$$\left.\begin{matrix}G02\\G03\end{matrix}\right\}X\_\ Z\_\left\{\begin{matrix}I\_\ K\_\\R\_\end{matrix}\right\}F\_;$$

G02 顺时针圆弧插补,G03 逆时针圆弧插补。其中 X、Z 值在绝对指令时为圆弧终点坐标值,在增量指令时为圆弧终点相对始点的距离,R 是圆弧半径。I、K 为圆心在 X、Z 轴方向上相对始点的坐标增量,无论是直径编程还是半径编程,I 均为半径量,当 I、K 为零时可以省略。I、K 和 R 在程序段中等效,在同一程序段中同时出现 I、K、R 时,R 有效。

(5)螺纹加工指令 G32。

格式:G32 X_ Z_ F_;

执行 G32 指令时,刀具可以加工圆柱螺纹以及等螺距的锥螺纹。如图 2.34 所示,其中 X、Z 值在绝对指令时,为螺纹加工轨迹终点 B 的坐标值,在增量指令时为螺纹加工轨迹终点 B 相对始点 A 的距离。在螺纹加工轨迹中应设置足够的升速进刀段 δ 和降速退刀段 δ',以消除伺服滞后造成的螺距误差。F 为螺纹导程,当加工锥螺纹时,斜角 α 在 45°以下时,F 为 Z 轴方向螺纹导程,斜角在 45°以上时,F 为 X 轴方向螺纹导程。

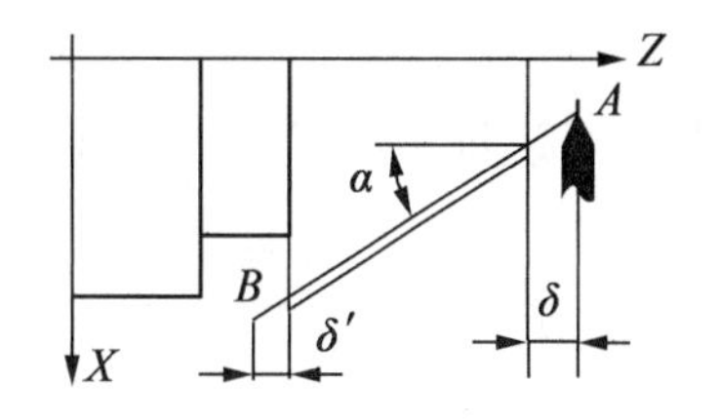

图 2.34　G32 螺纹指令

(6)延时指令 G04。

G04 可指令所需延时时间。当执行 G04 指令时,可使其前一程序段的指令进给速度达到零之后,保持动作一段时间。其中 X 值指定延时时间,单位为秒。该指令常用于切槽、钻、镗孔,还可用于拐角轨迹控制。由于系统的自动加减速作用,刀具在拐角处的轨迹并不是直角,如果拐角处的精度要求很严,可在拐角处使用暂停指令。

5. 单一切削循环指令

(1)内外径切削循环指令 G80。

①圆柱面的内外径切削循环。

格式:G80 X__ Z__ F__;

如图 2.35 所示,执行该指令时,刀具从循环始点 *A* 开始,经 *A*→*B*→*C*→*D*→*A* 四段轨迹,其中 *AB*、*DA* 段按快速 *R* 移动;*BC*、*CD* 段按指令速度 *F* 移动。*X*、*Z* 值在绝对指令时为切削终点 *C* 的坐标值,在增量指令时,为切削终点 *C* 相对于循环起点 *A* 的移动距离。

②带锥度的内外径切削循环。

格式:G80 X_ Z_ I_ F_;

如图 2.36 所示,其中 X、Z 同上述一样,*I* 值为切削始点 *B* 与切削终点 *C* 的半径差,即$r_{始} - r_{终}$。当算术值为正时,*I* 取正值,为负时,*I* 取负值。

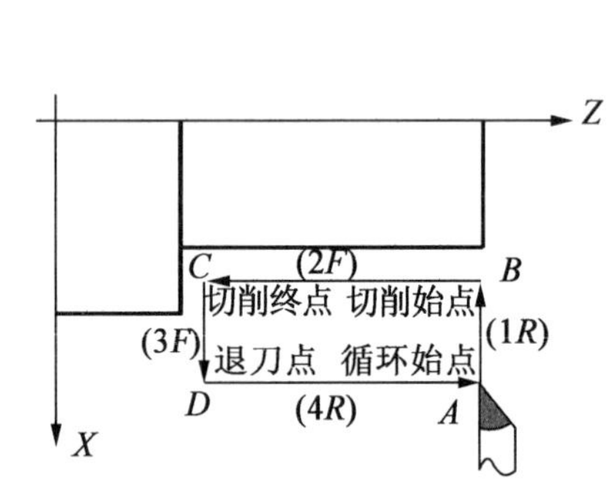

图 2.35 圆柱面的内外径切削循环

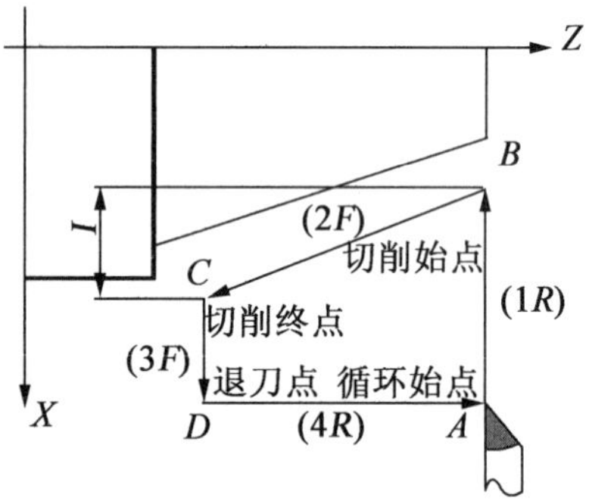

图 2.36 带锥度的内外径切削循环

(2)端面切削循环指令 G81。

①端面切削循环。

格式:G81 X_ Z_ F_;

如图 2.37 所示,执行该指令,刀具经循环始点 *A*→切削始点 *B*→切削终点 *C*→退刀点 *D*→循环始点 *A* 四段轨迹,其中 *AB*、*DA* 段按快速 *R* 移动,*BC*、*CD* 段按指令速度 *F* 移动。*X*、*Z* 值在绝对指令时为切削终点 *C* 的坐标值,在增量指令时为切削终点 *C* 相对于循环起点 *A* 的距离。

②带锥度端面切削循环。

格式:G81 X_ Z_ K_ F_;

如图 2.38 所示,其中 *X*、*Z* 同上述一致。*K* 值为切削始点 *B* 相对于切削终点 *C* 在 *Z* 轴的移动距离,即 $Z_B - Z_C$。当算术值为正时,*K* 值取正,为负时,*K* 值取负。

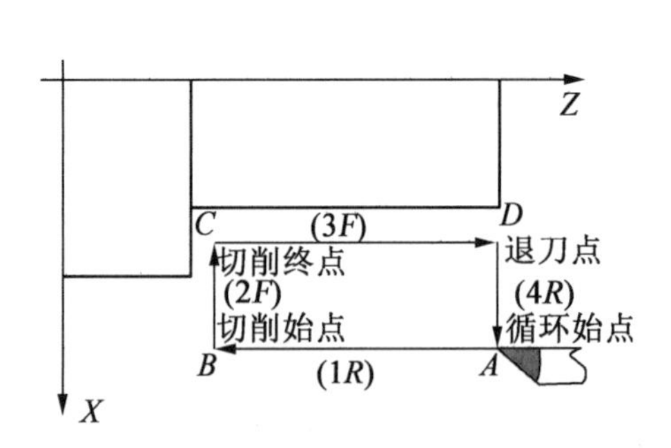

图 2.37 端面切削循环

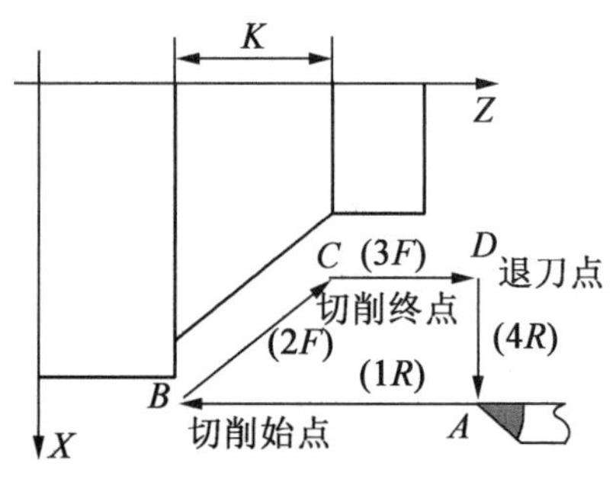

图 2.38 带锥度端面切削循环

(3)螺纹切削循环指令 G82。

①直螺纹切削循环。

格式:G82 X_ Z_ F_;

如图 2.39 所示,执行该指令可切削锥螺纹和圆柱螺纹,刀具经循环始点 A→螺纹始点 B→螺纹终点 C→退刀点 D→循环始点 A 四段轨迹,其中 AB、DA 两段按快速 R 移动,BC、CD 两段按指令速度 F 移动。其中 X、Z 在绝对指令时为螺纹终点 C 的坐标值,增量指令时为螺纹终点 C 相对循环始点 A 的移动距离,F 为螺纹导程。

②锥螺纹切削循环。

格式:G82 X_ Z_ I_ F_;

如图 2.40 所示,其中 X、Y 同上述一致,I 为锥螺纹始点与锥螺纹终点的半径差,即 $r_{始}-r_{终}$。

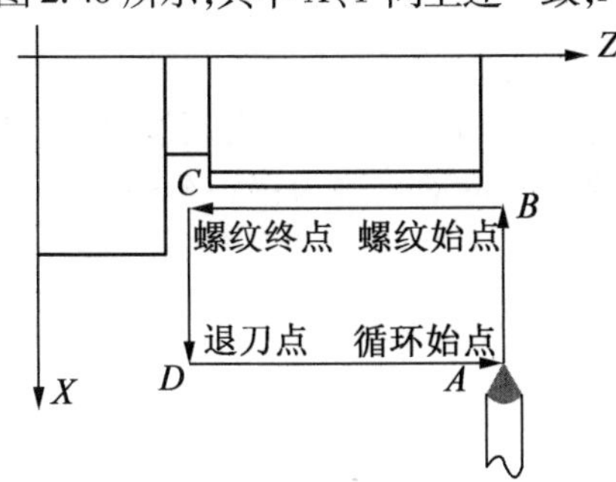

图 2.39　直螺纹切削循环

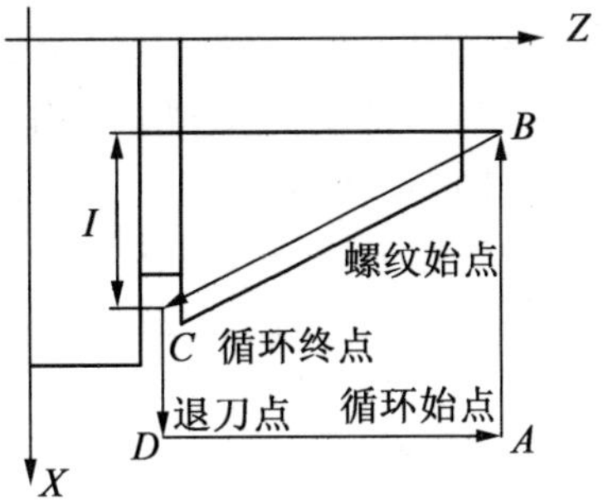

图 2.40　锥螺纹切削循环

6. 复合循环切削指令

运用这组 G 代码,只需指定精加工路线和粗加工的背吃刀量,系统会自动计算粗加工路线和加工次数。

(1)外径粗加工循环指令 G71。

格式:G71U(Δd)R(e)P(ns)Q(nf)X(Δu)Z(Δw)F(f)T(t)S(s)

如图 2.41 所示,刀具起始点为 A,在某段程序中指定了由 A→A'→B 的精加工路线,用此指令,就可实现切削深度为 Δd(该值为半径值,无正负,方向由 AA'决定),退刀量为 e,X、Z 轴方向精加工循环余量为 $\Delta u/2$ 和 Δw 的精加工循环。ns 为精加工路线的第一个程序段的顺序号,即图中 AA'段的顺序号;nf 为精加工路线的最后一个程序段的顺序号,即图中 $B'B$ 段程序的顺序号。

(2)端面粗车复合循环指令 G72。

格式:G72W(Δd)R(e)P(ns)Q(nf)X(Δu)Z(Δw)F(f)T(t)S(s)

如图 2.42 所示,该循环指令与 G71 指令的区别是切削方向平行于 X 轴,其格式中各参数含义与 G71 相同,在使用 G71 指令或 G72 指令编程时,应注意以下几点:

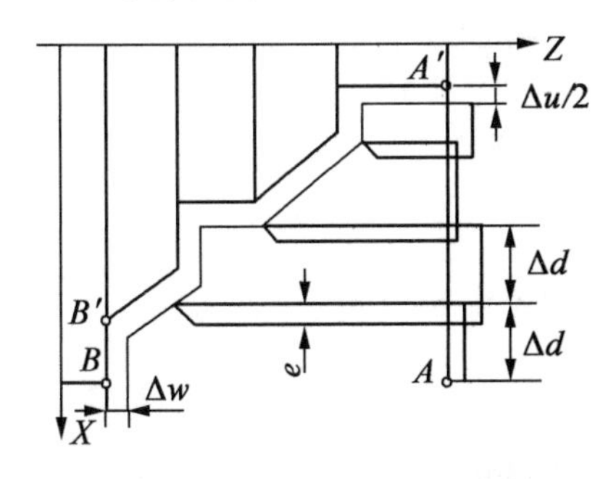

图 2.41　G71 外径粗加工循环

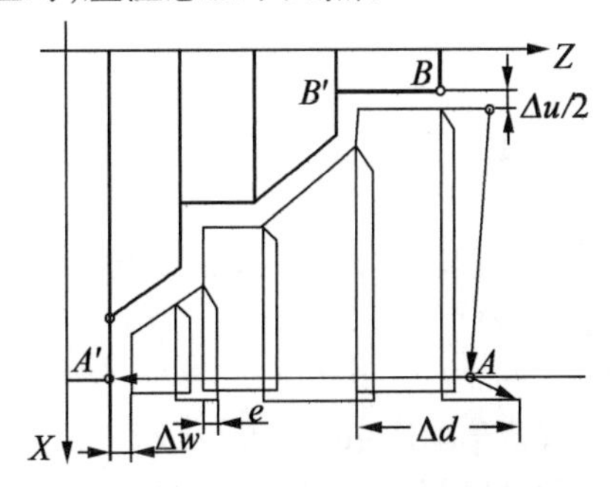

图 2.42　G72 端面粗车复合循环

①带有 P、Q 地址的 G71 或 G72 指令,才能进行循环加工。

②粗加工循环时,处于 ns 到 nf。

③程序段之间的 F、S、T 指令均无效,G71 或 G72 格式中含有的 F、S、T 有效。

④在顺序号为 ns 的程序段中,必须使用 G00 或 G01 指令。

⑤在顺序号为 ns 的程序中,使用 G71 指令时,不得有 Z 轴方向的位移,使用 G72 指令时,不得有 X 轴方向的位移。

⑥由 A 到 B 的刀具轨迹在 X、Z 轴上必须连续递减或递增。

⑦处于 ns 到 nf 程序段之间的精加工。

⑧程序不应包含子程序。

(3)封闭轮廓循环指令 G73。

格式:G73U(ΔI)W(Δk)R(d)P(ns)Q(nf)X(Δu)Z(Δw)

如图 2.43 所示,该功能在切削工作时,刀具轨迹为一封闭回路,刀具逐渐进给,使封闭切削回路逐渐向零件最终形状靠近,最终切削加工完成。其运动轨迹为:$A \to A_1 \to A_1{}' \to B_1 \to A_2 \to A_2{}' \to B_2 \to \cdots \to A \to A' \to B \to A$。其中:

ΔI 为 X 轴上粗加工的总退刀量,其为半径值。

Δk 为 Z 轴上粗加工的总退刀量。

d 为粗加工重复次数。

ns 为精加工路线的第一个程序段的顺序号。

nf 为精加工路线的最后一个程序段的顺序号。

Δu 为 X 轴方向上精加工余量(直径值)。

Δw 为 Z 轴方向上精加工余量。

S、T 为粗加工时的 F、S、T 指令,此时顺序号为 ns 到 nf 程序段中的 F、S、T 指令无效。当精加工时 G73 指令的 F、S、T 指令无效,ns 到 nf 程序段中的 F、S、T 指令有效。

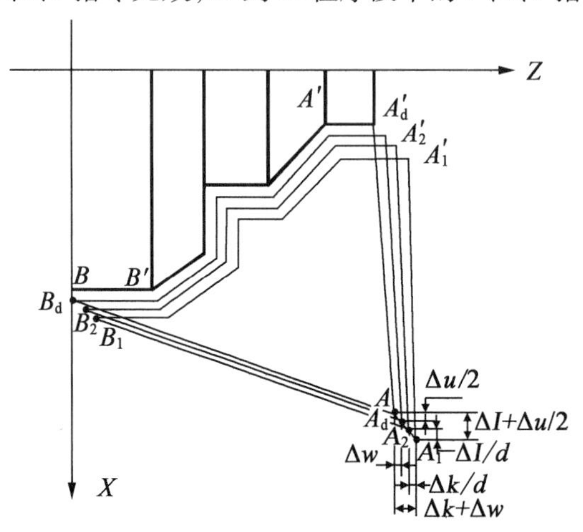

图 2.43 G73 封闭轮廓循环

(4)螺纹切削复合循环指令 G76。

格式:G76R(m)C(r)A(a)X(u)Z(w)I(i)K(k)U(d)V(Δdmin)Q(Δd)F(1);

如图 2.44 所示,其中:

m 为精整车削次数(1 ~99)。

r 为螺纹收尾长度(其在螺纹导程 L 的 0 ~99 倍中选值)。

a 为螺纹牙型角，即刀尖角度。

u 为绝对指令时螺纹终点 C 的 X 轴坐标值；增量指令时为螺纹终点 C 相对循环始点 A 在 X 轴向的距离。

w 为绝对指令时螺纹终点 C 的 Z 轴坐标值；增量指令时螺纹终点 C 相对循环始点在 Z 轴向的距离。

i 为螺纹起点 C 与终点 D 的半径差。

k 为螺纹牙型高度（半径值）。

d 为精加工余量。

Δdmin 为最小切削深度。即当第 n 次切削，深度 $\Delta d(\sqrt{n}-\sqrt{n-1})$ 小于此值时，以该值进行切削。

Δd 为第一次切削深度（半径值）。

l 为螺纹导程（同 G32）。

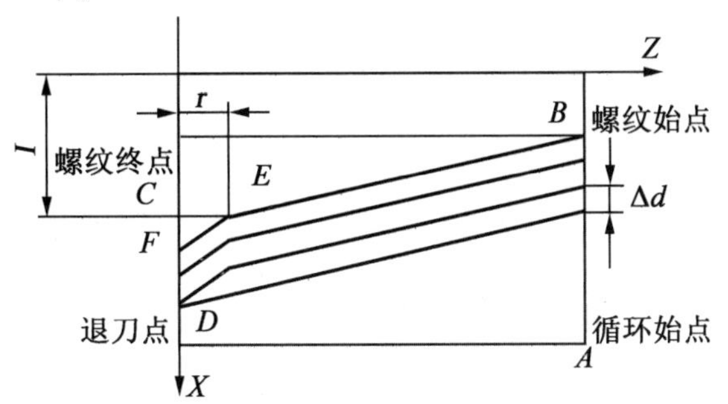

图 2.44　螺纹切削复合循环

2.4　车削加工编程综合实例

2.4.1　FANUC 数控车床编程实例

【例 1】　加工如图 2.45 所示零件。棒料尺寸为 $\phi30$，外圆车刀 T01，割槽刀 T02（刀宽 3 mm），螺纹车刀 T03，编写粗精程序。

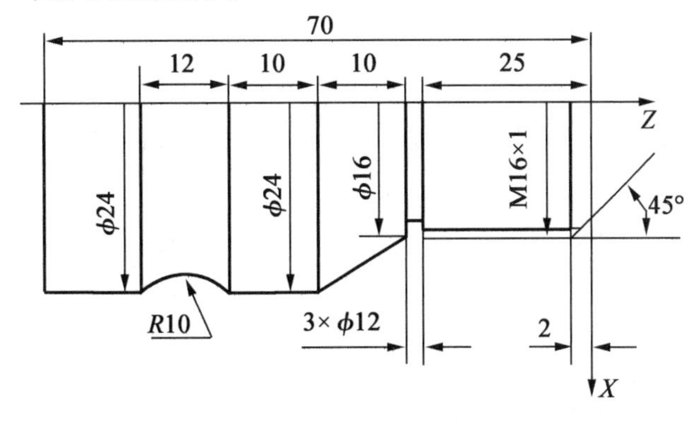

图 2.45　FANUC 数控车床编程实例

O4001

```
G54;
M03 S800;
G00 X100 Z100;
M06 T0101;
G00 X30 Z5;
G73 U7 W2 R7;
G73 P10 Q20 U0.5 W0.5 F0.3;
N10 G00 X0;
G01 Z0;
X12;
X16 Z-2;
Z-28;
X24 Z-38;
Z-48;
G02 X24 Z-50 R10;
Z-70;
N20 G01 X45;
G70 P10 Q20;
G00 X100 Z100 T0100;
M06 T0202;
G00 X20 Z-28;
G01 X12 F0.1;
X40 F0.3;
G00 X100 Z100 T0200;
M06 T0303;
G00 X20 Z2;
S300;
G92 X15.3 Z-26.5 F1;
G92 X14.9 Z-26.5 F1;
G92 X14.7 Z-26.5 F1;
G00 X100 Z100 T0300;
M06 T0202;
G00 X35 Z-73;
G01 X0 F0.1;
G00 X100 Z100 T0200;
M05 M02;
```

【例2】 用G76螺纹切削循环指令加工图2.46所示零件。螺纹车刀T01。

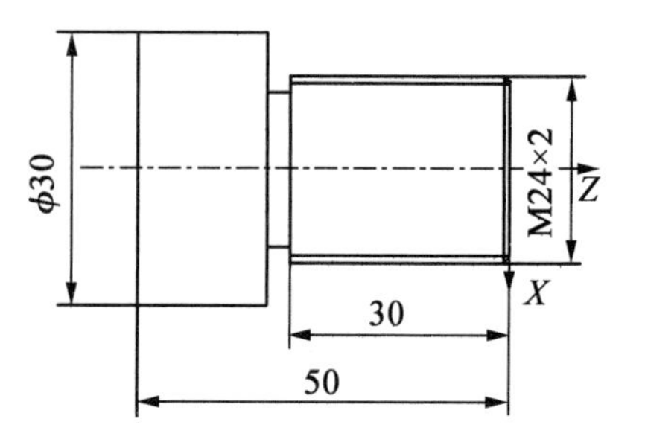

图2.46 螺纹切削循环零件图

```
O4002
T0101;
M03 S800;
G0 X28 Z2;
G76 P010060 Q100 R0.1;
G76 X24 Z-30 P1000 Q500 F2;
G0 X80 Z100;
T0100;
M05;
```

```
M02;
```

【例 3】 综合例题,零件如图 2.47 所示。T1:外圆粗车刀;T2:外圆精车刀;T3:割槽刀;T4:螺纹刀。

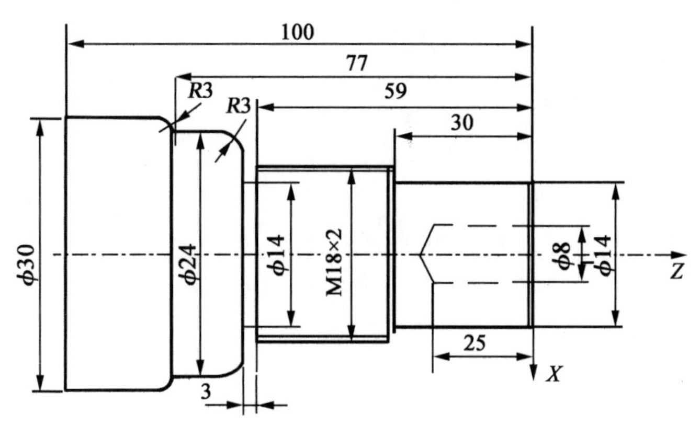

图 2.47　综合例题

程序:

```
O4003
N010 G54;
N015 G0 X80 Z100;
N020 S800 M03;
N025 T0101;
N030 G00 X40 Z3;
N040 G71 U1.5 R2;
N045 G71 P50 Q115 U0.4 W0.2 F0.2;
N050 G00 X30;
N055 G01 Z0;
N060 X26;
N065 X30 Z-2;
N070 Z-30;
N075 X36;
N080 X40 Z-32;
N085 Z-62;
N090 X40;
N095 G03 X50 Z-67 I0 K-5;
N100 G01 Z-77;
N105 G03 X56 Z-80 I0 K-3;
N110 G01 Z-85;
N115 Z-85 X60
N120 G00 X100 Z200 T0100;
N125 T0202;
N130 G00 X30 Z30;
N135 G00 Z5;
N140 G70 P50 Q115;
N145 G00 X100 Z200;
N150 T0200;
N180 T0301;
```

```
N185 G0 X37 Z10;
N190 G97 S300 M03;
N195 G01 X26 F0.1;
N200 G00 X37;
N205 G0 X100 Z200 T0300;
N210 T0404;
N215 G00 X40 Z3;
N220 X37 Z-29;
N225 G76 P010060;
N230 G76 X35.835 Z-60 P1083 Q500 F2.0;
N235 G00 X61 Z3;
N240 X100 Z200 T0300;
N245 M05;
N250 M30;
```

2.4.2 华中数控铣床编程实例

【例4】 零件如图2.48所示，该工件毛坯为ϕ26尼龙棒。T1:外圆粗车刀;T2:割槽刀;T3:螺纹刀。

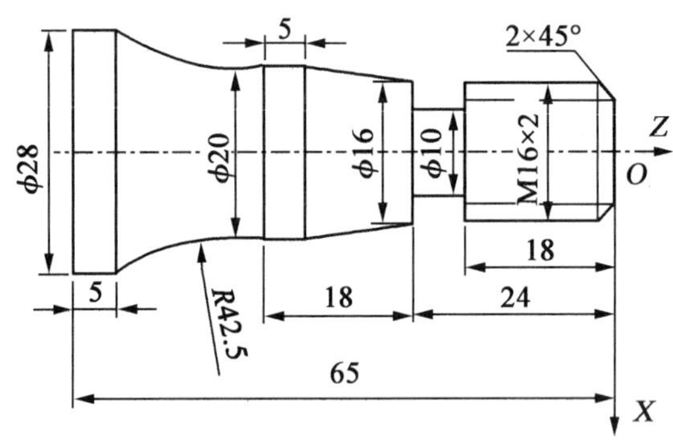

图2.48 车削加工实例

```
%0012
N10 G54;
N20 G00 X100 Z120 M03 S800;
N30 M06 T0101;
N40 G01 X32 Z2 F150;
N50 G71 U2 R2 P60 Q120 X0.4 Z0.1 F150;
N60 G01 X8 Z2;
N70 X16 Z-2;
N80 Z-24;
N90 X20 Z-37;
N100 Z-42;
N110 G02 X28 Z-60 R42.5;
N120 G01 Z-65;
N130 G00 X100 Z120;
N140 T0100;
N150 M06 T0202;
N160 G00 X30 Z0;
```

```
N170 G01 X18 Z -24 F200;
N180 G01 X10 F20;
N190 X20 F100;
N200 G00 X100 Z120;
N210 T0200;
N220 M06 T0303;
N230 G00 X25 Z2;
N240 G82 X15.1 Z -21 F2;
N250 G82 X14.5 Z -21 F2;
N260 G82 X13.9 Z -21 F2;
N270 G82 X13.5 Z -21 F2;
N275 G82 X13.4 Z -21 F2;
N280 G00 X100 Z120;
N290 T0300;
N300 M05;
N310 M02;
```

习题与思考题

2.1　FANUC 0i 数控系统中固定循环编程主要有哪些？其基本格式是什么？

2.2　华中数控系统中单一切削循环指令、复合循环切削指令的主要区别是什么？其基本格式是什么？

2.3　用 G92 程序段设置的工件坐标系原点在机床坐标系中的位置是否不变？为什么？

2.4　编制图 2.49 所示零件的数控车削精加工程序。

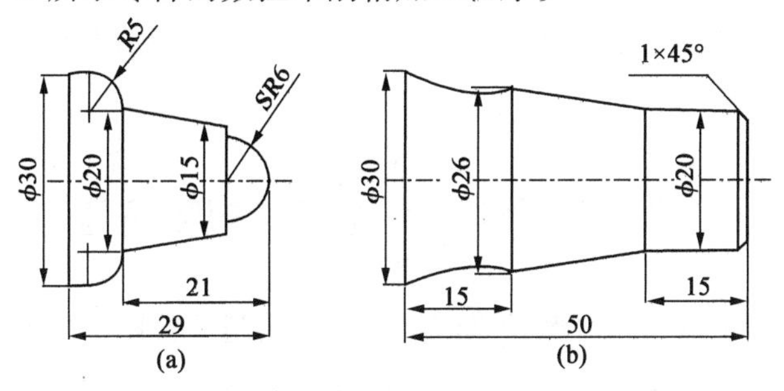

图 2.49　题 2.4 图

2.5　编制图 2.50 所示零件的数控车削粗精加工程序。

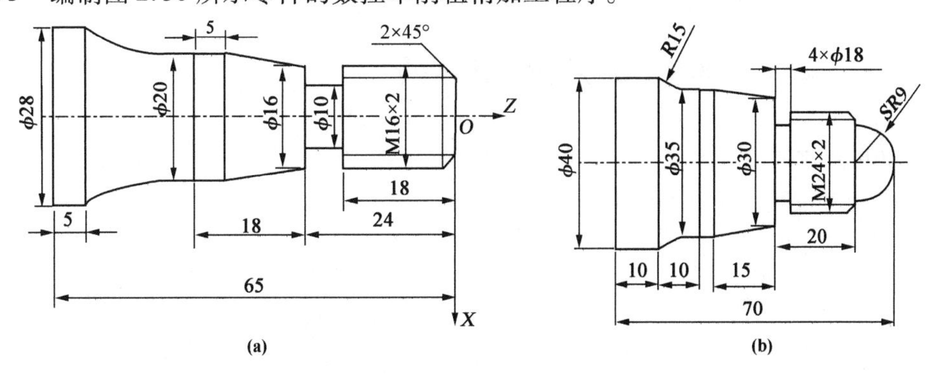

图 2.50　题 2.5 图

第3章　数控铣床编程

2022年3月2日，央视直播2021年“大国工匠年度人物”发布仪式，介绍航天科技集团九院7107厂数控铣工刘湘宾时，画面播出的是2019年庆祝新中国成立70周年阅兵时火箭军方队出场的场面，当火箭军方队震撼驶过天安门广场时，远在千里之外的刘湘宾无比激动：“我知道我的产品装在哪个地方，别人不知道我知道。”

刘湘宾所在单位主要生产卫星和潜水艇等国之重器的导航系统的关键零部件——陀螺仪。2015年工厂接受重大课题，要研究加工这种陀螺仪最难加工的核心敏感部件，为了技术不再受制于人，刘湘宾向这一技术难题发起挑战。通过六年的努力，他攻克技术难题，终于将精密加工精度提升至1 μm，成功打破国外技术的垄断与封锁，成为惯导领域超精密加工的领跑者。

多年来，刘湘宾带领团队，自制特种工装夹具及刀具100余种，这些工具均成本低、加工质量高。他们成功将陶瓷类产品的加工合格率提到95.5%以上，加工效率提升3倍以上。此外，他们加工的陀螺零件组装的惯性导航产品50余次参加国家重点防务装备、载人航天、探月工程等大型试验任务，均获成功。

在铣工岗位上干了近40年的刘湘宾，用不断缩小的精度，不断攻克的难题，诠释着心中的工匠精神，“工匠就是要对自己的本职工作有一颗热爱的心，只有热爱它，才能把产品做到极致，做到精益求精。”

3.1　SIEMENS数控铣床编程

本节以西门子SIEMENS 802C数控系统为例介绍西门子数控铣床编程。SIEMENS 802系统包括802S/Se/Sbase line、802C/Ce/Cbase line、802D等型号，SIEMENS 802S、802C系列是SIEMENS公司专为简易数控机床开发的经济型数控系统，802S/Se/Sbase line系列采用步进电动机驱动，802C/Ce/Cbase line系列采用数字式交流伺服驱动系统。

3.1.1　SIEMENS 802C数控铣床编程指令

1. G功能指令

G功能指令及其含义见表3.1。

表 3.1 G 功能指令及其含义

代码	含义	说明
G	准备功能字	G 功能分为模态指令和非模态指令
G0	快速移动	模态有效
G1	直线插补	
G2	顺时针圆弧插补	
G3	逆时针圆弧插补	
G5	中间点圆弧插补	
G4	暂停时间	本程序段有效
G74	回参考点	
G75	回固定点	
G17*	*XY* 平面	平面选择,模态有效
G18	*ZX* 平面	
G19	*YZ* 平面	
G40*	刀具半径补偿方式取消	模态有效
G41	刀具半径左补偿	
G42	刀具半径右补偿	
G50	取消可设定零点偏置	可设定零点偏置模态有效
G54 ~ G59	设置工件坐标系偏置	模态有效
G64	连续路径方式	
G70	英制尺寸	英制/公制尺寸模态有效
G71*	公制尺寸	
G90*	绝对坐标	绝对坐标/相对坐标模态有效
G91	相对坐标	
G94*	进给率 *F*,单位为 mm/min	进给/主轴模态有效
G95	进给率 *F*,单位为 mm/r	

注:* 为系统默认。

2. M 辅助功能指令

M 辅助功能指令及其含义见表 3.2。

表 3.2 M 辅助功能指令及其含义

地址	含义及赋值	说明
M	辅助功能,0 ~ 99 整数	一个程序段中最多有 5 个 M 功能
M0	程序停止	
M1	程序有条件停止	

续表 3.2

地址	含义及赋值	说明
M2	程序结束	在程序的最后一段被写入
M3	主轴正转	模态有效
M4	主轴反转	
M5	主轴停	
M17	子程序停止	在子程序的最后一段被写入
M30	程序停止	在程序的最后一段被写入

3. 循环加工指令

循环加工指令的作用是简化编程。循环加工指令及其含义见表 3.3。

表 3.3 循环加工指令及其含义

地址	含义及赋值	说明
LCYC	加工循环	调用加工循环时要求一个独立的程序段;事先给定的参数必须赋值
LCYC60	线性孔排列	R115:钻孔或攻丝循环号 R116:横坐标参考点 R117:纵坐标参考点 R118:第一孔到参考点的距离 R119:孔数 R120:平面中孔排列直线的角度 R121:孔间距离
LCYC75	铣凹槽和键槽	R101 ~ R103 同 LCYC82 R104:凹槽深度(绝对) R116:凹槽圆心横坐标 R117:凹槽圆心纵坐标 R118:凹槽长度 R119:凹槽宽度 R120:拐角半径 R121:最大进刀深度 R122:深度进刀进给率 R123:表面加工的进给率 R124:平面加工的精加工余量 R125:深度加工的精加工余量 R126:铣削方向值,2 用于 G2 ,3 用于 G3 R127:铣削类型值,1 用于粗加工 ,2 用于精加工

续表 3.3

地址	含义及赋值	说明
LCYC82	钻削,端面锪孔	R101:返回平面(绝对) R102:安全距离 R103:参考平面(绝对) R104:最后钻深(绝对) R105:在此钻削深度停留时间
LCYC83	深孔钻削	R101 ~ R105 同 LCYC82 R107:钻削进给率 R108:首钻进给率 R109:在起始点和排屑时停留时间 R110:首钻深度(绝对) R111:递减量 R127:加工方式, 断屑 =0,退刀排屑 =1
LCYC840	带补偿夹具切削内螺纹	R101 ~ R104 同 LCYC82 R106:螺纹导程值 R126:攻丝时主轴旋转方向
LCYC84	不带补偿夹具切削内螺纹	R101 ~ R104 同 LCYC82 R105:在螺纹终点处的停留时间 R106:螺纹导程值 R112:攻丝速度 R113:退刀速度
LCYC85	镗孔	R101 ~ R104 同 LCYC82 R105:停留时间 R107:钻削进给率 R108:退刀时进给率

4. 其他功能指令

其他功能指令及其含义见表 3.4。

表 3.4　其他功能指令及其含义

地址	含义及赋值	说明
D	刀具刀补号 0 ~ 9,整数,不带符号	用于某个刀具的补偿参数:D0 表示补偿值 =0,一个刀具最多有 9 个 D 号
F	进给率,0.001 ~ 99 999.999	对应 G94 或 G95,单位分别为 mm/min 或 mm/r,在 G4 中作为暂停时间
I	插补参数, ±0.001 ~ 99 999	*X* 轴尺寸,在 G2 和 G3 中为圆心坐标
J	插补参数, ±0.001 ~ 99 999	*Y* 轴尺寸,在 G2 和 G3 中为圆心坐标

续表 3.4

地址	含义及赋值	说明
K	插补参数，±0.001～99 999	*Z* 轴尺寸，在 G2 和 G3 中为圆心坐标
L	子程序名及子程序调用，7 位十进制整数，无符号	可以选择 L1～L9999999；子程序调用需要一个独立的程序段
P	子程序调用次数，1～9 999 整数，无符号	在同一程序段中多次调用子程序
R0 到 R249	计算参数，±0 0001～99 999 999	R0 到 R99 可以自由使用，R100 到 R249 作为加工循环中传送参数
S	主轴转速，在 G4 中表示暂停时间，0.001～99 999.999	主轴转速，单位是 r/min，在 G4 中作为暂停时间
T	刀具号，1～32000 整数，无符号	可以用 T 指令直接更换刀具，可由 M6 进行
X	坐标轴，±0.001～99 999.999	位移信息
Y	坐标轴，±0.001～99 999.999	位移信息
Z	坐标轴，±0.001～99 999.999	位移信息
CHF	倒角，0.001～99 999.999	在两个轮廓之间插入给定长度的倒角
CR	圆弧插补半径，0.001～99 999.999	大于半圆的圆弧带负号“－”，在 G2/G3 中确定圆弧
IX	中间点坐标，±0.001～99 999.999	*X* 轴尺寸，用于中间点圆弧插补 G5
JY	中间点坐标，±0.001～99 999.999	*Y* 轴尺寸，用于中间点圆弧插补 G5
KZ	中间点坐标，±0.001～99 999.999	*Z* 轴尺寸，用于中间点圆弧插补 G5
GOTOF	向前跳转指令	与跳转标志符一起，表示跳转到所标志的程序段，跳转方向向后
RND	圆角，0.010～999.999	在两个轮廓之间以给定的半径插入过渡圆弧

3.1.2 G 功能指令

1. 平面选择指令 G17、G18、G19

指令格式：G17

G18

G19

G17 表示选择 *XY* 平面；G18 表示选择 *ZX* 平面；G19 表示选择 *YZ* 平面。一般系统默认为 G17。如图 3.1 所示。

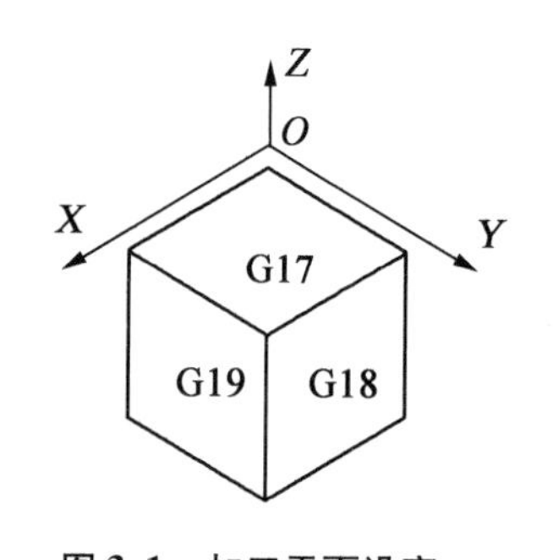

图 3.1 加工平面设定

2. 绝对坐标和增量坐标指令 G90、G91

指令格式：G90

G91

G90 指令建立绝对坐标输入方式，移动指令目标点的坐标值 *X*、*Y*、*Z*，表示刀具离开工件坐标系原点的距离。

G91 指令建立增量坐标输入方式,移动指令目标点的坐标值 *X*、*Y*、*Z*,表示刀具离开当前点的坐标增量。

3. 公制尺寸、英制尺寸指令 G71、G70

指令格式:G70

G71

G70 指令把所有的几何值转换为英制尺寸;G71 指令把所有的几何值转换为公制尺寸。

4. 可编程的零点偏置和坐标轴旋转 G158、G258、G259

指令格式:G158 *X_Y_Z_*;可编程的偏置,取消以前的偏置和旋转

G258 RPL = _; 可编程的旋转,取消以前的偏置和旋转

G259 RPL = _; 附加的可编程旋转

可以在所有坐标轴上进行零点偏置,在当前坐标平面 G17、G18 或 G19 中进行坐标轴旋转。

(1)用 G158 指令可以在所有坐标轴上进行零点偏移,G158 为模态有效。

(2)用 G258 指令可以在当前平面中编程一个坐标轴旋转,G258 为模态有效。

(3)用 G259 指令可以在当前平面中编程一个坐标轴旋转,如果已经有一个 G158、G258, G259 指令生效,则在 G259 指令下编程的旋转附加到当前编程的偏置或坐标旋转上。如图3.2所示。

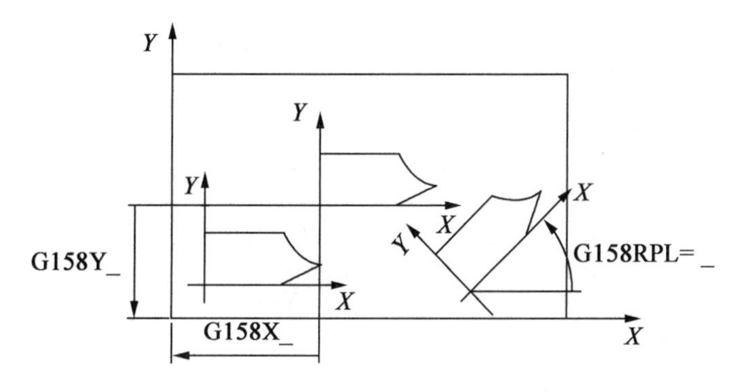

图 3.2　可编程零点偏置

【例 1】　加工图 3.3 所示轮廓。

程序如下:

```
XC21001
N10 G54 M3 S800;
N20 G158 X30 Y15;
N30 L20;
N40 G158 X50 Y40;
N50 G259 RPL = 45;
N60 L20;
N70 G158;
N80 M05 M02;
```

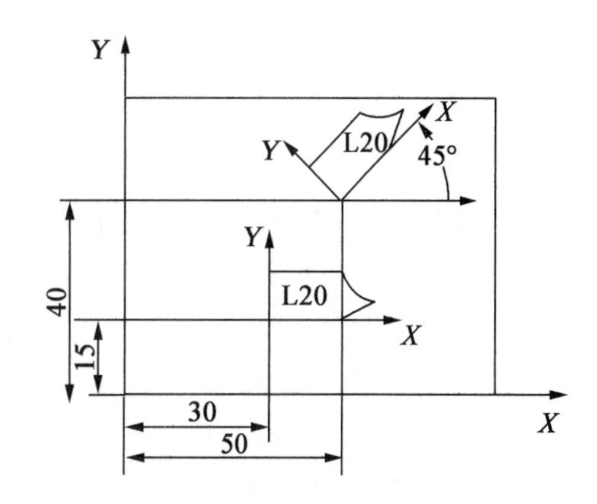

图 3.3　可编程零点偏置举例

5. 工件坐标系原点偏置指令 G54 ~ G59, G500

设定工件零点在机床坐标系中的位置。如图 3.4(a)所示。

G500;取消可设定零点偏置,模态有效。

【例 2】 如图 3.4(b)所示,编写 4 个轮廓的加工程序。

程序如下:

```
XC21002
N10 G54 M03 S1000;
N20 L20;
N30 G55;
N40 L20;
N50 G56;
N60 L20;
N70 G57;
N80 L20;
N90 G500 G0 X100 Y100;
N100 M05 M02;
```

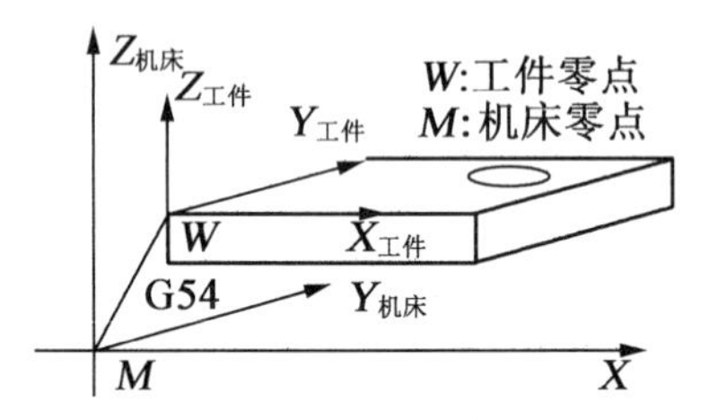

(a)工件零点在机床坐标系中的位置

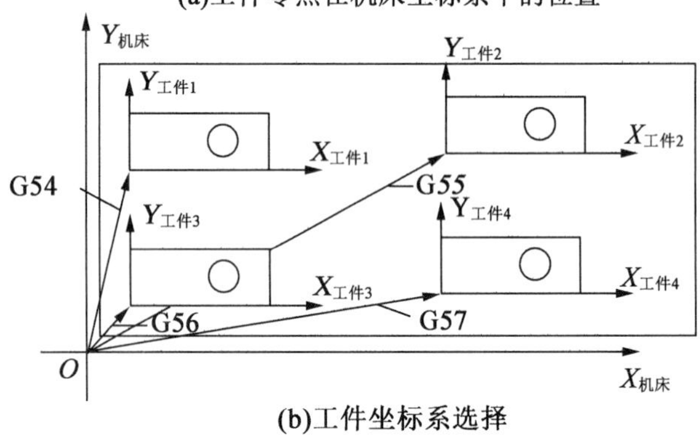

(b)工件坐标系选择

图 3.4 工件坐标系选择指令 G54 ~ G59,G500

在使用 G54 ~ G57 时应注意,用该组指令前,应先用 MDI 方式输入各编程坐标系的坐标原点在机床坐标系中的坐标值。

6. 坐标轴运动

(1)快速线性移动指令 G0。

指令格式:`G0 X_ Y_ Z_;`

G0 指令使刀具相对于工件以各轴预先设定的速度,从当前位置快速移动到程序段指令的定位目标点。G0 一般用于加工前的快速定位或加工后的快速退刀。

(2)直线插补指令 G1。

指令格式:`G1 X_ Y_ Z_ F_;`

刀具以直线从起始点按F指定进给速度运动到目标点。

【例3】 铣削图3.5所示轮廓,厚度为1 mm。

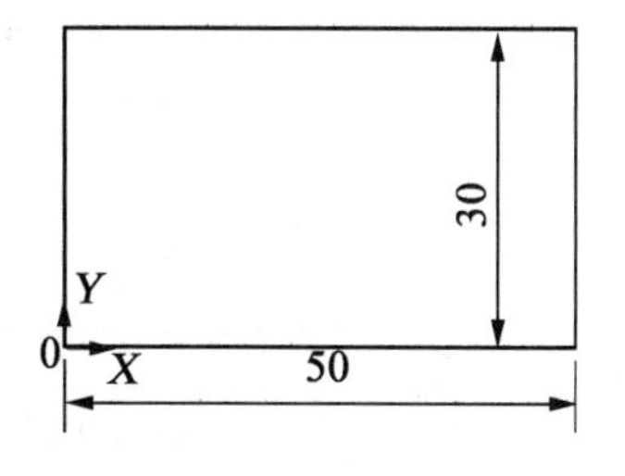

图3.5 G01铣削实例

程序如下:

```
XC21003
N10 G54 M3 S800;
N15 M06 T01;
N20 G00 Z30;
N25 G00 X-10 Y0;
N30 G01 Z-1 F200;
N35 G01 X50;
N40 Y30;
N45 X0;
N50 Y-10;
N55 G00 Z30;
N60 G00 X100 Y100;
N65 M05 M02;
```

(3)圆弧插补指令G2、G3。

指令格式:

$$G17\begin{Bmatrix}G2\\G3\end{Bmatrix}X\_Y\_\begin{cases}CR=\_\\AR=\_F\_\\I\_J\_\end{cases}$$

$$G18\begin{Bmatrix}G2\\G3\end{Bmatrix}X\_Z\_\begin{cases}CR=\_\\AR=\_F\_\\I\_K\_\end{cases}$$

$$G19\begin{Bmatrix}G2\\G3\end{Bmatrix}Y\_Z\_\begin{cases}CR=\_\\AR=\_F\_\\J\_K\_\end{cases}$$

刀具以圆弧轨迹从起始点按F指定进给速度运动到目标点。

G2顺时针圆弧插补,G3逆时针圆弧插补,如图3.6所示。G2、G3模态有效。在*XY*平面上圆弧G2、G3编程的几种方式如图3.7所示。

X、*Y*、*Z*:圆弧终点坐标。

I、*J*、*K*:圆弧起点相对于圆心点在*X*、*Y*、*Z*轴向的增量值。

CR:圆弧半径,其为负号表明圆弧段大于半圆,正号表明圆弧段小于或等于半圆,如图3.8所示。

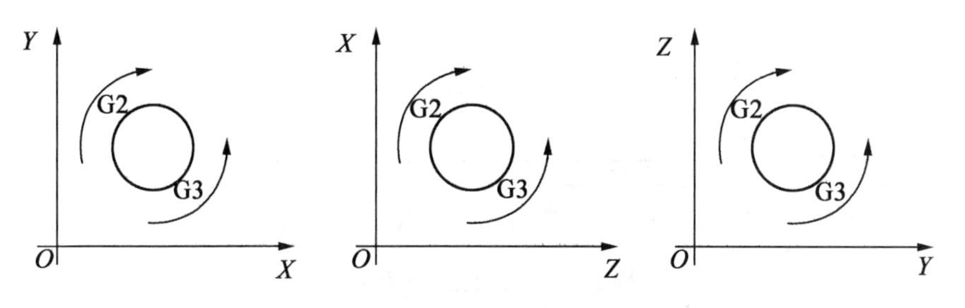

图3.6 在三个平面上圆弧插补G2/G3方向

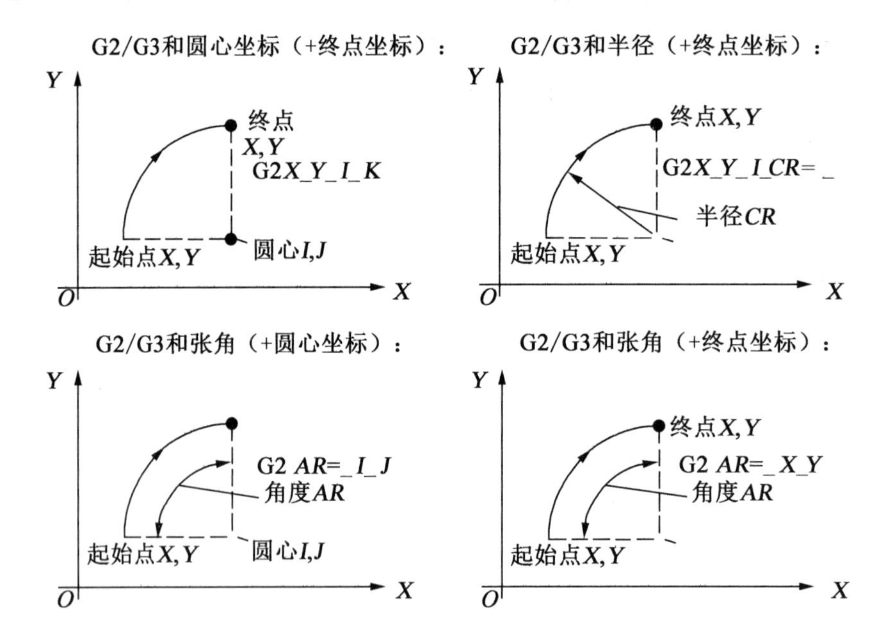

图 3.7 在 *X/Y* 平面上圆弧 G2/G3 编程的几种方式

AR:张角。

F:进给速度。

整圆编程时只可以使用圆心坐标及终点坐标。

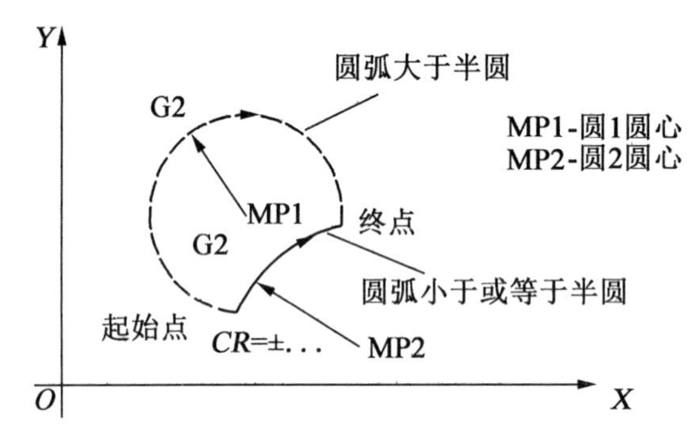

图 3.8 两种可能圆弧通过 *CR* = + 或 − 选择

【**例 4**】 铣削图 3.9 所示轮廓,厚度为 1 mm。

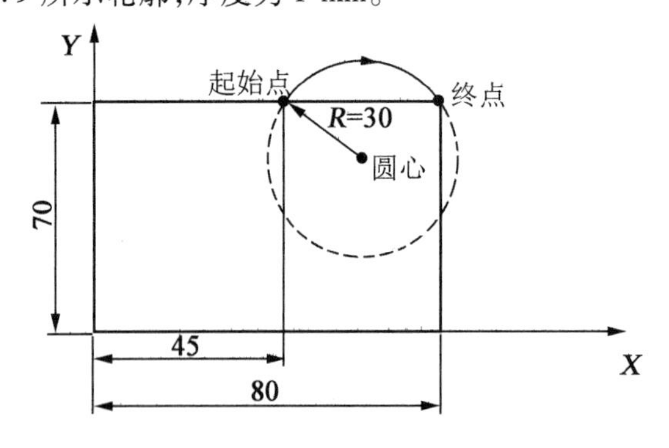

图 3.9 终点坐标、半径编程

程序如下：

```
XC21004
N10 G54 M3 S800;
N15 M06 T01;
N20 G00 Z30;
N25 G0 X45 Y70 Z20;
N30 G01 Z -1 F200;
N35 G2 X80 Y70 CR =30;
N40 G00 Z30;
N45 G00 X100 Y100;
N50 M05 M02;
```

【例5】 铣削图3.10所示轮廓,厚度1 mm。

程序如下：

```
XC21005
N10 G54 M3 S800;
N15 M06 T01;
N20 G00 Z30;
N25 G00 X -10 Y0;
N30 G01 Z -1 F200;
N35 G01 X40;
N40 G03 X60 Y20 CR =20;
N45 G02 X40 Y40 CR =20;
N50 G01 X0 Y20;
N55 Y -10;
N60 G00 Z30;
N65 G00 X100 Y100;
N70 M05 M02;
```

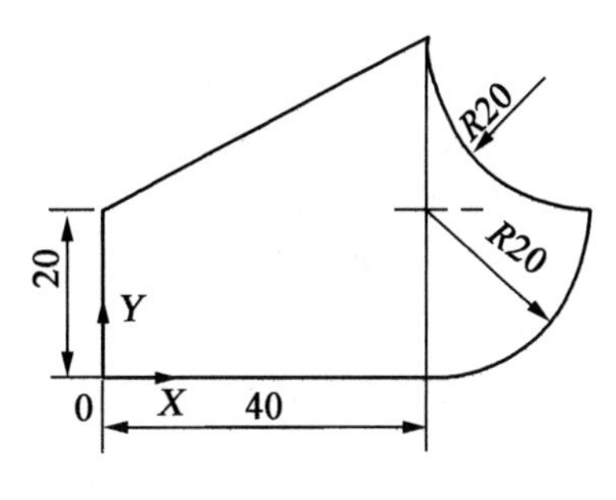

图3.10　铣削实例

(4)通过中间点进行圆弧插补指令G5。

指令格式：

```
G17 G5 X_ Y_ IX_ JY_ F_;
G18 G5 X_ Z_ IX_ KZ_ F_;
G19 G5 Y_ Z_ JY_KZ_ F_;
```

已知圆弧轮廓上三个点坐标,可以使用G5进行圆弧编程。通过起点与终点之间的中间点位置确定圆弧方向。

【例6】 铣削图3.11所示轮廓,厚度为1 mm。

```
XC21006
N10 G54 M3 S800;
N15 M06 T01;
N20 G00 Z30;
N25 G0 X40 Y60 Z10;
N30 G1 Z -1 F200;
```

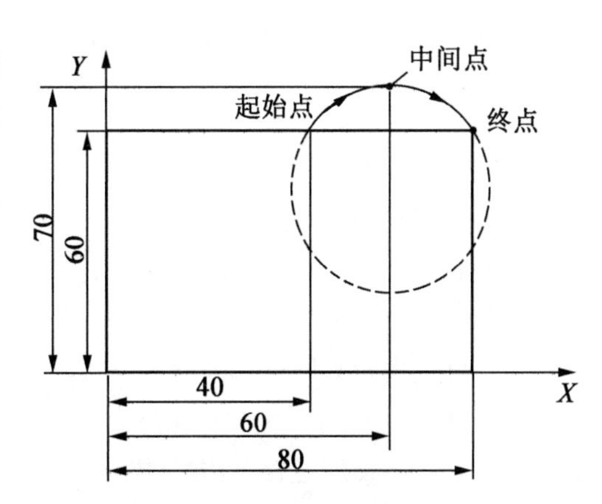

图3.11　已知终点、中间点坐标进行圆弧插补

```
N35 G5 X80 Y60 IX=60 JY=70;
N40 G0 Z100;
N45 M05 M2;
```

7. 恒螺距螺纹切削指令 G33

指令格式:G33 Z_ K_;

Z:钻孔深度;

K:螺距。

【例 7】 加工图 3.12 所示螺纹,螺距为 1.5 mm。

```
XC21007
N10 G54 M3 S800;
N15 M06 T01;
N20 G00 Z30;
N30 G0 X30 Y15 Z10;
N30 G33 Z-10 K1.5;
N40 G04 F10;
N50 M04 G0 Z100;
N60 M05 M2;
```

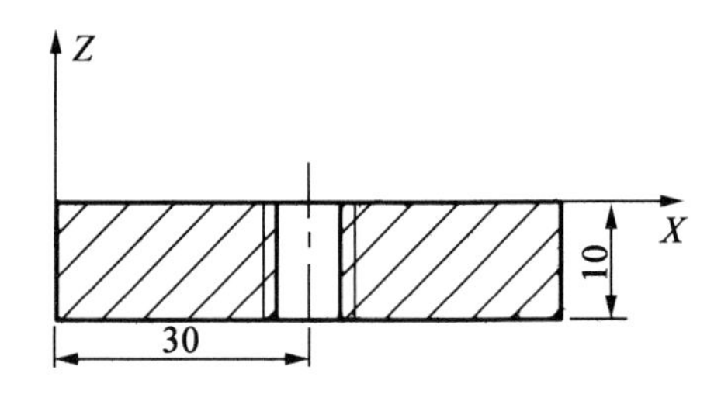

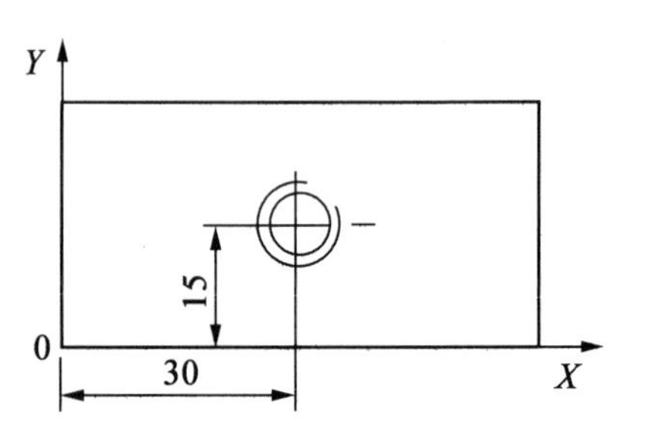

图 3.12 G33 攻螺纹

8. 返回固定点控制指令 G75

指令格式:G75 X_ Y_ Z_;

返回到机床中某个固定点,如换刀点。固定点位置固定存储在机床数据中,不会产生偏移。

例:N10 G75 X0 Y0 Z0;返回到 X0 Y0 Z0 点

……

9. 回参考点控制指令 G74

指令格式:G74 X_ Y_ Z_;

实现 *NC* 程序中回参考点。每个轴方向及速度存储在机床数据中。

例:N10 G74 X0 Y0 Z0;返回到 X0 Y0 Z0 点

……

10. 准确定位/连续路径加工指令 G9,G60,G64

指令格式:G9

G60

G64

G9:准确定位,单程序段有效。

G60:准确定位,模态有效 。

G64:连续路径加工。如图 3.13 所示。

G9 或 G60 功能生效时,当到达定位精度后,移动轴进给速度减小到零。

11. 暂停指令 G4

指令格式:G04 F_ 暂停时间(s)

G04 S_ 暂停主轴转速

G4 只对本程序段有效。

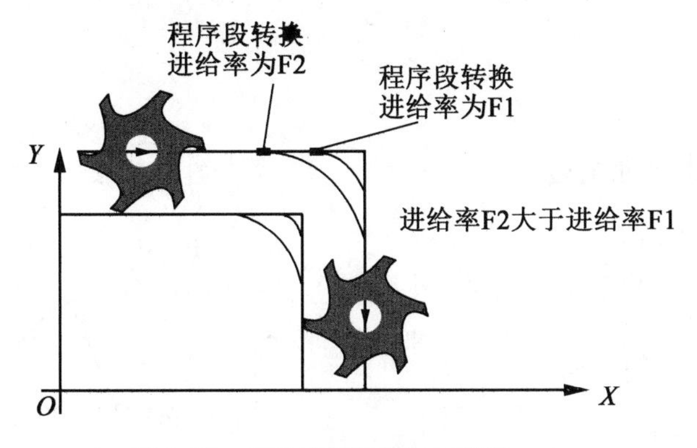

图 3.13　G64 连续路径加工拐角

12. **主轴转速极限指令** G25,G26

指令格式:`G25 S_`;主轴转速下限

`G26 S_`;主轴转速上限

限制特定情况下主轴的极限值范围,主轴转速最高极限值在机床数据中设定。

13. **倒角,倒圆指令** CHF,RND

指令格式:`CHF =…`;插入倒角

`RND =…`;插入倒圆

在轮廓拐角处插入倒圆或倒角。如果超过 3 个连续编程的程序段中不含平面中移动指令或进行平面转换时,不可以进行倒角或倒圆。

【例 8】　加工图 3.14 所示轮廓,工件厚度为 1 mm。

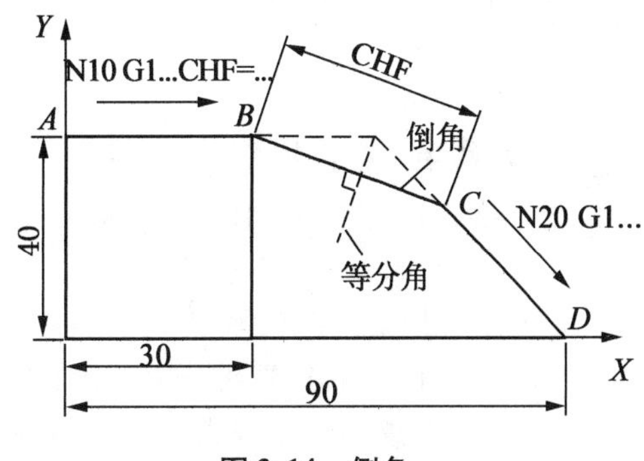

图 3.14　倒角

```
XC21008
N10 G54 M3 S800;
N15 M06 T01;
N20 G00 Z30;
N25 G0 G0 X0 Y0;
N30 G1 Z -1 F200;
N35 Y40;
N40 X30;
N45 G1 CHF =5;
N50 G1 X90 Y0;
N55 X0 Y0;
N60 G0 Z30;
N65 M05 M2;
```

【例 9】　直线/直线倒圆角,加工图 3.15(a)所示轮廓。

```
XC21009
N10 G17 G54 M3 S800;
N20 G90 G0 X0 Y30 Z10;
N30 G1 Z -1 F200;
N40 X30;
N50 G1 RND =8;
```

```
N60 G1 X80 Y0;
N70 G0 Z30;
N80 M05 M2;
```

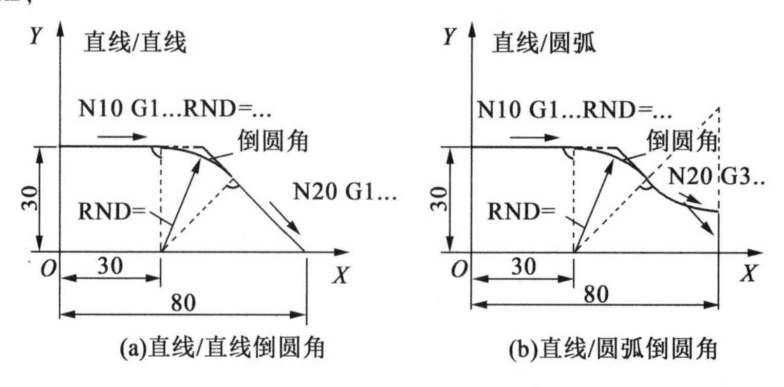

图 3.15　倒圆角

【例 10】 直线/圆弧倒圆角,加工图 3.15(b)所示轮廓。

```
XC21010
N10 G17 G54 M3 S800;
N20 G90 G0 X0 Y30 Z10;
N30 G1 Z -1 F200;
N40 X30;
N50 G1 RND =8;
N60 G3 X80 Y20 CR =60;
N70 G0 Z30;
N80 M05 M2 ;
```

14. 刀具半径补偿指令 G41、G42

指令格式:G41 D_ ;刀具半径左补偿

G42 D_ ;刀具半径右补偿

数控系统根据工件轮廓和刀具半径自动计算刀具中心轨迹,控制刀具沿刀具中心轨迹移动,加工出所需要的工件轮廓,编程时避免计算复杂的刀具中心轨迹。

(1)只有在线性移动或者插补时(G0,G1)才可以进行 G41/G42 的选择;

(2)沿刀具进刀方向看,刀具中心在零件轮廓左侧,则为刀具半径左补偿,用 G41 指令;刀具中心在零件轮廓右侧,则为刀具半径右补偿,用 G42 指令。如图 3.16 所示。

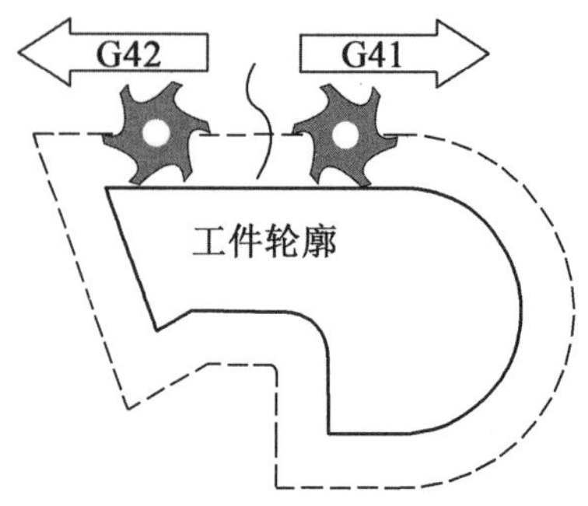

图 3.16　刀具在工件轮廓左边/右边进行半径补偿

15. 取消刀具半径补偿指令 G40

指令格式:G40;

(1)只有在线性移动或者插补时(G0,G1)才可以进行 G40;

(2)指令中的 X、Y 表示刀具轨迹中取消刀具半径补偿点的坐标值。

【例 11】 铣削图 3.10 所示轮廓,要求有刀具半径补偿功能。

程序如下:

```
XC21011
N10 G54 M3 S800;
N15 M06 T01;
N20 G00 Z30;
N25 G00 X -10 Y0 G42 D01;
N30 G01 Z -1 F200;
N35 G01 X40;
N40 G03 X60 Y20 CR =20;
N45 G02 X40 Y40 CR =20;
N50 G01 X0 Y20;
N55 Y -10;
N60 G00 Z30;
N65 G00 X100 Y100 G40;
N70 M05 M02;
```

16. 子程序

子程序的结构与主程序的结构一样,子程序最后一个程序段也以 M2 结束运行,还可以用 RET 结束子程序,RET 指令需单独占用一个程序段。子程序结束后返回主程序。

子程序程序名与主程序要求相同。

子程序调用:在一个程序中(主程序或子程序)可以直接用程序名调用子程序,子程序调用要求占用一个独立的程序段。

如果要求多次连续地执行某一子程序,则在设置时必须在所调用子程序的程序名后地址 P 下写入调用次数,最大次数可以为 9 999(P1 ~ P9 999)。

例如: N10 L100 P5;调用子程序 L100,运行 5 次

【例 12】 铣削图 3.17 所示轮廓,要求有刀具半径补偿及子程序调用功能。

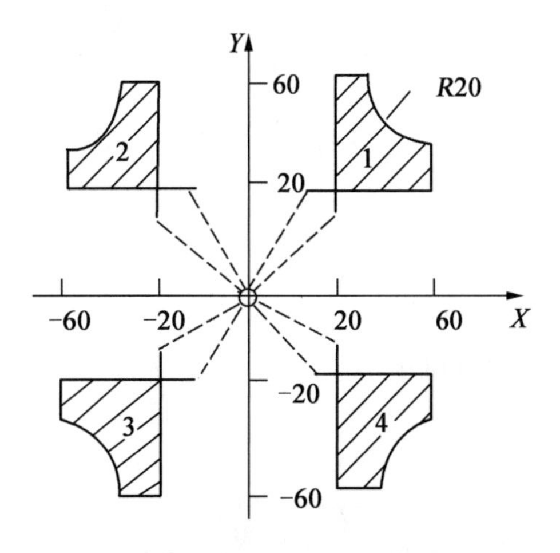

图 3.17　子程序编程举例

程序如下：

```
XC21012                        主程序
N2 G54 M03 S1000;
N4 G90 G17 M06 T01;
N6 L100;                       加工轮廓1
N8 G258 RPL=90;
N10 L100;                      加工轮廓2
N12 G258;
N14 G258 RPL=180;
N16 L100;                      加工轮廓3
N18 G258;
N20 G258 RPL=270;
N22 L100;                      加工轮廓4
N24 G258;
N26 M05;
N28 M02;
```

子程序(轮廓1的加工程序)：

```
L100
N100 G00 Z10;
N110 G41 G00 X20 Y8 D01;
N120 G01 Z-2 F200;
N140 Y60;
N150 X40;
N160 G03 X60 Y40 CR=20;
N170 G01 Y20;
N180 X0;
N185 G00 Z55;
N200 G40 Y0;
N210 RET;
```

17. 循环加工

循环是指用于特定加工过程的工艺子程序，如钻削、螺纹切削等，只要改变参数就可以使循环用于各种具体加工过程。

(1)说明。

①循环指令。

LCYC82 钻削，沉孔加工

LCYC83 深孔钻削

LCYC840 带补偿夹具的内螺纹切削

LCYC84 不带补偿夹具的内螺纹切削

LCYC85 镗孔

LCYC60 线性孔排列

LCYC61 圆弧孔排列

LCYC75 矩形槽、键槽、圆形凹槽铣削

②参数使用。循环中所使用的参数为R100…R149。

调用一个循环之前该循环中的传递参数必须已经赋值,不需要的参数置为零。循环结束以后传递参数的值保持不变。

③计算参数。循环使用R250至R299作为内部计算参数,在调用循环时清零。

④调用/返回条件。编程循环时不考虑具体的坐标轴。在调用循环之前,必须在调用程序中回钻削位置。如果在钻削循环中没有用于设定进给率、主轴转速和方向的参数,则必须在零件程序中编程这些值。循环结束以后G0、G90、G40一直有效。

⑤循环重新编译。当参数组在调用循环之前并且紧挨着循环调用语句时,才可以进行循环的重新编译。这些参数不可以被NC指令或者注释语句隔开。

⑥平面定义。钻削循环和铣削循环的前提条件就是选择平面G17、G18或G19,激活编程的坐标转换(零点偏置,旋转),从而定义目前加工的实际坐标系。钻削轴始终为系统的第三坐标轴。在调用循环之前,平面中必须已经有一个具有补偿值的刀具生效,在循环结束之后该刀具保持有效。

(2)钻削循环。

①钻削、沉孔加工循环指令LCYC82。刀具以编程的主轴速度和进给速度钻孔,直至到达给定的最终钻削深度。在到达最终钻削深度时可以编程一个停留时间。退刀时以快速移动速度进行,如图3.18所示。调用LCYC82:

a. 必须在调用程序中规定主轴速度值和方向以及钻削轴进给率。

b. 在调用循环之前必须在程序中回钻孔位置。

c. 在调用循环之前必须选择带补偿值的相应的刀具。

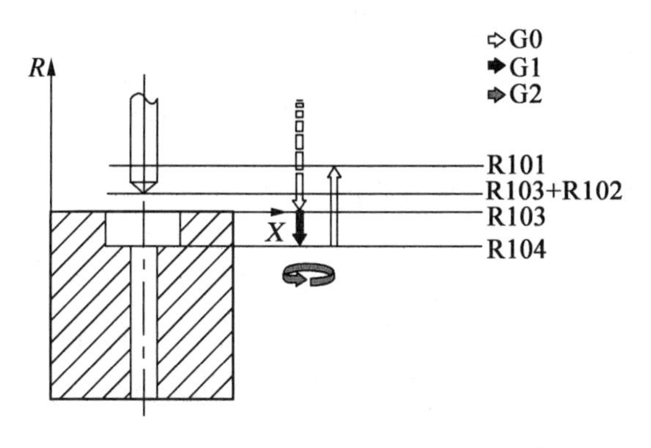

图3.18 LCYC82循环时序过程及参数

R101:退回平面(绝对平面)。确定了循环结束之后钻削轴的位置。

R102:安全距离。只对参考平面而言,由于有安全距离,参考平面被抬高了一个距离。循环可以自动确定安全距离的方向。

R103:参考平面(绝对平面)。参数R103所确定的参考平面就是图纸中所标明的钻削起始点。

R104:最后钻深(绝对值)。此参数确定钻削深度,取决于工件零点。

R105:在此钻削深度停留时间。参数R105之下编程此深度处(断屑)的停留时间(s)。

【例 13】 使用 LCYC82 循环,加工图 3.19 所示尺寸的孔,在孔底停留时间 2 s,钻孔坐标轴方向安全距离为5 mm。循环结束后刀具处于(30,10,20)。

```
XC21013
N10 G17 F400 T1 D1 S800 M4;
N20 G90 G0 X30 Y10;
N30 R101 =10 R102 =5 R103 =0 R104 =10;
N40 R105 =2;
N50 LCYC82;
N60 M05 M2;
```

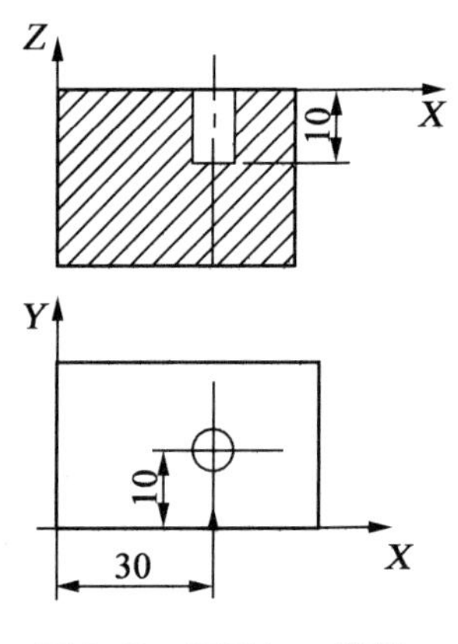

图 3.19 沉孔加工举例

②深孔钻削循环指令 LCYC83。深孔钻削循环加工中心孔,通过分步钻入达到最后的钻深,钻深的最大值事先规定。

钻削既可以在每步到钻深后,提出钻头到其参考平面达到排屑目的,又可以每次上提 1 mm 以便断屑。如图 3.20 所示。

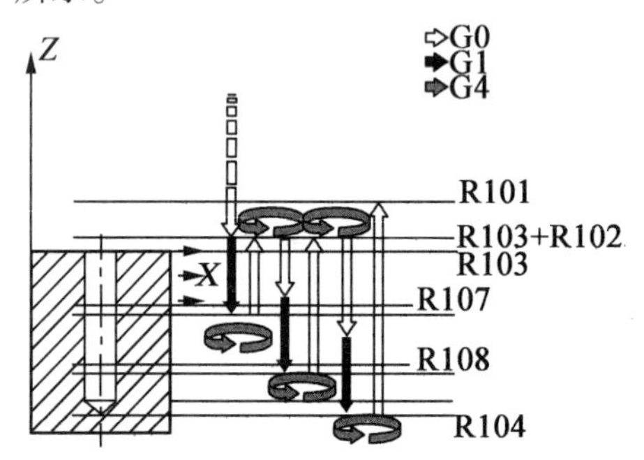

图 3.20 LCYC83 循环时序过程及参数

调用 LCYC83:

a. 必须在调用程序中规定主轴速度和方向。

b. 在调用循环之前钻头必须已经处于钻削开始位置。

c. 在调用循环之前必须选取钻头的刀具补偿值。

R101:退回平面(绝对平面)。确定了循环结束之后钻削加工轴的位置。

循环以位于参考平面之前的退回平面为出发点,因此从退回平面到钻深的距离也较大。

R102:安全距离,无符号。

只对参考平面而言,由于有安全距离,参考平面被提前了一个安全距离量。循环可以自动确定安全距离的方向。

R103:参考平面(绝对平面)。参数 R103 所确定的参考平面就是图纸中所标明的钻削起始点。

R104:最后钻深(绝对值)。以绝对值编程,与循环调用之前的状态 G90 或 G91 无关。

R105:在此钻削深度停留时间。参数 R105 之下编程此深度处的停留时间(s)。

R107:钻削进给率。编程第一次钻深进给率。

R108:首钻进给率。编程第一次钻削后钻削的进给率。

R109:在起始点和排屑时停留时间。参数 R109 之下可以编程几秒钟的起始点停留时间。只有在“排屑” 方式下才执行在起始点处的停留时间。

R110：首钻深度（绝对值）。参数 R110 确定第一次钻削行程的深度。

R111：递减量，无符号。参数 R111 下确定递减量的大小，从而保证以后的钻削量小于当前的钻削量。用于第二次钻削的量如果大于所编程的递减量，则第二次钻削量应等于第一次钻削量减去递减量。否则，第二次钻削量就等于递减量。当最后的剩余量大于两倍的递减量时，则在此之前的最后钻削量应等于递减量，所剩下的最后剩余量平分为最终两次钻削行程。如果第一次钻削量的值与总的钻削深度量相矛盾，则显示报警号 61107 “第一次钻深错误定义”从而不执行循环。

R127 加工方式：

断屑 =0：钻头在到达每次钻削深度后上提 1 mm 空转，用于断屑。

排屑 =1：每次钻深后钻头返回到安全距离之前的参考平面，以便排屑。

【例 14】 加工图 3.21 所示孔，程序在位置 Z70 处执行循环 LCYC83。

```
XC21014
N10 G17 G90 T1 S600 M3;
N20 G0 Z10;
N30 G1 Z -70 F200;
N40 R101 =10 R102 =2 R103 =0;
N50 R104 =5 R105 =0 R109 =0 R110 = -70;
N60 R111 =30 R107 =600 R127 =1 R108 =500;
N70 LCYC83;
N80 M5 M2;
```

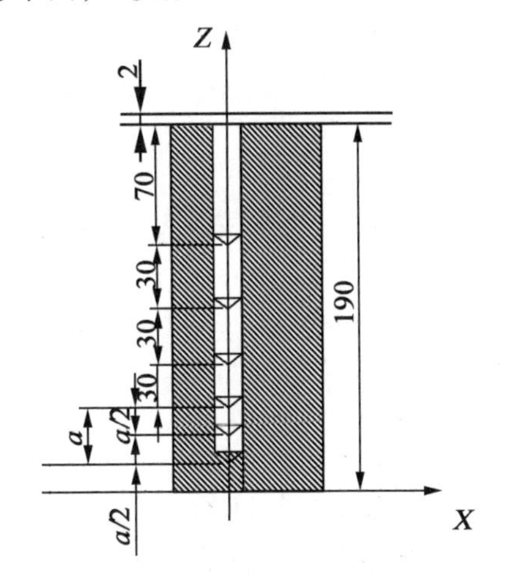

图 3.21　深孔加工示意图

③不带补偿夹具内螺纹切削指令 LCYC84。刀具以设置的主轴转速和方向钻削，直至给定的螺纹深度。与 LCYC840 相比此循环运行更快更精确。尽管如此，加工时仍应使用补偿夹具。钻削轴的进给率由主轴转速给出。在循环中旋转方向自动转换，退刀以另一个速度进行。如图 3.22 所示。

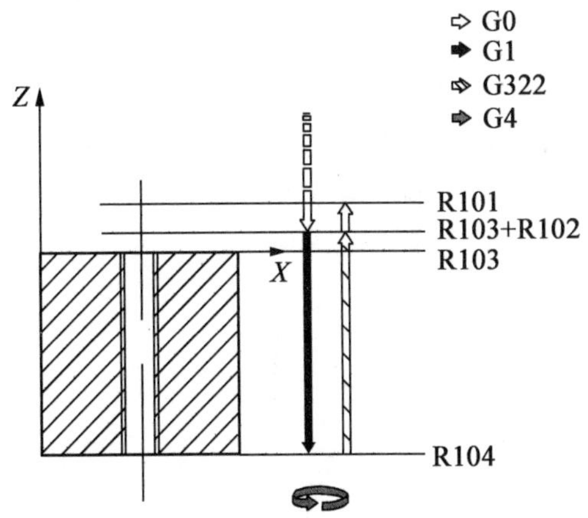

图 3.22　LCYC84 不带补偿夹具螺纹切削

调用 LCYC84：

a. 主轴必须是位置控制主轴（带编码器）时才可以应用此循环。循环在运行时本身并不检查主轴是否具有实际值编码器。

b. 在调用循环之前必须在调用程序中回到钻削位置。

c. 在调用循环之前必须选择相应的带刀具补偿的刀具。

d. 必须根据主轴机床数据设定情况和驱动的精度情况使用补偿夹具。

R101、R102、R103、R104、R105 参见 LCYC82。

R106:螺纹导程,数值范围为 0.001 ~2 000 mm, -0.001 ~ -2 000 mm。用此数值设定螺纹间的距离,数值前的符号表示加工螺纹时主轴的旋转方向。正号表示右转(同 M3),负号表示左转(同 M4)。

R112:攻丝速度,规定攻丝时的主轴转速。

R113:退刀速度,设置退刀时的主轴转速。如果此值设为零,则刀具以 R112 下所设置的主轴转速退刀。

【例 15】 调用循环 LCYC84 在 *XY* 平面(30,35)处攻丝。无停留时间。负螺距编程,即主轴左转。

```
XC21015
N10 G90 G17 T1 D1;
N20 G0 X40 Y40 Z10;
N30 R101 =10 R102 =3 R103 =0 R104 =5 R105 =0;
N40 R106 = -1.0 R112 =150 R113 =600;
N50 LCYC84;
N60 M05 M2;
```

④镗孔指令 LCYC85。刀具以给定的主轴速度和进给速度钻削,直至最终钻削深度。如果到达最终深度,可以编程一个停留时间。进刀及退刀运行分别按照相应参数下编程的进给率速度进行。如图 3.23 所示。

调用 LCYC85:

a. 必须在调用程序中规定主轴速度和方向。

b. 在调用循环之前必须在程序中回到钻削位置。

c. 在调用循环之前必须选择相应的带刀具补偿的刀具。

参数 R101 - R105 参见 LCYC82。

R107:钻削进给率。确定钻削时的进给率大小。

R108:退刀进给率。确定退刀时的进给率大小。

【例 16】 调用循环 LCYC85 镗削图 3.24 所示孔,孔相关尺寸见图,无停留时间。

```
XC21016
N10 G17 F600 S800 M3 T1 D1;
N20 G0 G90 Z110 X80 Y40;
N30 R101 =10 R102 =2 R103 =0 R104 =30;
N40 R105 =0 R107 =300 R108 =500;
N50 LCYC85;
N60 M05 M2;
```

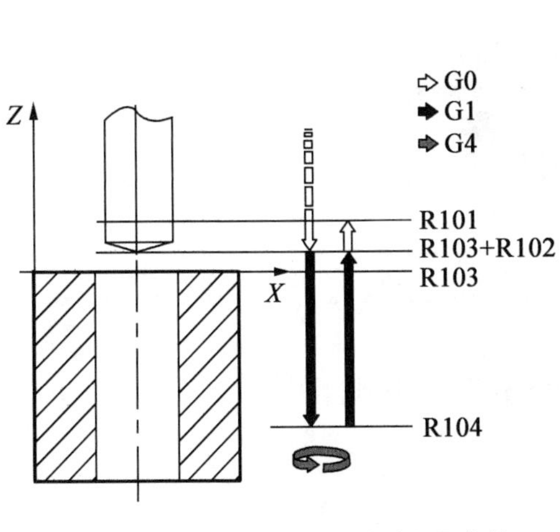

图 3.23　LCYC85 循环时序过程及参数

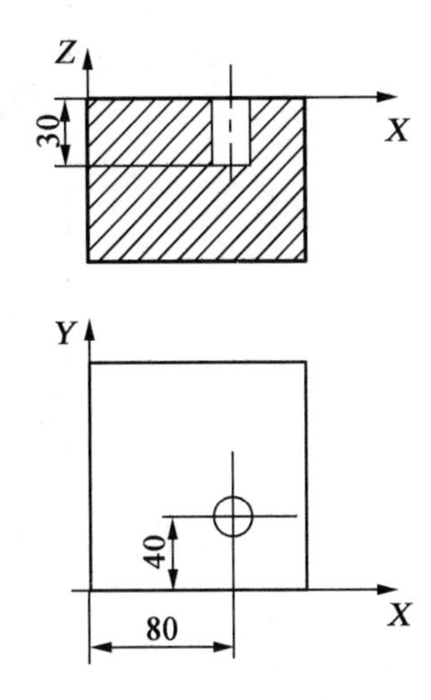

图 3.24　镗孔加工举例

⑤线性分布孔加工循环指令 LCYC60。用此循环加工线性排列孔如图 3.25 所示，孔加工循环类型用参数 R115 指定。

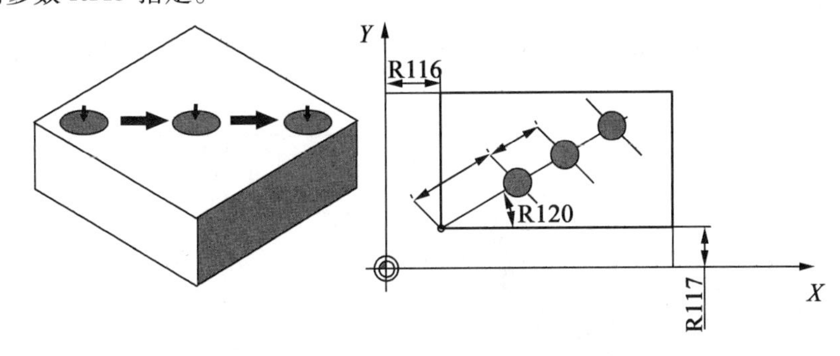

图 3.25　LCYC60 循环时序过程及参数

调用 LCYC60：

a. 在调用程序中必须按照设定了参数的钻孔循环和切内孔螺纹循环的要求编程，给定主轴速度和方向及钻孔轴的进给率。

b. 在调用钻孔循环之前必须对所选择的钻削循环和切内螺纹循环设定参数。

c. 在调用循环之前必须选择相应的带刀具补偿的刀具。

R115 孔加工循环号 82（LCYC82）、83（LCYC83）、84（LCYC84）、840（LCYC840）、85（LCYC85）：选择待加工的钻孔或攻丝所需调用的钻孔循环号或攻丝循环号。

R116/R117：横坐标参考点/纵坐标参考点，在孔排列直线上确定一个点作为参考点，用来确定两个孔之间的距离，从该点出发定义到第一个钻孔的距离。

R118：第一个孔到参考点的距离，确定第一个钻孔到参考点的距离。

R119：钻孔的个数，确定钻孔的个数。

R120：平面中孔排列直线的角度，确定直线与横坐标的角度。

R121：孔间距，确定两个孔之间的距离。

【例 17】　用线性分布孔加工 LCYC60 加工如图 3.26 所示孔，孔深为 20 mm，孔间距为 20 mm，孔中心线与横坐标的夹角为 30°，孔底停留时间为 2 s，安全间隙为 3 mm。

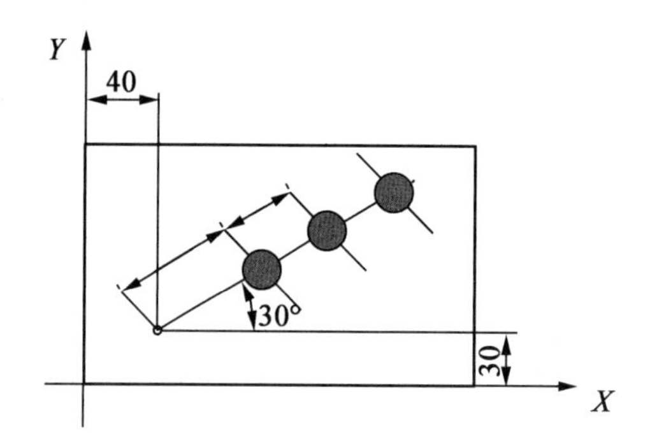

图 3.26 线性分布孔加工示意图

```
XC21017
N10 G54 T1 S800 M3;
N20 G90 G0 X40 Y30 Z20;
N30 R101 =5 R102 =3 R103 =0 R104 =20
R105 =2 R115 =82 R116 =40 R117 =30  R118 =40  R119 =3 R120 =30 R121 =20;
N50 LCYC60;
N60 M5 M2;
```

⑥圆周分布孔加工循环指令 LCYC61。用此循环可以加工圆弧状排列的孔和螺纹。如图 3.27 所示。

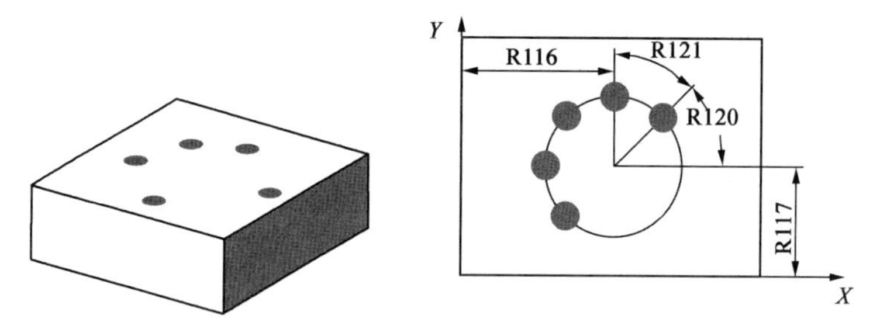

图 3.27 LCYC61 循环时序过程及参数

调用 LCYC61：

a. 在调用该循环之前同样要对所选择的钻孔循环和切内螺纹循环设定参数。

b. 在调用循环之前，必须要选择相应的带刀具补偿的刀具。

R115：钻孔或攻丝循环值，82（LCYC82）、83（LCYC83）、84（LCYC84）、840（LCYC840）、85（LCYC85）参见 LCYC60。

R116：圆弧圆心横坐标（绝对值），加工平面中圆弧孔位置通过圆心坐标。

R117：圆弧圆心纵坐标（绝对值），加工平面中圆弧孔位置通过圆心坐标。

R118：圆弧半径，半径值只能为正。

R119：孔数，参见 LCYC61。

R120：起始角，数值范围 $-180 < R120 < 180$，确定圆弧上钻孔的排列位置。其中参数 R120 给出横坐标正方向与第一个钻孔之间的夹角。

R121：角度增量，规定孔与孔之间的夹角。如果 R121 等于零，则在循环内部将这些孔均匀地分布在圆弧上，从而根据钻孔数计算出孔与孔之间的夹角。

【例 18】 使用循环 LCYC61 加工如图 3.28 所示的 4 个深度为 25 mm 的孔。圆通过 *XY* 平面上圆心坐标（70,60）和半径 *R*45 mm 确定。起始角为 30°，*Z* 轴上安全距离为 2 mm。主轴转速和方向以及进给率在调用循环中确定。

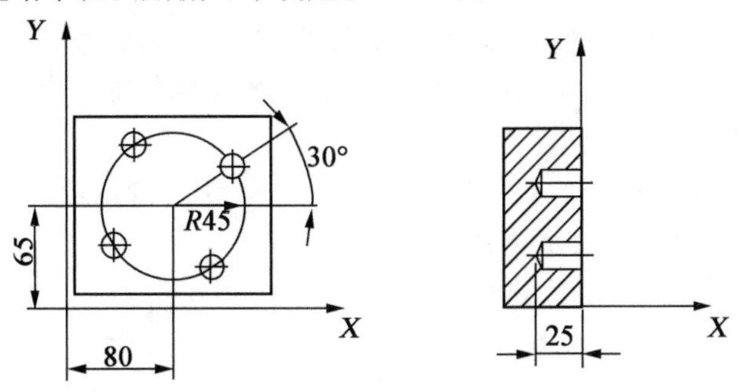

图 3.28　LCYC61 加工举例

```
XC21018
N10 G17 F400 S600 M3 T1 D1;
N20 G90 G0 X50 Y50 Z5;
N30 R101 =5 R102 =2 R103 =0 R104 =25 R105 =1
R115 =82 R116 =80 R117 =65 R118 =45 R119 =4
R120 =30 R121 =0;
N40 LCYC61;
N50 M05 M2;
```

⑦铣槽加工循环指令 LCYC75。利用此循环，通过设定相应的参数可以铣削一个与轴平行的矩形槽或者键槽，或者一个圆形凹槽。循环加工分为粗加工和精加工。通过参数设定凹槽长度 = 凹槽宽度 = 两倍的圆角半径，可以铣削一个直径为凹槽长度或凹槽宽度的圆形凹槽。如图 3.29 所示。

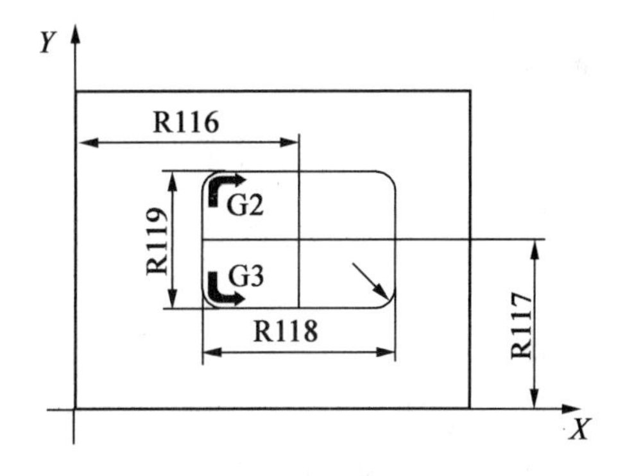

图 3.29　LCYC75 铣槽加工循环

如果凹槽宽度等同于两倍的圆角半径，则铣削一个键槽。加工时总是在第 3 轴方向从中心处开始进刀。这样在有导向孔的情况下就可以使用不能切中心孔的铣刀。

调用 LCYC75：

如果没有钻底孔，则该循环要求使用带端面齿的铣刀，从而可以切削中心孔。在调用程序中规定主轴的转速和方向，在调用循环之前刀具必须要带补偿。

R101：返回平面（绝对坐标），参见 LCYC82。

R102：安全距离，参见 LCYC82。

R103：参考平面（绝对坐标），参见 LCYC82。

R104：凹槽深度（绝对坐标），在此参数下设置参考面和凹槽槽底之间的距离（深度）。

R116：凹槽圆心横坐标，确定凹槽中心点的横坐标。

R117：凹槽圆心纵坐标，确定凹槽中心点的纵坐标。

R118：凹槽长度，确定平面上凹槽的形状。

R119：凹槽宽度，确定平面上凹槽的形状。

R120：拐角半径。

R121：最大进刀深度，确定最大的进刀深度。R121 =0 则立即以凹槽深度进刀。进刀从提前了一个安全距离的参考平面处开始。

R122:深度进刀进给率,进刀时的进给率,方向垂直于加工平面。

R123:表面加工的进给率,确定平面上粗加工和精加工的进给率。

R124:表面加工的精加工余量,设置粗加工时留出的轮廓精加工余量。

R125:深度加工的精加工余量。

R126:铣削方向,(G2 或 G3) 数值范围为 2(G2),3(G3) 规定加工方向。

R127:铣削类型,1 为粗加工,2 为精加工。

【例 19】 加工如图 3.30 所示的槽。

```
XC21019
N10 G56 G90 G17;
N20 M6 T1;
N30 G0 Z50;
N40 M3 S1200;
N50 M8;
N60 R101 =50 R102 =2
R103 =0 R104 = -10
R116 =0 R117 =0
R118 =60 R119 =40
R120 =6 R121 =3
R122 =200 R123 =500
R124 =0 R125 =0
R126 =3 R127 =1
N70 LCYC75;
N80 G0 Z50;
N90 M05 M2;
```

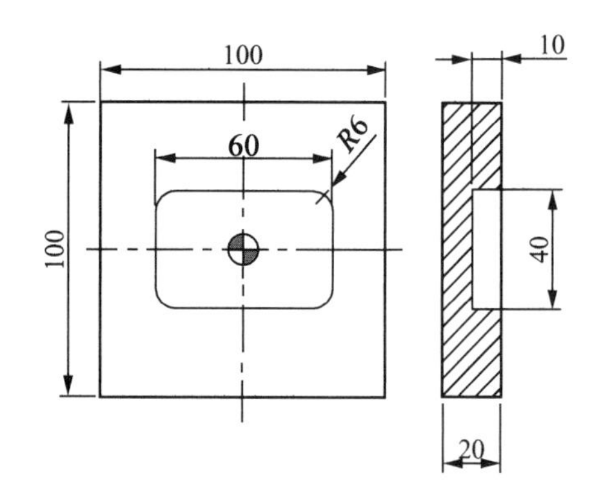

图 3.30 循环铣槽加工

3.2 华中数控铣床编程

3.2.1 辅助功能 M 代码

华中 HNC -21M 数控系统 M 指令功能见表 3.5。

表 3.5 M 代码及功能

代码	模态	功能说明	代码	模态	功能说明
M02	非模态	程序结束	M03	模态	主轴正转启动
M30	非模态	程序结束并返回程序起点	M04	模态	主轴反转启动
M98	非模态	调用子程序	M05	模态	主轴停止转动
M99	非模态	子程序结束	M07	模态	切削液打开
M06	非模态	换刀	M09	模态	切削液停止

3.2.2　主轴功能 S、进给功能 F 和刀具功能 T

1. 主轴功能 S

主轴功能 S 控制主轴转速,单位为 r/min。

2. 进给速度 F

执行 G94 时 F 为 mm/min,执行 G95 时 F 为 mm/r。

3. 刀具功能 T

T 指令用于选刀,其后的数值表示选择的刀具号,T 代码与刀具的关系是由机床制造厂规定的。

3.2.3　准备功能 G 代码

某些模态 G 功能组中包含一个缺省 G 功能,系统上电时将被初始化为该功能。华中数控系统 G 功能指令见表 3.6。

表 3.6　准备功能

G 代码	组	功能	后续地址字
*G00	01	快速定位	X,Y,Z,A,B,C,U,V,W
G01		直线插补	同上
G02		顺圆插补	X,Y,Z,U,V,W,I,J,K,R
G03		逆圆插补	同上
G04	00	暂停	X
G07		虚轴指定	X,Y,Z,A,B,C,U,V,W
G09		准停校验	
*G11	07	单段允许	
G12		单段禁止	
*G17	02	X(U)Y(V)平面选择	X,Y,U,V
G18		Z(W)X(U)平面选择	X,Z,U,W
G19		Y(V)Z(W)平面选择	Y,Z,V,W
G20	08	英寸输入	
*G21		毫米输入	
G22		脉冲输入	
G24	03	镜像开	X,Y,Z,A,B,C,U,V,W
*G25		镜像关	
G28	01	返回到参考点	X,Y,Z,A,B,C,U,V,W
G29	00	由参考点返回	同上
G33	01	螺纹切削	X,Y,Z,A,B,C,U,V,W,F,Q

续表 3.6

G 代码	组	功能	后续地址字
*G40 G41 G42	09	刀具半径补偿取消 左刀补 右刀补	 D D
G43 G44 *G49	10	刀具长度正向补偿 刀具长度负向补偿 刀具长度补偿取消	H H
*G50 G51	04	缩放关 缩放开	X,Y,Z,P
G52 G53	00	局部坐标系设定 直接机床坐标系编程	X,Y,Z,A,B,C,U,V,W
*G54 G55 G56 G57 G58 G59	11	工件坐标系 1 选择 工件坐标系 2 选择 工件坐标系 3 选择 工件坐标系 4 选择 工件坐标系 5 选择 工件坐标系 6 选择	
G60	00	单方向定位	X,Y,Z,A,B,C,U,V,W
*G61 G64	12	精确停止校验方式 连续方式	
G68 *G69	05	旋转变换 旋转取消	X,Y,Z,R
G73 G74 G76 *G80 G81 G82 G83 G84 G85 G86 G87 G88	06	深孔钻削循环 逆攻丝循环 精镗循环 固定循环取消 中心钻循环 钻孔循环 深孔钻循环 攻丝循环 镗孔循环 镗孔循环 反镗循环 镗孔循环	X,Y,Z,P,Q,R 同上 同上 同上 同上 同上 同上 同上 同上 同上 同上 同上
G89		镗孔循环	同上
*G90 G91	13	绝对值编程 增量值编程	
G92	11	工件坐标系设定	X,Y,Z,A,B,C,U,V,W

续表 3.6

G 代码	组	功能	后续地址字
* G94 G95	14	每分钟进给 每转进给	
G98 * G99	15	固定循环返回到起始点 固定循环返回到 R 点	

3.2.4　数控铣床常用编程指令

1. 有关坐标和坐标系的指令

(1)绝对值编程与相对值编程指令 G90、G91。

格式:G90 G_ X_ Y_ Z_;

G91 G_ X_ Y_ Z_;

(2)工件坐标系设定指令 G92。

格式:G92 X_ Y_ Z_;

其中,X、Y、Z 为坐标原点到刀具起点的有向距离。

G92 指令通过设定刀具起点相对于坐标原点的位置建立工件坐标系。

(3)工件坐标系选择指令 G54 ~ G59。

除了使用 G92 建立工件坐标系外,还可用 G54 ~ G59 在 6 个预定的工件坐标系中选择当前工件坐标系,这 6 个预定工件坐标系的坐标原点在机床坐标系中的值(工件零点偏置值)可用 MDI 方式输入,系统自动记忆。

G54 ~ G59 和 G92 均为模态功能,可相互注销。

(4)坐标平面选择指令 G17、G18、G19。

该指令选择一个平面,在此平面中进行圆弧插补和刀具半径补偿。

G17 选择 *XY* 平面,G18 选择 *ZX* 平面,G19 选择 *YZ* 平面。移动指令与平面选择无关。

2. 有关单位的设定

(1)尺寸单位选择指令 G20、G21、G22。

这 3 个指令必须在程序的开头坐标系设定之前用单独的程序段表示,见表 3.7。G20、G21、G22 不能在程序的中途切换。

表 3.7　尺寸输入制式及其单位

	线性轴	旋转轴
英制 G20	英寸	度
公制 G21	毫米	度
脉冲当量 G22	移动轴脉冲当量	旋转轴脉冲当量

(2)进给速度单位设定指令 G94、G95。

格式:G94 F_;

G95 F_;

G94 为 mm/min, G95 为 mm/r。G95 功能必须在主轴装有编码器时才能使用。

3. 进给控制指令

(1)快速定位指令 G00。

格式:G00 X_ Y_ Z_;

G00 指令中的快进速度由机床参数对各轴分别设定,不能用程序规定。

(2)线性进给指令 G01。

格式:G01 X_ Y_ Z_ F_;

G01 指令刀具从当前位置以联动的方式,按程序段中的 F 指令规定的合成进给速度,按线性路线移动到程序段所指令的终点。

(3)圆弧进给指令 G02,G03。

G02 顺时针圆弧插补,G03 逆时针圆弧插补。

XY 平面的圆弧:G17 G02(G03) X_ Y_ I_ J_ (R_) F_;

ZX 平面的圆弧:G18 G02(G03) X_ Z_ I_ K_ (R_) F_;

YZ 平面的圆弧:G19 G02(G03) Y_ Z_ J_ K_ (R _) F _;

其中,*X*、*Y*、*Z* 为圆弧终点,在 G90 时为圆弧终点在工件坐标系中的坐标,在 G91 时为圆弧终点相对于圆弧起点的位移量。

I、*J*、*K* 不论在 G90 还是在 G91 时都是以增量方式指定,是圆心相对于起点的位移值,*R* 为圆弧半径,当圆弧圆心角小于 180°时,*R* 为正值,大于 180°时,*R* 为负值,整圆编程时不可以使用 *R*,只能用 *I*、*J*、*K*,*F* 为编程的两个轴的合成进给速度。如图 3.31 所示。

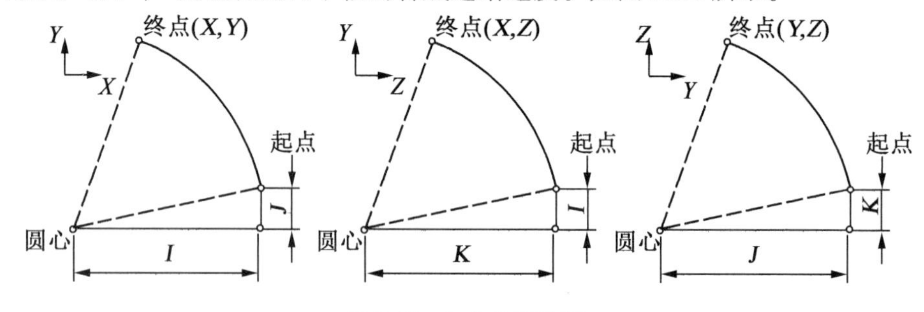

图 3.31 *I*、*J*、*K* 的选择

4. 刀具补偿功能指令

(1)刀具半径补偿指令 G40、G41、G42。

格式:$\left\{\begin{array}{l}G17\\G18\\G19\end{array}\right. \left\{\begin{array}{l}G41\\G42\end{array}\right\} \left\{\begin{array}{l}G00\\G01\end{array}\right\} X\_Y\_Z\_D\_;$

.....

G40;

其中刀补号地址 D 后跟的数值是刀具号,它用来调用内存中刀具半径补偿的数值。如 D01 就是调用在刀具表中第 1 号刀具的半径值。这一半径值是预先输入在内存刀具表中的 01 号位置上的。刀补号地址数为 D00 ~ D99。

在进行刀具半径补偿前,必须用 G17 或 G18、G19 指定补偿是在哪个平面上进行。在多轴联动控制中,投影到补偿平面上的刀具轨迹受到补偿,平面选择的切换必须在补偿取消方式进行,若在补偿方式进行,则报警。

G40 是取消刀具半径补偿功能。

G41 是在相对于刀具前进方向左侧进行补偿,称为左刀补,如图 3.16 所示。

G42 是在相对于刀具前进方向右侧进行补偿,称为右刀补,如图 3.16 所示。

G40、G41、G42 都是模态代码,可相互注销。

(2)刀具长度补偿指令 G43、G44、G49。

格式:$\left\{\begin{matrix}\mathrm{G17}\\ \mathrm{G18}\\ \mathrm{G19}\end{matrix}\right\}\left\{\begin{matrix}\mathrm{G43}\\ \mathrm{G44}\\ \mathrm{G49}\end{matrix}\right\}\left\{\begin{matrix}\mathrm{G00}\\ \mathrm{G01}\end{matrix}\right\}$X_Y_Z_H_;

G17 代表刀具长度补偿轴为 *Z* 轴。

G18 代表刀具长度补偿轴为 *Y* 轴。

G19 代表刀具长度补偿轴为 *X* 轴。

G49 代表取消刀具长度补偿。

5. 简化编程指令

(1)镜像功能指令 G24、G25。

格式:
```
G24 X_ Y_ Z_;
M98 P_;
G25X_ Y_ Z_;
```

当某一轴的镜像有效时,该轴执行与编程方向相反的运动。

G24 建立镜像,由指令坐标轴后的坐标值指定镜像位置,G25 指令用于取消镜像。

(2)缩放功能指令 G50、G51。

格式:
```
G51 X_ Y_ Z_ P_;
M98 P_;
G50;
```

其中,G51 中的 X、Y、Z 给出缩放中心的坐标值,P 后为缩放倍数。

用 G51 指定缩放开,G50 指定缩放关。在 G51 后,运动指令的坐标值以(X,Y,Z)为缩放中心,按 *P* 规定的缩放比例进行计算。使用 G51 指令可用一个程序加工出形状相同,尺寸不同的工件。

缩放不能用于补偿量,并且对 *A*、*B*、*C*、*U*、*V*、*W* 轴无效。

(3)旋转变换指令 G68、G69。

格式:
```
G68 X_ Y_ Z_P_;
M98 P_;
G69;
```

其中,X、Y、Z 是由 G17、G18 或 G19 定义的旋转中心,P 为旋转角度,$0°\leqslant P\leqslant 360°$。

G68 为坐标旋转功能,G69 为取消坐标旋转功能。

在有刀具补偿的情况下,先进行坐标旋转,然后才进行刀具半径补偿、刀具长度补偿。

在有缩放功能的情况下,先缩放后旋转。

6. 固定循环

数控加工中,某些加工动作循环已经典型化。例如,钻孔、镗孔的动作。

平面定位、快速引进、工作进给、快速退回等,如图 3.32 所示。这样一系列典型的加工动作已经预先编好程序,存储在内存中,可用包含 G 代码的一个程序段调用,从而简化编程工作。这种包含了典型动作循环的 G 代码称为循环指令。

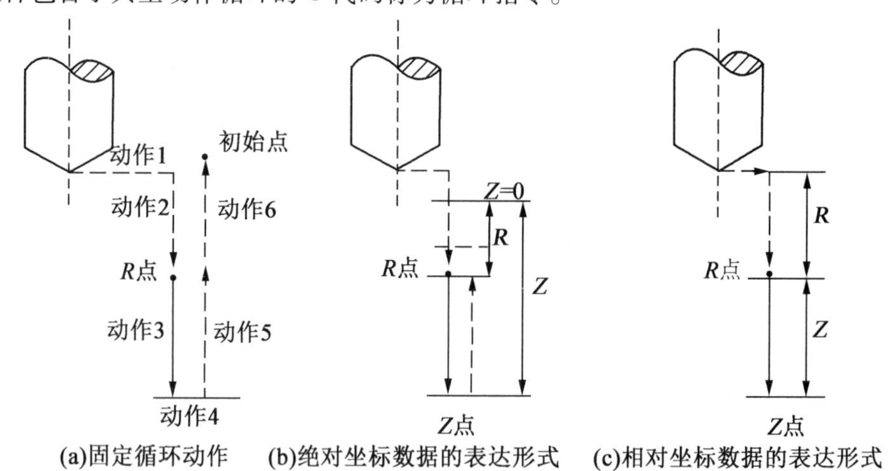

实线——切削进给;虚线——快速进给

图 3.32 固定循环动作及数据表达形式

固定循环的程序格式包括数据形式、返回点平面、孔加工方式、孔位置数据、孔加工数据和循环次数。数据形式(G90 或 G91)在程序开始时就已指定,因此,在固定循环程序格式中可不注出。固定循环的程序格式如下:

$$\left\{\begin{matrix} G98 \\ G99 \end{matrix}\right\} G\_X\_Y\_Z\_R\_Q\_P\_I\_J\_K\_F\_L\_;$$

式中,第一个 G 代码(G98 或 G99)为返回点平面 G 代码,G98 为返回初始平面,G99 为返回 R 点平面。

第二个 G 代码为孔加工方式,即固定循环代码 G73、G74、G76 和 G81 ~ G89 中的任一个。

X、Y 为孔位数据,指被加工孔的位置。

Z 为 R 点到孔底的距离(G91 时)或孔底坐标(G90 时)。

R 为初始点到 R 点的距离(G91 时)或 R 点的坐标值(G90 时)。

Q 指定每次进给深度(G73 或 G83 时),是增量值,$Q<0$。

K 指定每次退刀(G73 或 G83 时)刀具位移增量,$K>0$。

I、J 指定刀尖向反方向的移动量(分别在 X、Y 轴向上)。

P 指定刀具在孔底的暂停时间。

F 为切削进给速度。

L 指定固定循环的次数。

孔加工固定循环指令有 G73、G74、G76,G80 ~ G89。

固定循环的数据表达形式可以用绝对坐标(G90)和相对坐标(G91)表示,其中图 3.31(b0)是采用 G90 的表示,图 3.31(c)是采用 G91 的表示。

G73、G74、G76 和 G81 ~ G89、Z、R、P、F、Q、I、J、K 不是模态指令。G80、G01 ~ G03 等代码可以取消固定循环。

在固定循环中,定位速度由前面的指令速度决定。

(1)高速深孔加工循环指令 G73。

如图 3.33(a)所示为 G73 指令的动作循环,该固定循环用于 Z 轴的间歇进给,使深孔加工时容易排屑,减少退刀量,可以进行高效率的加工。Q 值为每次的进给深度(q);退刀用快速,其值 K 为每次的退刀量。$Q>K$。如果 Z、K、Q 移动量为零时,该指令不执行。

(2)钻孔循环(中心钻)指令 G81。

如图 3.33(b)所示为 G81 指令的动作循环,包括 X、Y 坐标定位、快进、工进和快速返回等动作。如果 Z 的移动位置为零,该指令不执行。

(3)深孔加工循环指令 G83。

该指令除了要在孔底暂停外,其他动作与 G81 相同。暂停时间由地址 P 给出。该指令主要用于加工盲孔,以提高孔深精度。

(4)深孔加工循环指令 G83。

如图 3.33(c)所示为深孔加工循环,每次进刀量用地址 Q 给出,其值 q 为增量值。每次进给时,应在距已加工面 d(mm)处将快速进给转换为切削进给。d 是由参数确定的。如果 Z、Q、K 的移动量为零,该指令不执行。

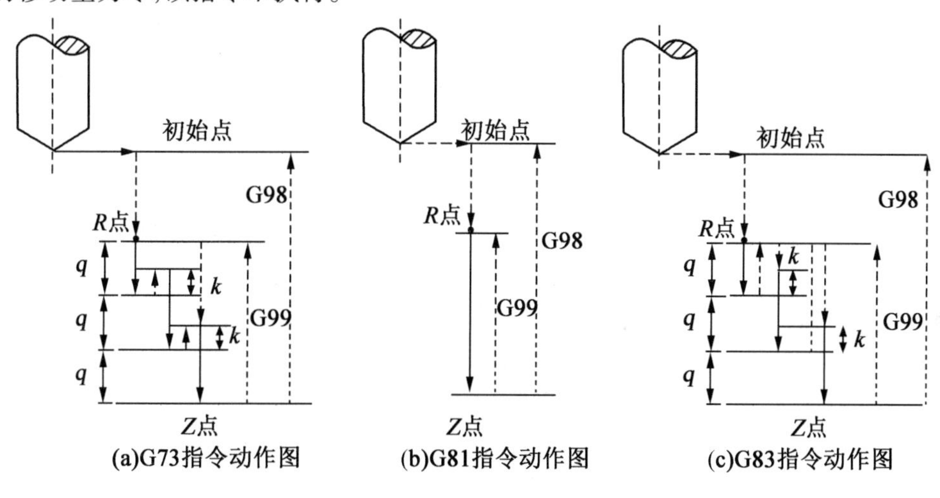

图 3.33　指令动作图

(5)取消固定循环指令 G80。

该指令能取消固定循环,同时 R 点和 Z 点也被取消。

使用固定循环时应注意以下几点:在固定循环指令前应使用 M03 或 M04 指令使主轴回转;在固定循环程序段中,X、Y、Z、R 数据应至少给定一个才能进行孔加工。

7. 暂停指令 G04

格式:`G04 P_;`

G04 为暂停指令,暂停时间由 P 后面的数值指定,单位为 s。G04 可使刀具作短暂停留,以获得圆整而光滑的表面。如对不通孔做深度控制时,在刀具进给到规定深度后,用暂停指令使刀具做非进给光整切削,然后退刀,保证孔底平整。

3.3 铣削加工编程综合实例

3.3.1 SIEMENS 数控铣床编程实例

【例1】 铣削如图3.34所示零件外轮廓,要求有刀具半径补偿功能,切削深度1 mm,未注圆角半径$R10$。该零件已粗加工过,编写精加工程序。各节点坐标为P_1(67.831,64.518),P_2(72.169,64.518)。

T1 周铣刀 $\phi10$

```
LKXX21001                       程序名
N10 G54 M3 S1000 T1;
N20 G90 G0 Z50;
N30 X0 Y0;
N40 G1 Z -1 F200                ;下刀
N50 G41 X25.0 Y55 D1            ;刀具半径左补偿
N60 G1 Y90;
N70 X40 Y90;
N80 G3 X45 Y95 CR =5;
N85 G1 Y130;
N90 G2 X95 CR = -25;
N95 G1 Y95;
N100 G3 X95 Y90 CR =5;
N110 G1 X110;
N120 Y55;
N130 X72.169 Y64.518;
N135 G3 X67.831 Y64.518 CR =10;
N140 G1 X25 Y55;
N150 G0 G40 X0 Y0               ;刀具半径补偿取消
N160 Z100
N170 M05 M2
```

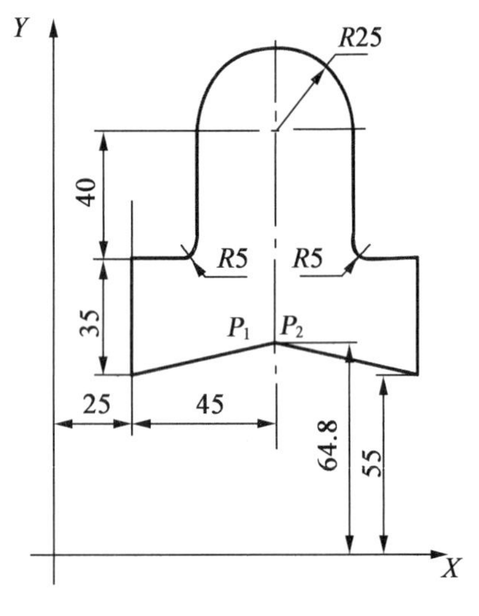

图3.34 铣削加工

【例2】 钻削如图3.35所示零件,编写其加工程序。

```
XHZL21002
N10 G17 G90 G55                 ;基本参数设定
N20 T1 D1                       ;T1 号刀具
N30 S500 M3;
N40 Z50;
N45 G0 X0 Y0;
N50 R101 =50   R102 =2          ;设定线性孔排列参数
R103 =0   R104 =36
R105 =0.5 R107 =200
R108 =100   R109 =0.5
R110 = -3   R111 =2
R115 =83   R116 =0
R117 =0   R118 = -80
R119 =5   R120 =0
```

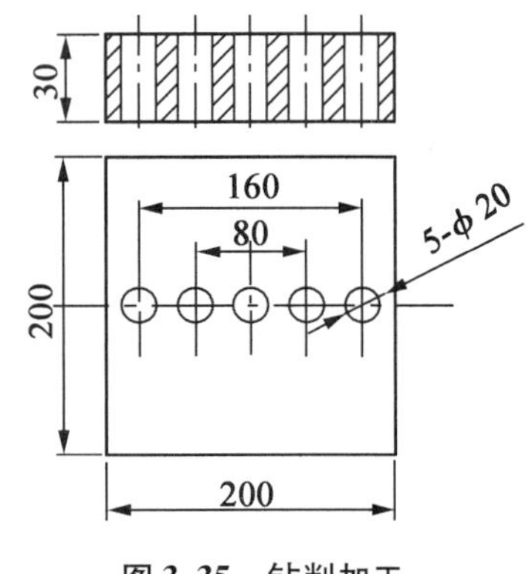

图3.35 钻削加工

```
R121 =40
N60 LCYC60                ;调用线性孔排列参数
N70 G0 Z100;
N80 M5;
N90 M2;
```

【例3】 铣削如图3.36所示4个键槽,相互间成90°,起始角为45°。键槽的尺寸如下:长度为35 mm,宽度为15 mm,深度为20 mm。安全间隙为1 mm,铣削方向为G2,深度进给最大为6 mm。键槽用粗加工(精加工余量为零)加工,铣刀带断面齿。

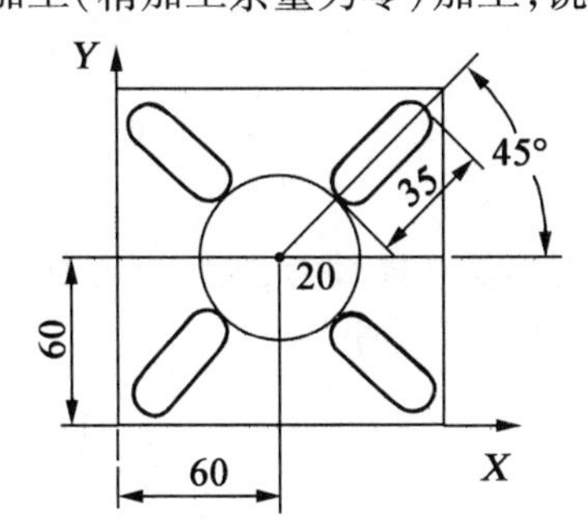

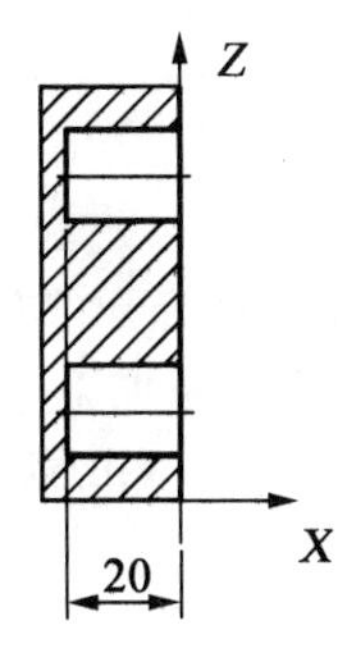

图3.36 键槽铣削

```
LXZL21003
N10 G54 G17 G90 T1 D1 M3 S400; 规定工艺参数
N20 G0 X0 Y0 Z50
  R101 =5  R102 =1  R103 =0  R104 = -20  R116 =60  R117 =60
  R118 =35  R119 =15  R120 =7.5  R121 =6  R122 =100
 R123 =300  R124 =0  R125 =0  R126 =2  R127 =1
                                  ;设定铣削循环参数
N60 G158 X60 Y60          ;建立坐标系
N70 G259 RPL =45          ;旋转 45°
N80 LCYC75                ;调用循环,铣削第一个槽
N90 G259 RPL =90          ;旋转 90°
N100 LCYC75               ;调用循环,铣削第二个槽
N110 G259 RPL =180        ;旋转 180°
N120 LCYC75               ;铣削第三个槽
N130 G259 RPL =270        ;旋转 270°
N140 LCYC75               ;铣削第四个槽
N160 X200 Y200
N150 G0 Z50
N170 M05 M2               ;程序结束
```

3.3.2 华中数控铣床编程实例

【例4】 铣削如图3.37所示零件,要求有刀具半径补偿功能,切削深度为3 mm。

```
%2021
N10 G92 X -10 Y -10 Z50;
N20 M03 S600;
```

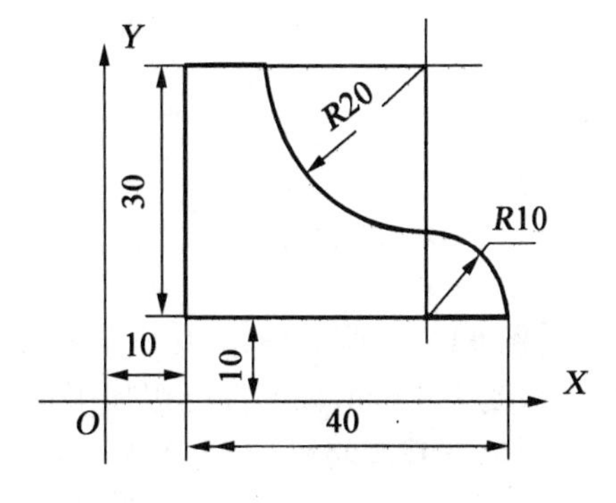

图3.37 轮廓铣削加工

```
N30 G41 G00 X10 Y10 D01;
N40 Z5;
N50 G01 Z -3 F100;
N60 Y40;
N70 X20;
N80 G03 X40 Y20 R20;
N90 G02 X50 Y10 R10;
N100 G01 X 10;
N110 G00 Z50;
N120 G40 X -10 Y -10;
N130 M05;
N140 M30;
```

【例5】 铣削如图3.38所示零件,采用镜像功能编程,要求有刀具半径补偿功能,各部分切削深度为3 mm,该零件已粗加工过,编写精加工程序。

```
%2022                    (主程序)
N10 G92 X -10 Y -10 Z50
N20 M03 S600;
N30 M98 P100;
N40 G24 X0;
N50 M98 P100;
N60 G25 X0;
N70 G24 X0 Y0;
N80 M98 P100;
N90 G25 X0 Y0;
N100 G24 Y0;
N110 M98 P100;
N120 G25 Y0;
N130 M05;
N140 M30;
%100                     (子程序)
N200 G41 G00 X10 Y10 D01;
N210 Z5;
N220 G01 Z -3 F100;
N230 Y40;
N240 X20;
N250 G03 X40 Y20 R20
N260 G02 X50 Y10 R10
N270 G01 X 10;
N280 G00 Z50;
N290 G40 X -10 Y -10;
N300 M99;
```

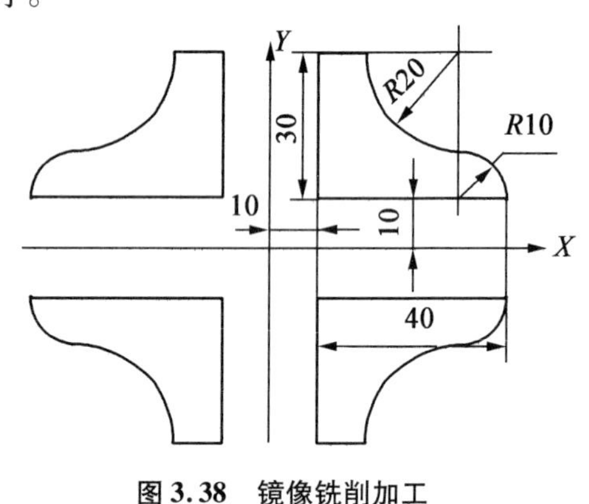

图3.38 镜像铣削加工

【例6】 铣削如图3.39所示零件,采用旋转功能编程,要求有刀具半径补偿功能,各部分切削深度为4 mm,该零件已粗加工过,编写精加工程序。各节点坐标为$A(40,0)$、$B(60,0)$、$C(41.86,-42.298)$、$D(28.284,-28.284)$。

```
%2023                    (主程序)
N10 G54;
```

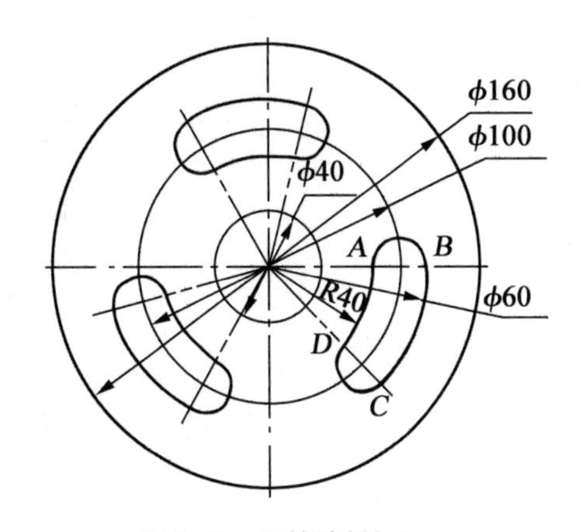

图3.39　旋转铣削加工

```
N20 G90 G00 X0 Y0 Z50 M03 S1000;
N30 G41 X80 Y0 D01;
N40 Z10;
N50 G01 Z-4 F100;
N60 G02 X80 Y0 I-80 J0;
N70 G01 Z10;
N80 G40 X0 Y0;
N90 M98 P100;
N100 G68 X0 Y0 P120;
N110 M98 P100;
N120 G69;
N130 G68 X0 Y0 P240;
N140 M98 P100;
N150 G69;
N160 G00 G41 X0 Y20 D01;
N170 G01 Z-4;
N180 G03 X0 Y20 I0 J-20;
N190 G00 Z50;
N200 G40 X0 Y0;
N210 M05;
N220 M02;
%100                    （子程序）
N300 G00 G42 X40 Y0 D01;
N310 G01 Z-4;
N320 G02 X60 Y0 R10;
N330 G02 X41.86 Y-42.298 R60;
N340 G02 X28.284 Y-28.284 R10;
N350 G02 X40 Y0 R40;
N360 G00 Z10;
N370 G40 X0 Y0;
N380 M99;
```

习题与思考题

3.1　刀具半径补偿指令有哪几种,其含义是什么？使用时应注意哪些问题？

3.2　什么是绝对坐标系、相对坐标系？编程时如何表示？

3.3　固定循环编程有何意义？SIEMENS 802 钻孔循环的基本格式是什么？铣槽加工循环的基本格式是什么？

3.4　数控铣削编程与数控车削编程的特点有何不同？

3.5　什么是刀具半径补偿？为什么要进行刀具半径补偿？说明刀具半径补偿的使用及指令。

3.6　钻削加工如图3.40所示的孔,在孔底停留时间为3 s,钻孔坐标轴方向安全距离为10 mm,循环结束后刀具处于(60,60,100)。使用SIEMENS 802 LCYC82循环,编写钻孔程序。

3.7　编制如图3.41所示零件的铣削精加工程序。

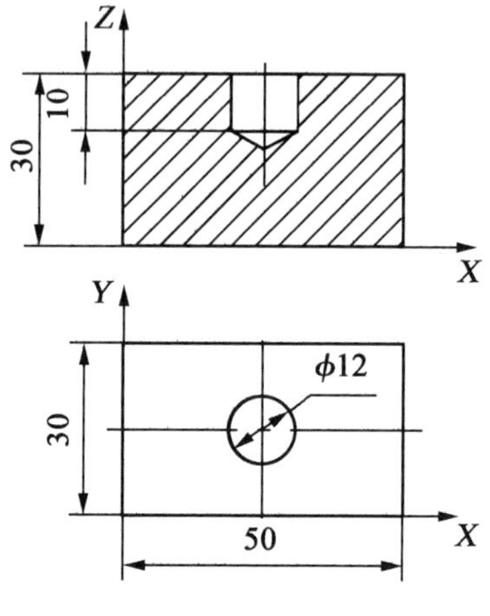

图 3.40 题 3.6 图

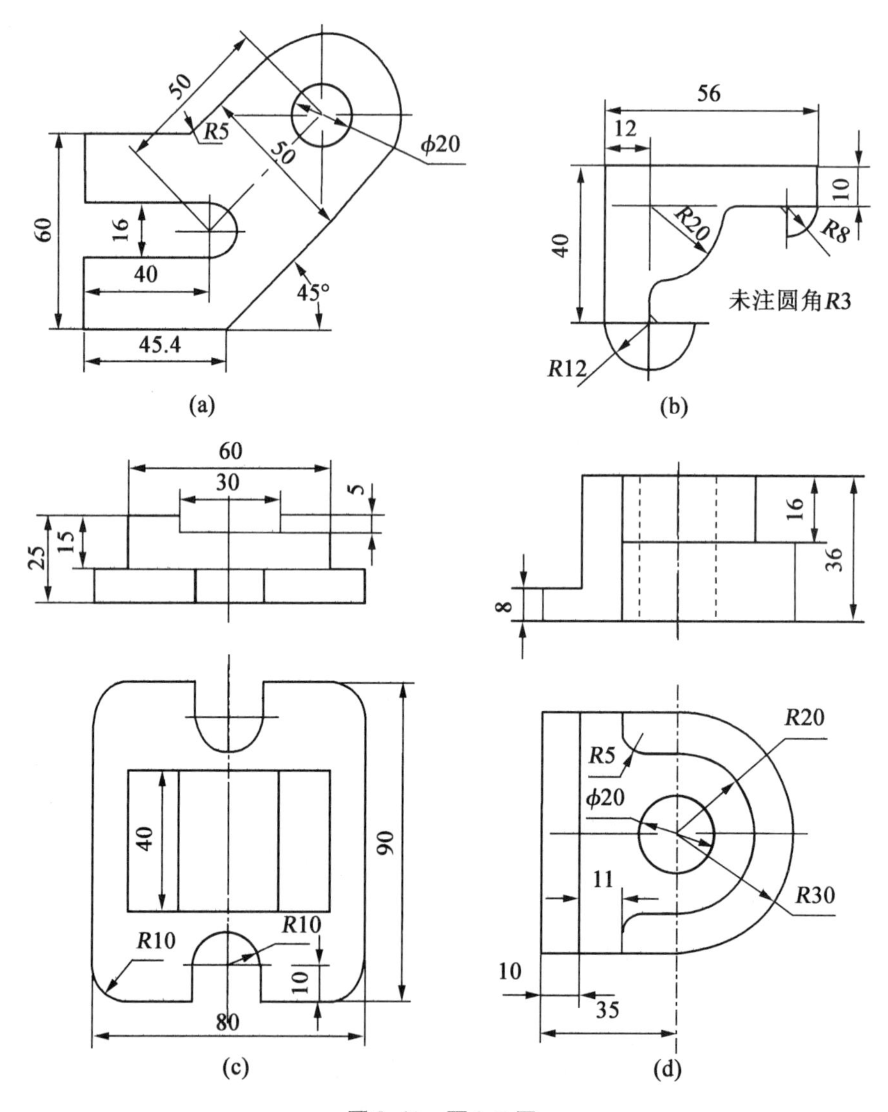

图 3.41 题 3.7 图

第4章　加工中心编程

2012年9月25日,我国第一艘航母“辽宁舰”完成建造和试验试航,正式交付海军;2019年12月17日,我国第一艘国产航母“山东舰”,在海南三亚某军港交付海军;2022年6月17日,我国完全自主设计建造的首艘弹射型航母“福建舰”下水。

航母是当前各大军事强国的重要海上装备,堪称大国重器,对于强化国防、增加海上作战能力有不可替代的作用,但建造航母是系统性工程,涉及的核心技术非常多,其中就包括提供动力的关键部位——螺旋桨的制造。

我国的大型螺旋桨制造技术的突破从镇江中船瓦锡兰螺旋桨公司开始,其研发的新型七轴五联动数控机床为国产航母螺旋桨的制造打下基础。在历经长达1 000多个日夜的攻关后,中船瓦锡兰螺旋桨公司最终掌握了大型螺旋桨的制造技术,利用该机床可以制造的螺旋桨直径最长可达12.5 m,相当于美国尼米兹号航母螺旋桨直径的两倍,单个螺旋桨重量也超过了400 t,自此,我国已经有能力独立生产出任何型号的螺旋桨,为螺旋桨技术的发展打下了坚实的基础。

铸剑不是为了战斗,而是为了和平。国产航母交付海军,将更有助于我国维护和平发展、捍卫世界和平,逐梦深蓝。中船瓦锡兰螺旋桨公司研发的新型七轴五联动数控机床为我国突破航母螺旋桨和大型民用船舶螺旋桨制造提供了关键性制造设备,成功解决了大直径、大吨位螺旋桨制造难题。

4.1　数控加工中心概述

4.1.1　加工中心的基本概念

加工中心(Machining Center,MC)是一种“具有自动刀具交换装置,并能够进行多种工序加工的数控机床”。其特点是高效、高精度。加工中心把铣削、镗削、钻削、螺纹加工等多项功能集中在一台设备上,通常一次装夹可以完成多面多工序的加工。加工中心与其他数控机床相比结构复杂,控制系统功能较全。加工中心至少可控制三个坐标轴,其控制功能最少可实现两轴联动控制,多的可实现五轴、六轴联动,从而保证刀具能进行复杂表面的加工。加工中心除具有直线插补和圆弧插补功能外,还具有各种固定加工循环、刀具半径自动补偿、刀具长度自动补偿、在线监测、刀具寿命管理、故障自动诊断、加工过程图形显示、人机对话、离线编程等功能。加工中心作为一种高效多功能自动化机床,在现代化生产中的使用越来越广泛。

4.1.2 加工中心的分类

1. 按工艺特征分类

(1)车削加工中心。

在数控车床基础上增加附设主轴,可进行回转零件的车削、铣削、钻镗孔的加工。

(2)镗铣加工中心。

主轴轴线一般为水平的,也称卧式加工中心。以镗铣为主,适用于加工箱体、壳体以及各种复杂零件的特殊曲线轮廓的多工序加工。这种加工中心一般具有回转工作台,一次装夹,可对箱体的四个表面进行加工。

(3)钻削加工中心。

钻削加工中心以钻削为主,适用于中、小零件的钻孔、扩孔、铰孔、攻螺纹及连续轮廓铣削等多工序加工。

(4)复合加工中心。

复合加工中心主要指能进行五面复合加工,可自动回转主轴头,进行立卧加工。主轴自动回转后,在水平和垂直面实现刀具自动交换。

2. 按工作台结构特征分类

按工作台结构特征可把加工中心分成单工作台、双工作台和多工作台的加工中心等几种。常见的加工中心是单工作台和双工作台的加工中心两种形式。

3. 按主轴结构特征分类

按主轴结构特征可分为单轴、双轴、三轴及可换主轴的加工中心。

4. 按自动换刀装置分类

(1)转塔头加工中心。

转塔头加工中心有立式和卧式两种。主轴数一般为 6 ~ 12 个,换刀时间短,数量少,主轴转塔头刚性和承载能力较弱,定位精度要求较高,用于小型加工中心。

(2)带刀库的加工中心。

这种加工中心根据换刀方式分为无机械手式主轴换刀和机械手式主轴换刀两种。无机械手式主轴换刀方式的特点是利用工作台与刀库相对转动,由主轴上下运动进行选刀和换刀。用机械手式主轴换刀的加工中心结构种类较多,其特点是换刀时间短,不占用机械加工时间。

4.1.3 加工中心的组成

加工中心主要由以下几部分组成:基础部件,包括床身、工作台、立柱等;自动换刀装置(ATC);数控系统,包括操作面板、主轴伺服系统、进给伺服系统等;辅助部件,包括冷却系统和气动装置等。

4.2 SIEMENS 810D 数控系统编程

本节以 SIEMENS 810D 数控系统为例介绍加工中心编程。

4.2.1 SIEMENS 810D 数控系统加工中心简化编程指令

SIEMENS 810D 数控系统的编程与相应的数控铣床基本相同。编程时注意自动换刀编程、简化程序指令及循环指令的适当应用。

加工中心配备的 SIEMENS 810D 数控系统,其功能指令比较齐全,第 3 章 SIEMENS 802C 数控铣床的基本功能指令都适用于加工中心,M 辅助代码中多了一个换刀指令 M06,相同指令不再重复介绍。本节主要介绍简化编程指令。表 4.1 为 SIEMENS 810D 数控系统加工中心简化编程指令。

表 4.1 SIEMENS 810D 数控系统加工中心简化编程指令

指令	意义	格式
TRANS	零点偏移,绝对值	TRANS X_ Y_ Z_
ATRANS	有附加的零点偏移	ATRANS X_ Y_ Z_
ROT	绝对旋转	ROT X_ Y_ Z_ ROT RPL = _
AROT	附加旋转	AROT X_ Y_ Z_ AROT RPL = _
SCALE	绝对放大/缩小	SCALE X_ Y_ ZV
ASCALE	附加放大/缩小	ASCALE X_ Y_ Z_
MIRROR	绝对镜像	MIRROR X0 Y0 Z0
AMIRROR	附加镜像	AMIRROR X0 Y0 Z0

4.2.2 SIEMENS 810D 数控系统简化编程指令

1. 零点偏移 TRANS、ATRANS

编程格式:

TRANS X_ Y_ Z_ (单独程序段)

TRANS:零点偏移,绝对值, 以当前有效的、用 G54 ~ G59 设定的工件零点为基准。

ATRANS 与 TRANS 相同,但是有附加的零点偏移。

X、Y、Z:给定的几何轴方向的偏移坐标值。

使用 TRANS/ATRANS,可以对所有的坐标轴和定位轴在所给定方向编程零点偏移。由此可以使用可更换的零点进行加工。平面及空间零点偏移如图 4.1 所示。

编程举例:

对图 4.2 中轮廓利用零点偏移进行编程。

```
JX402
N10 G17 G54             ;
N20 G0 X0 Y0 Z2         ;
N30 TRANS X20 Y20       ;绝对偏移
```

```
N40 L20                    ;调用子程序
N50 TRANS X70 Y20          ;绝对偏移
N60 L20                    ;调用子程序
N70 M30                    ;程序结束
```

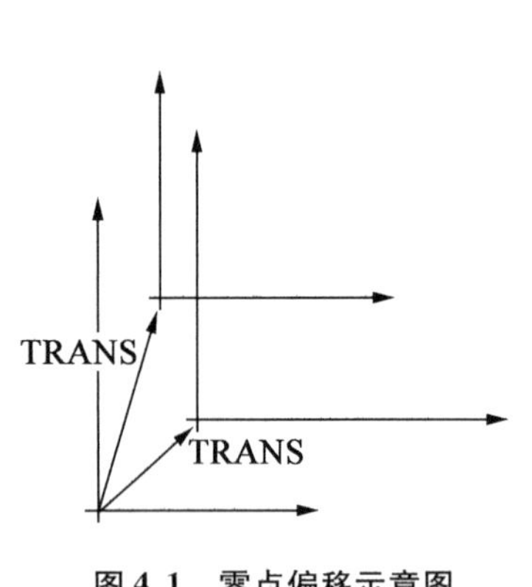

图 4.1 零点偏移示意图

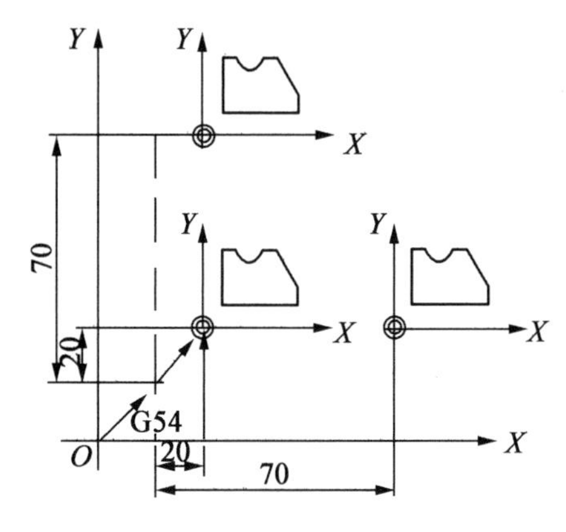

图 4.2 零点偏移编程

2. **旋转** ROT、AROT

编程格式:

```
ROTX_ Y_ Z_;
ROT RPL = ......;
AROT X_ Y_ Z_;
AROT RPL = ......;
```

所有指令必须在独立的程序段中编程。

ROT:绝对旋转,以当前用 G54 ~ G59 设定的工件零点为基准。

AROT:附加旋转,以当前设定的或者编程的零点为基准。

X、Y、Z:旋转轴。

RPL:平面中旋转的角度(平面用 G17 ~ G19 设定)。

使用 ROT/AROT,工件坐标系可以围绕几何轴 *X*、*Y*、*Z* 中的一个进行旋转,或者在所选择的工作平面 G17 ~ G19 中(或者垂直方向的进刀轴)围绕角度 RPL 进行旋转。这样,就可以在一个同样的装夹位置对斜置平面进行加工,或者对几个工件面进行加工。确定正向转角:观察坐标轴的正向,顺时针旋转。平面与空间旋转如图 4.3、图 4.4 所示。

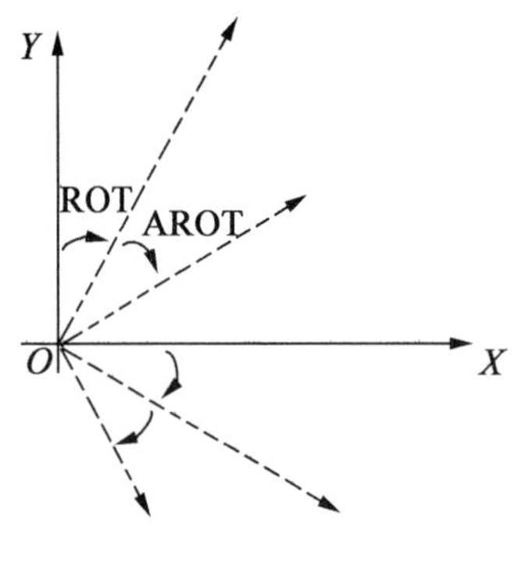

图 4.3 平面旋转示意图

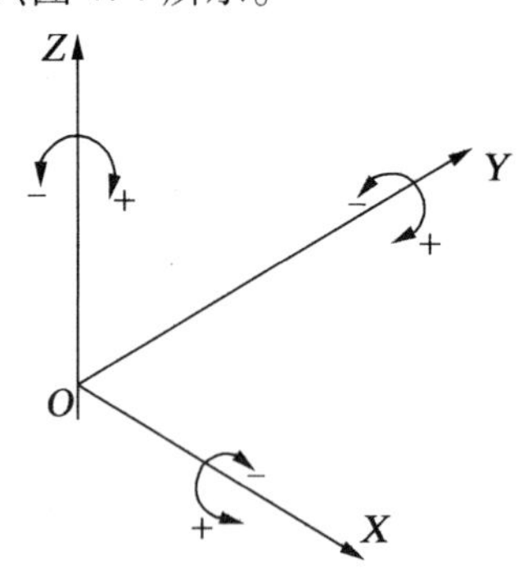

图 4.4 空间旋转示意图

编程举例：

利用平面旋转对图 4.5 轮廓进行编程。

```
JX405
N10 G17 G54             ;建立工作平面 XY,工件零点设置
N20 TRANS X30 Y15       ;绝对偏移
N30 L20                 ;调用子程序
N40 TRANS X75 Y50       ;绝对偏移
N50 AROT RPL =45        ;坐标系旋转 45°
N60 L20                 ;调用子程序
N70 TRANS X30 Y55       ;绝对偏移
N80 AROT RPL =60        ;附加旋转 60°
N90 L20                 ;调用子程序
N100 G0 X100 Y100       ;快速移动
N110 M30                ;程序结束
```

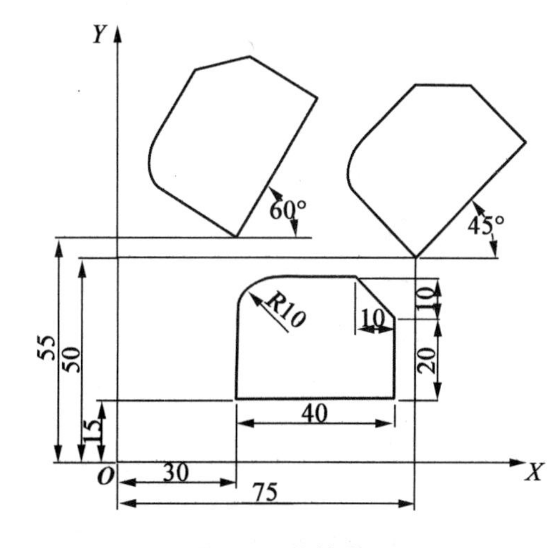

图 4.5　旋转编程

3. 缩放 SCALE、ASCALE

编程格式：

SCALE X_ Y_ Z_（在独立程序段中编程）

ASCALE X_ Y_ Z_（在独立程序段中编程）

SCALE：绝对放大/缩小，以当前有效的、用 G54 ~ G59 设定的坐标系为基准。

ASCALE：附加放大/缩小，以当前有效的、设定的或者编程的坐标系为基准。

X、Y、Z：在所给定的几何轴方向的比例系数。

使用 SCALE/ASCALE，可以对所有的坐标轴、同步轴和定位轴在所给定轴方向编程比例系数。由此可以编程几何形状相似的轮廓或者不同收缩率的材料。缩放如图 4.6 所示。

编程举例：

利用缩放编程图 4.7 轮廓。

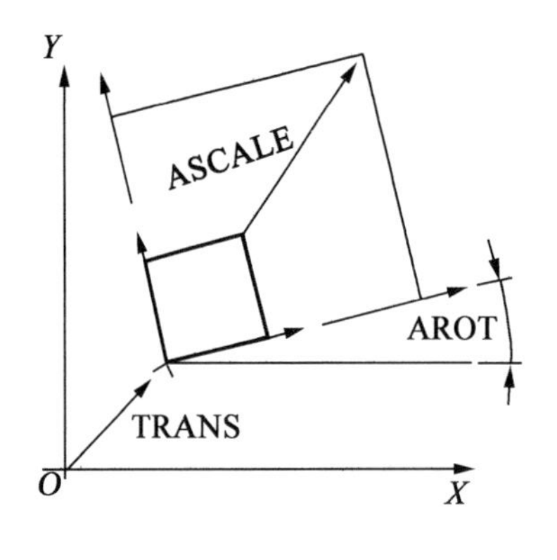

图 4.6 缩放示意图

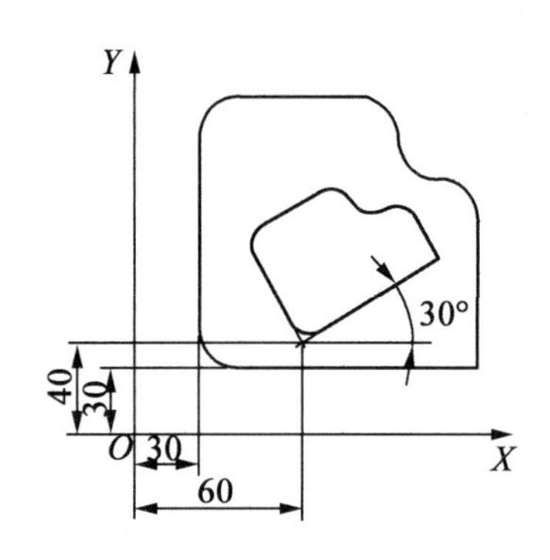

图 4.7 缩放编程

```
JX407
N10 G17 G54             ;建立工作平面 XY,工件零点设置
N20 TRANS X30 Y30       ;绝对偏移
N30 L20                 ;加工大的凹槽
N40 TRANS X60 Y40       ;绝对偏移
N50 AROT RPL=30         ;平面中旋转 30°
N60 ASCALE X0.6 Y0.6    ;比例系数,用于较小的凹槽
N70 L20                 ;加工小的凹槽
N80 G0 X300 Y100 M30    ;快速移动,程序结束
```

4. **镜像** MIRROR、AMIRROR

编程格式:

MIRROR X0 Y0 Z0 (在独立的 NC 程序段中编程)

AMIRROR X0 Y0 Z0 (在独立的 NC 程序段中编程)

MIRROR:绝对镜像,以当前有效的、用 G54 ~ G599 设定的坐标系为基准。

AMIRROR:附加镜像,以当前有效的、设定的或者编程的坐标系为基准。

X、Y、Z:坐标轴。

使用 MIRROR/AMIRROR 可以镜像坐标系中的工件形状。在调用子程序编程的镜像后,所有的运行均执行镜像功能。

附加指令 AMIRROR X _Y_ Z_,要求以当前的转换为基础建立一个镜像,用 AMIRROR 编程。当前设定的或者最后编程的坐标系作为基准。镜像如图 4.8 所示。

取消镜像格式:

MIRROR

编程举例:

利用镜像功能加工如图 4.9 所示零件轮廓,工件零点位于轮廓中心。

```
JX409
N10 G17 G54             ;工作平面 XY,工件零点
```

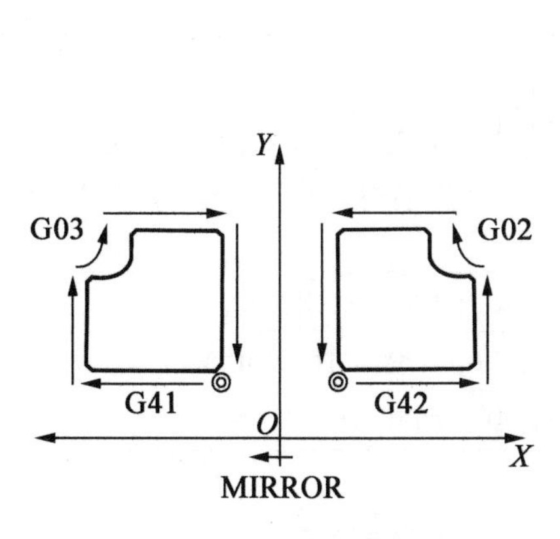

图 4.8　镜像示意图

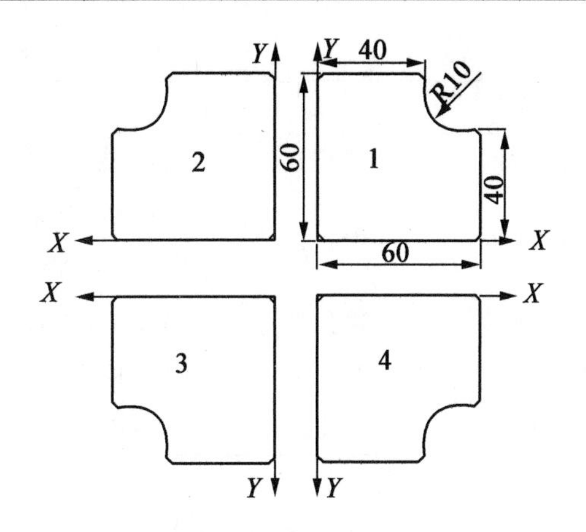

图 4.9　镜像编程

```
N20 T1
N30 M6
N40 L20                    ;右上方的第一个轮廓被加工
N50 MIRROR Y0              ;Y 轴镜像
N60 L20                    ;加工轮廓 2
N70 AMIRROR Y0             ;X 轴镜像
N80 L20                    ;加工轮廓 3
N90 MIRROR Y0              ;X 轴镜像
N100 L20                   ;加工轮廓 4
N110 MIRROR                ;取消镜像
N120 G0 X200 Y200 M30      ;程序结束
```

4.2.3　循环编程指令

SIEMENS 810D 数控系统循环编程指令包括钻削、镗削循环指令，孔组合循环指令，铣削循环指令等。各循环指令分别见表 4.2、表 4.3、表 4.4。

表 4.2　SIEMENS 810D 数控系统加工中心钻镗循环

指令	意义	格式
MCALL	呼叫循环	
CYCLE81	钻削，定中心	CYCLE81 (RTP, RFP, SDIS, DP, DPR)
CYCLE82	钻孔，锪平面	CYCLE82 (RTP,RFP, SDIS, DP, DPR, DTB)
CYCLE83	深孔钻削	CYCLE83 (RTP, RFP, SDIS, DP, DPR, FDEP, FDPR, DAM, DTB, DTS, FRF, VARI,_AXN, _MDEP, _VRT, _DTD, _DIS1)
CYCLE84	不带补偿衬套攻丝	CYCLE84 (RTP, RFP, SDIS, DP, DPR, DTB, SDAC, MPIT, PIT, POSS, SST,SST1, _AXN, _PTAB, _TECHNO, _VARI, _DAM, _VRT)
CYCLE840	带补偿夹具攻丝	CYCLE840 (RTP, RFP, SDIS, DP, DPR, DTB, SDR, SDAC, ENC, MPIT, PIT - AXN,_PTAB, _TECHNO)

续表 4.2

指令	意义	格式
CYCLE85	镗孔 1	CYCLE85（RTP, RFP, SDIS, DP, DPR, DTB, FFR, RFF）
CYCLE86	镗孔 2	CYCLE86（RTP, RFP, SDIS, DP, DPR, DTB, SDIR, RPA, RPO, RPAP, POSS）
CYCLE87	镗孔 3	CYCLE87（RTP, RFP, SDIS, DP, DPR, SDIR）
CYCLE88	镗孔 4	CYCLE88（RTP, RFP, SDIS, DP, DPR, DTB, SDIR）
CYCLE89	镗孔 5	CYCLE89（RTP, RFP, SDIS, DP, DPR, DTB）

表 4.3　SIEMENS 810D 数控系统加工中心孔组合循环

指令	意义	格式
HOLES1	排孔加工	HOLES1（SPCA, SPCO, STA1, FDIS, DBH, NUM）
HOLES2	圆弧排列孔加工	HOLES2（CPA, CPO, RAD, STA1, INDA, NUM）
CYCLE801	点阵排列孔加工	CYCLE801（_SPCA, _SPCO, _STA, _DIS1, _DIS2, _NUM1, _NUM2）

表 4.4　SIEMENS 810D 数控系统加工中心铣削循环

指令	意义	格式
LONGHOLE	圆弧排列 长方形孔铣削	LONGHOLE（RTP, RFP, SDIS, DP, DPR,NUM, LENG, CPA, CPO, RAD, STA1, INDA,FFD, FFP1, MID）
SLOT1	圆弧排列键槽铣削	SLOT1（RTP, RFP, SDIS, DP, DPR, NUM, LENG, WID, CPA, CPO, RAD, STA1, INDA, FFD, FFP1, MID, CDIR, FAL, VARI, MIDF, FFP2, SSF, _FALD, _STA2）
SLOT2	圆弧键槽铣削	SLOT2（RTP, RFP, SDIS, DP, DPR, NUM, AFSL, WID, CPA, CPO, RAD, STA1, INDA, FFD, FFP1, MID, CDIR, FAL, VARI, MIDF, FFP2, SSF, _FFCP）
POCKET1	矩形槽铣削 1	POCKET1（RTP, RFP, SDIS, DP, DPR, LENG, WID, CRAD, CPA, CPD, STA1, FFD,FFP1, MID, CDIR, FAL, VARI, MIDF, FFP2, SSF）
POCKET2	弧形槽铣削 1	POCKET2（RTP, RFP, SDIS, DP, DPR, PRAD, CPA, CPO, FFD, FFP1, MID, CDIR,FAL, VARI, MIDF, FFP2, SSF）
POCKET3	矩形槽铣削 2	POCKET3（_RTP, _RFP, _SDIS, _DP, _LENG, _WID, _CRAD, _PA, _PO, _STA, _MID,_FAL, _FALD, _FFP1, _FFD, _CDIR, _VARI, _MIDA, _AP1, _AP2, _AD, _RAD1,_DP1）
POCKET4	弧形槽铣削 2	POCKET4（_RTP, _RFP, _SDIS, _DP, _PRAD, _PA, _PO, _MID, _FAL, _FALD,_FFP1, _FFD, _CDIR, _VARI, _MIDA, _AP1, _AD, _RAD1, _DP1）

续表 4.4

指令	意义	格式
CYCLE71	铣平面	CYCLE71 (_RTP, _RFP, _SDIS, _DP, _PA, _PO, _LENG, _WID, _STA,_MID, _MIDA,_FDP, _FALD, _FFP1, _VARI, _FDP1)
CYCLE72	轮廓铣削	CYCLE72 (_KNAME, _RTP, _RFP, _SDIS, _DP, _MID, _FAL, _FALD, _FFP1, _FFD,_VARI, _RL, _AS1, _LP1, _FF3, _AS2, _LP2)
CYCLE76	矩形轴颈铣削	CYCLE76 (_RTP, _RFP, _SDIS, _DP, _DPR, _LENG, _WID, _CRAD, _PA, _PO,_STA, _MID, _FAL, _FALD, _FFP1, _FFD, _CDIR, _VARI, _AP1, _AP2)
CYCLE77	圆弧轴颈铣削	CYCLE77 (_RTP, _RFP, _SDIS, _DP, _DPR, _PRAD, _PA, _PO, _MID, _FAL,_FALD, _FFP1, _FFD, _CDIR, _VARI, _AP1)

1. 钻削循环

(1)钻孔 CYCLE81。

编程格式:

```
CYCLE81(RTP,RFP,SDIS,DP,DPR)
```

钻孔如图 4.10 所示。

RTP:退回平面(绝对坐标)。

RFP:基准面(绝对坐标)。

SDIS:进刀深度(无符号)。

DP:孔底深度(绝对坐标)。

DPR:相对于基准面底孔底深度(无符号)。

钻孔循环参数说明如图 4.11 所示。

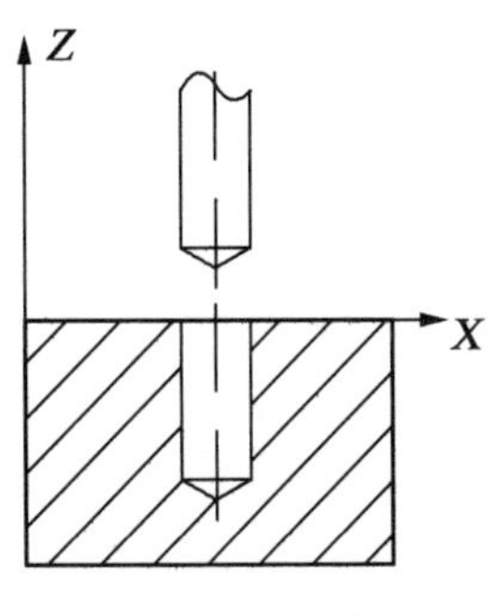

图 4.10　钻孔示意图

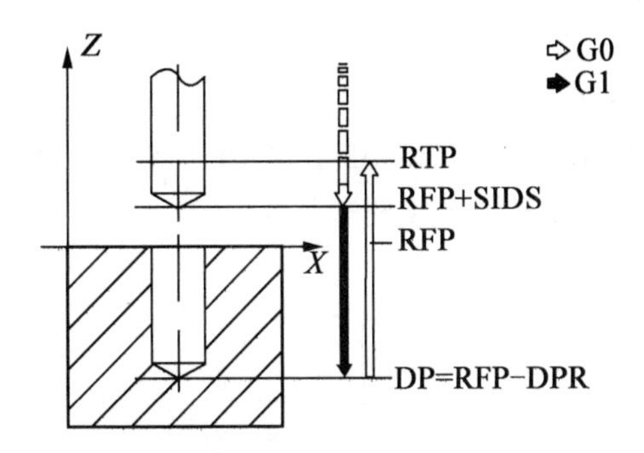

图 4.11　钻孔循环参数说明

刀具以编程的主轴转速和进给速度钻削至给定的钻削深度。

编程举例:

钻孔零件尺寸如图 4.12 所示。

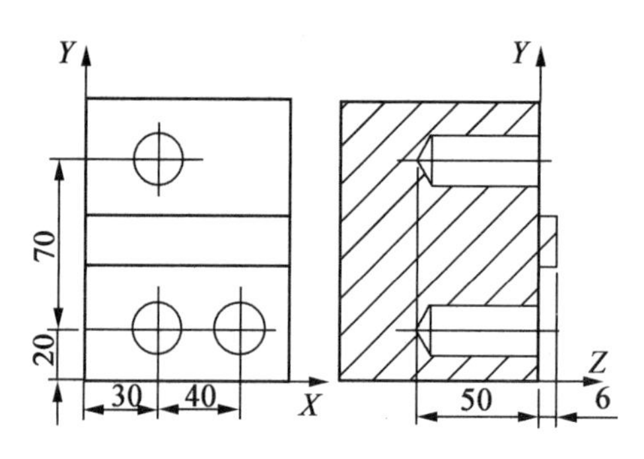

图 4.12 钻孔循环编程

```
JX412
N10 F300 S600 M3                              ;确定工艺数值
N20 G0 D1 T1 Z20                              ;
N30 M6                                        ;
N40 G0 G90 X30 Y90                            ;返回第一个钻削位置
N50 MCALL CYCLE81(10,0,10,-50,50)             ;循环调用
N60 MCALL                                     ;取消循环
N70 G0 Y20                                    ;返回到下一个钻削位置
N80 MCALL CYCLE81(10,0,10,-50,50)             ;循环调用
N90 G0 G90 F180 S300 M03                      ;确定工艺数值
N100 MCALL                                    ;取消循环
N110 G0 X70                                   ;返回到下一个位置
N120 MCALL CYCLE81(10,0,10,-50,50)            ;循环调用
N130 MCALL                                    ;取消循环
N140 M30                                      ;程序结束
```

(2)镗孔 CYCLE85。

编程格式:

```
CYCLE85 (RTP,RFP,SDIS,DP,DPR,DTB,FFR,RFF)
```

参数 RTP、RFP、SDIS、DP、DPR 参见 CYCLE81。

镗孔循环参数说明如图 4.13 所示。

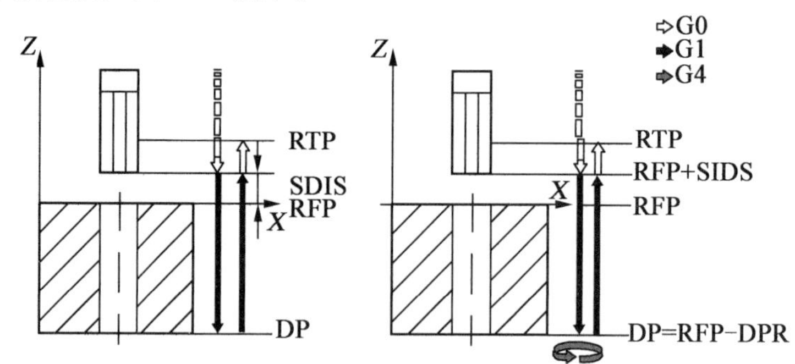

图 4.13 镗孔循环参数说明

DTB:在钻孔底部的停留时间(断屑)。

FFR:进给率。

RFF:退回进给。

刀具以编程的主轴转速和进给速度钻削,直至输入的钻削深度。分别以相应参数 FFR 和 RFF 中规定的进给率进行向内运动和向外运动。该循环可以用于铰孔(研磨)。

CYCLE85 必须在一个单独程序段中编程。

编程举例:

调用循环 CYCLE85 镗孔,工件尺寸如图 4.14 所示。

```
JX414
DEF REAL FFR,RFF,RFP =5,DPR =25,SDIS =2                  ;参数定义,赋值
N10 FFR =200 RFF =1.5 * FFR S600 M4                      ;确定工艺数值
N20 G0 G17 T1 D1 Z70 X50 Y15                             ;返回钻削位置
N30 M6
N40 MCALL CYCLE85 (RFP +3,RFP,SDIS, ,DPR, , FFR,RFF) ;循环调用
N50 MCALL                                                ;取消循环
N60 M30                                                  ;程序结束
```

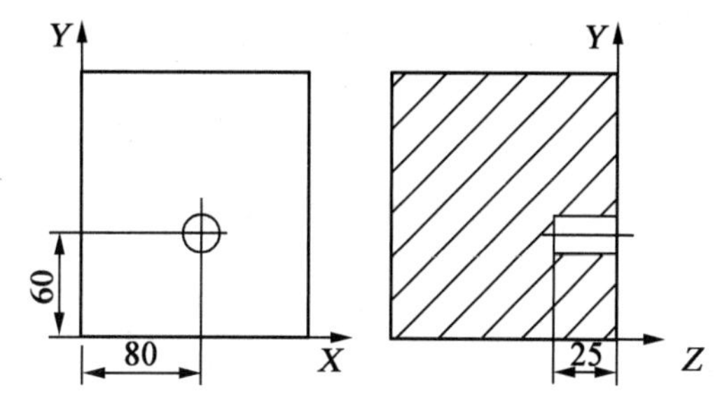

图 4.14　镗孔循环编程

2. 排孔加工

(1)排孔循环 HOLES1。

编程格式:

```
HOLES1 (SPCA,SPCO,STA1,FDIS,DBH,NUM)
```

排孔如图 4.15 所示。排孔循环参数说明如图 4.16 所示。

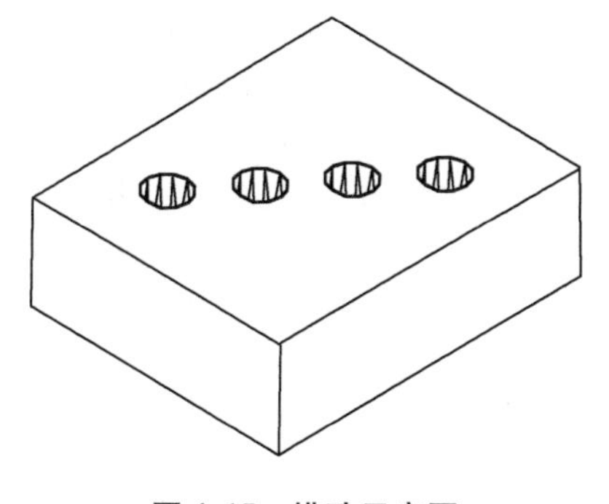

图 4.15　排孔示意图

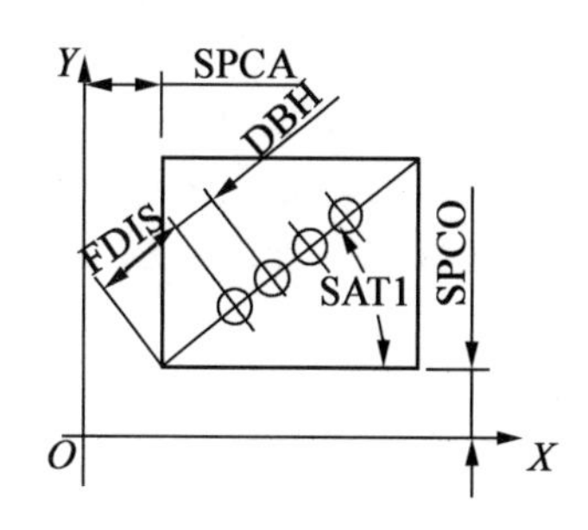

图 4.16　排孔循环参数说明

SPCA:直线上参考点横坐标(绝对值)。

SPCO:参考点纵坐标(绝对值)。

STA1:与横坐标的夹角。值范围为 $-180° < STA1 \leqslant 180°$。

FDIS:第一个钻孔与参考点的距离(不输入符号)。

DBH:两个钻孔之间的距离(无符号)。

NUM:变量,钻孔个数。

使用该循环可以完成一系列的钻孔,它们位于一条直线上,或者成为一个钻孔栅格。孔的类型由事先模态选择的钻削循环确定。HOLES1 必须在一个单独程序段中编程。

编程举例:

排孔加工,加工如图 4.17 所示零件排孔,尺寸如图所示,孔深为 80 mm。

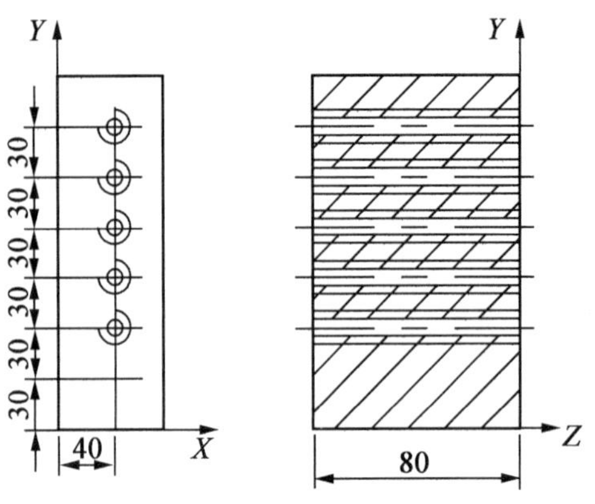

图 4.17 排孔循环编程

```
JX417
DEF REAL RFP =0,DP =80,RTP =15
DEF REAL SDIS,FDIS
DEF REAL SPCA =40,SPCO =30,STA1 =0,DBH =30
DEF INT NUM =5                                        ;参数定义,赋值
N10 SDIS =3 FDIS =30                                  ;安全距离的值和第一个孔到参考点
                                                       之间的距离值
N20 G90 F30 S500 M3 D1 T1                             ;确定工艺数值,用于加工截面
N30 G17 G0 X30 Y20 Z15                                ;返回运行到起始位置
N40 MCALL CYCLE81 (RTP,RFP,SDIS,DP)                   ;模态调用钻削循环
N50 HOLES1 (SPCA,SPCO,STA1,FDIS,DBH,NUM)              ;调用排孔循环
N60 MCALL                                             ;撤销选择模态调用
N70 G90 G0 X30 Y120 Z115                              ;返回到第 5 个钻孔旁的位置
N80 MCALL CYCLE84 (RTP,RFP,SDIS,DP, ,3, ,4.2, , ,400) ;模态调用攻丝循环
N90 HOLES1 (SPCA,SPCO,STA1,FDIS,DBH,NUM)              ;调用成排孔循环
N100 MCALL                                            ;撤销选择模态调用
N110 M30                                              ;程序结束
```

(2)圆弧排列孔加工 HOLES2。

编程格式:

```
HOLES2 (CPA, CPO, RAD,STA1, INDA, NUM)
```

圆弧排列孔如图 4.18 所示。圆弧排列孔循环参数说明如图 4.19 所示。

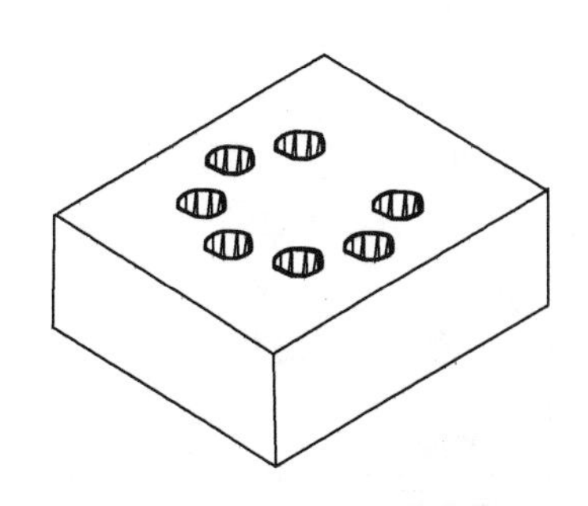

图 4.18　圆弧排列孔示意图

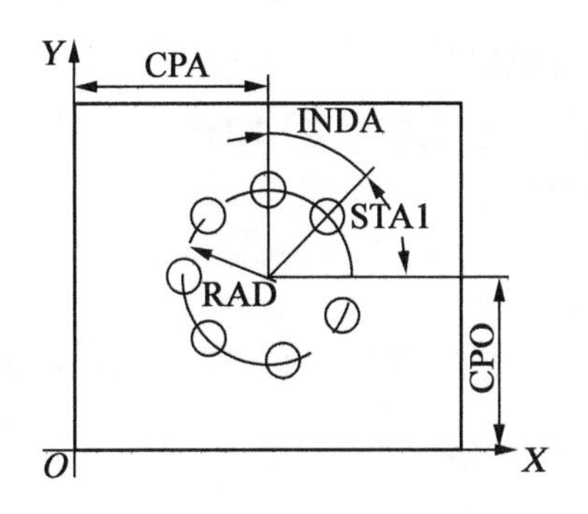

图 4.19　圆弧排列孔循环参数说明

CPA:圆弧孔的圆心,横坐标(绝对坐标)。

CPO:孔圆弧圆心,纵坐标(绝对坐标)。

RAD:圆弧孔半径(不输入符号)。

STA1:起始角。值范围为 $-180° < STA1 \leq 180°$。

INDA:增量角度。

NUM:变量。钻孔个数。

使用该循环可以加工一个圆弧排列孔。加工平面须在调用该循环之前确定。HOLES2 必须在一个单独程序段中编程。

编程举例:

使用 CYCLE82 加工如图 4.20 所示零件,深度为 40 mm 的 4 个孔,圆心(80,60)、半径为 40 mm,起始角为 45°,安全距离为 2 mm。

```
JX420
DEF REAL CPA = 80,CPO = 60,RAD = 40,STA1 = 45
DEF INT NUM = 4                                  ;参数定义,赋值
N10 G90 F160 S800 M3 D1 T22                      ;确定工艺参数
N20 G17 G0 X50 Y45 Z2                            ;到起始位置
N30 MCALL CYCLE82 (2, 0,2, ,40)                  ;调用循环
N40 HOLES2 (CPA, CPO, RAD, STA1, , NUM)          ;调用圆弧排列孔循环
N50 MCALL                                        ;撤销选择模态调用
N60 M30                                          ;程序结束
```

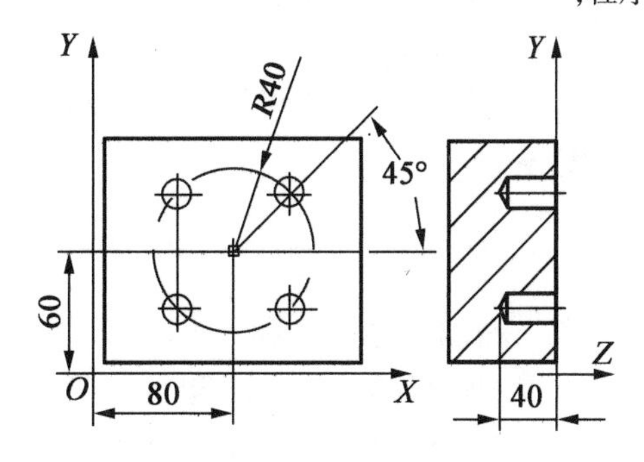

图 4.20　圆弧排列孔循环编程

3. 铣削循环

(1)矩形槽铣削 POCKET1。

编程格式:

```
POCKET1(RTP,RFP,SDIS,DP,DPR,LENG,WID,CRAD,CPA,CPO,STA1,FFD,FFP1,MID,CDIR,
FAL,VARI,MIDF,FFP2,SSF)
```

矩形槽铣削如图 4.21 所示。矩形槽铣削循环参数说明如图 4.22 所示。

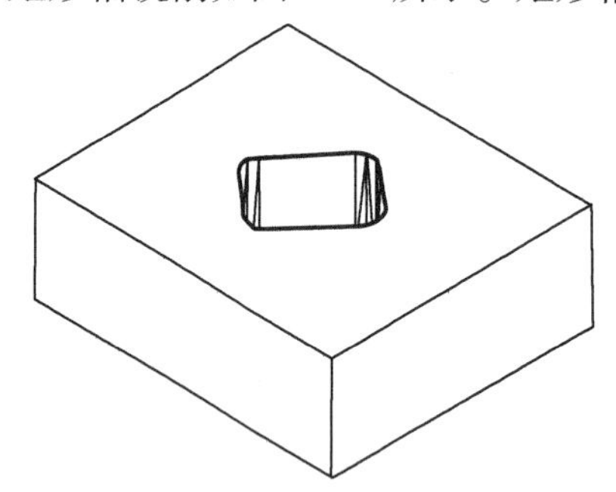

图 4.21 矩形槽铣削示意图

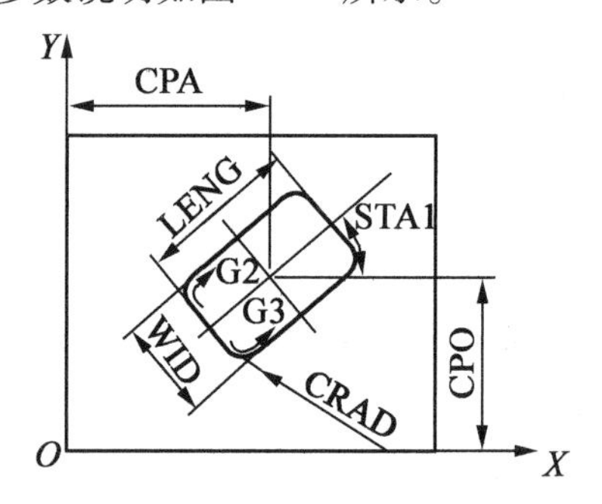

图 4.22 矩形槽铣削循环参数说明

参数 RTP、RFP、SDIS 参见 CYCLE81。

DP:凹槽深度(绝对坐标)。

DPR:相对于基准面的槽深度(不输入符号)。

LENG:凹槽长度(不输入符号)。

WID:凹槽宽度(不输入符号)。

CRAD:拐角半径(不输入符号)。

CPA:凹槽中心点,横坐标(绝对坐标)。

CPO:凹槽中心点,纵坐标(绝对坐标)。

STA1:纵向轴和横坐标之间的夹角。值范围为 0°≤STA1 <180°。

FFD:深度方向的进给。

FFP1:表面加工的进给。

MID:一个横向进给的最大进刀深度(不输入符号)。

CDIR:变量,槽加工的铣削方向,值 2 用于 G2;3 用于 G3。

FAL:槽边缘的精加工余量(不输入符号)。

VARI:变量,加工方式,值 0 为综合加工;1 为粗加工;2 为精加工。

MIDF:精加工最大进刀深度。

FFP2:精加工进给。

SSF:精加工时速度。

该循环是一个组合的粗加工—精加工循环。利用该循环可以加工平面中任意位置的矩形槽。

编程举例:

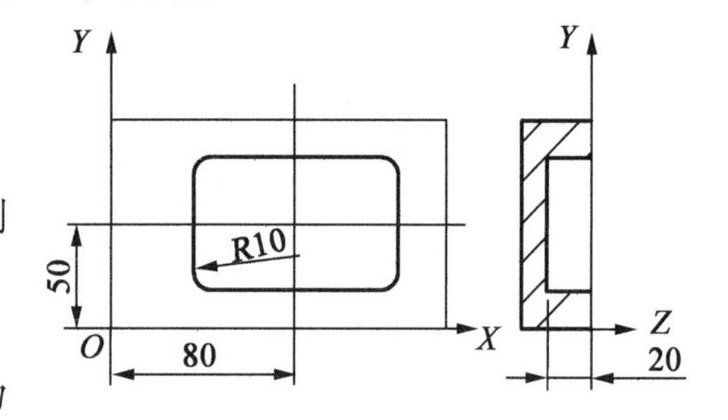

图 4.23 矩形槽铣削循环编程

矩形凹槽加工如图 4.23 所示。凹槽长度为 80 mm,宽度为 50 mm,拐角半径为 10 mm,深度为 20 mm(基准面和槽底的距离)。凹槽在 X 轴方向角度为 0°。凹槽边缘的精加工余量为

0.75 mm，安全距离在 Z 轴方向距基准平面为 0.5 mm。凹槽中心点位于(80，50)，最大深度进刀为 4 mm。仅进行一次粗加工。POCKET1 必须在一个单独程序段中编程。

```
JX423
DEF REAL LENG, WID, DPR, CRAD
DEF INT VARI                                    ;变量定义
N10 LENG = 80 WID = 50 DPR = 20 CRAD = 10
N20 VARI = 1                                    ;赋值
N30 G90 S800 M4                                 ;确定工艺数值
N40 T1 D1
N50 M6
N60 G17 G0 X60 Y40 Z5                           ;返回运行到出发位置
N70 POCKET1 (5, 0, 0.5, , DPR, LENG, WID, CRAD, 80, 50, 0, 120, 400, 4, 2,0.75,VARI)
                                                ;循环调用,删除参数 MIDF、FFP2 和 SSF
N60 M30                                         ;程序结束
```

(2)环形凹槽的铣削 POCKET2。

编程格式：

POCKET2(RTP, RFP, SDIS, DP, DPR, PRAD, CPA, CPO, FFD, FFP1, MID, CDIR, FAL, VARI, MIDF, FFP2, SSF)

环形槽铣削如图 4.24 所示。环形槽铣削循环参数说明如图 4.25 所示。

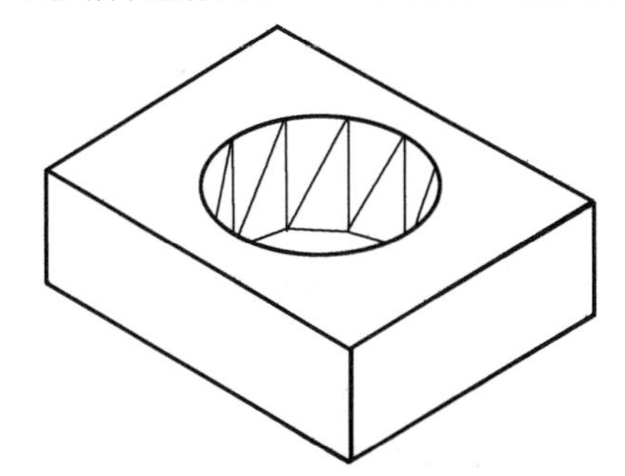

图 4.24　环形槽铣削示意图

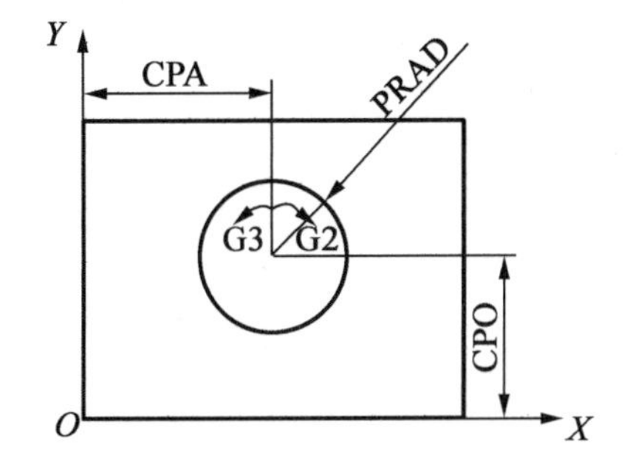

图 4.25　环形槽铣削循环参数说明

参数 RTP、RFP、SDIS 参见 CYCLE81。

DP：凹槽深度(绝对坐标)。

DPR：相对于基准面的槽深度(无符号)。

PRAD：凹槽半径(无符号)。

CPA：凹槽中心点，横坐标(绝对坐标)。

CPO：凹槽中心点，纵坐标(绝对坐标)。

FFD：深度方向的进给。

FFP1：表面加工的进给。

MID：一个横向进给的最大进刀深度(无符号)。

CDIR：变量，槽加工的铣削方向，值 2 用于 G2；3 用于 G3。

FAL：槽边缘的精加工余量(无符号)。

VARI：变量，加工方式，值 0 为综合加工；1 为粗加工；2 为精加工。

MIDF：精加工最大进刀深度。

FFP2:精加工进给。

SSF:精加工时速度。

该循环是一个组合的粗、精加工循环。使用该循环可以在加工平面中加工环形凹槽。POCKET2 必须在一个单独程序段中编程。

编程举例:

在 *YZ* 平面加工一个环形凹槽。凹槽尺寸如图 4.26 所示,槽深以绝对值给定。无精加工余量,安全距离为零。

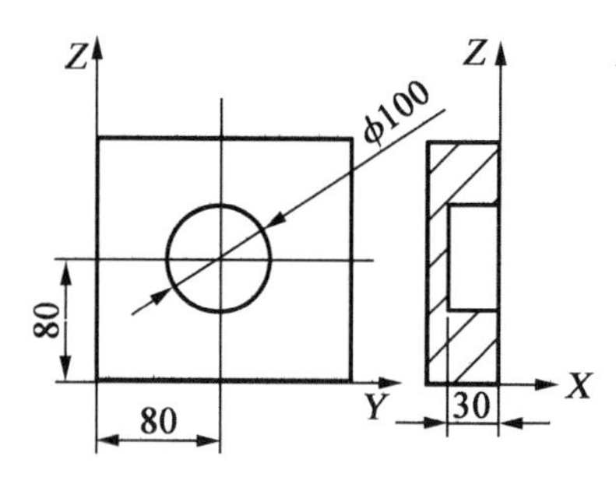

图 4.26 环形槽铣削循环编程

```
JX426
DEF REAL RTP =3, RFP =0, DP = -30,PRAD =50, FFD =100, FFP1, MID =6
N10 FFP1 =FFD *2                                ;变量定义,赋值
N20 G19 G90 G0 S650 M3                          ;确定工艺数值
N30 T10 D1
N40 M6
N50 Y50 Z50                                     ;返回运行到出发位置
N60 POCKET2 (RTP,RFP, ,DP, ,PRAD,50,50,FFD,FFP1,MID,3,)
                                                ;循环调用,删除参数 FAL、VARI、MIDF、
                                                 FFP2 和 SSF
N70 M30                                         ;程序结束
```

(3)平面铣削 CYCLE71。

平面铣削参数及循环参数说明如图 4.27 所示。

编程格式:

CYCLE71 (_RTP, _RFP, _SDIS, _DP, _PA, _PO, _LENG, _WID, _STA, _MID, _MIDA, _FDP, _FALD, _FFP1, _VARI, _FDP1)

参数_RTP、_RFP、_SDIS 参见 CYCLE81。

参数_STA、_MID、_FFP1 参见 POCKET3。

_DP:深度(绝对坐标)。

_PA:起始点,横坐标(绝对坐标)。

_PO:起始点,纵坐标(绝对坐标)。

_LENG:矩形在第一轴上的长度,增量。由符号给出此角(由此角标注尺寸)。

_WID:矩形在第二轴上的长度,增量。由符号给出此角(由此角标注尺寸)。

_MIDA:在平面中进行剥离时最大的进刀宽度,作为数值(无符号)。

_FDP:切削方向空运行行程(增量,无符号)。

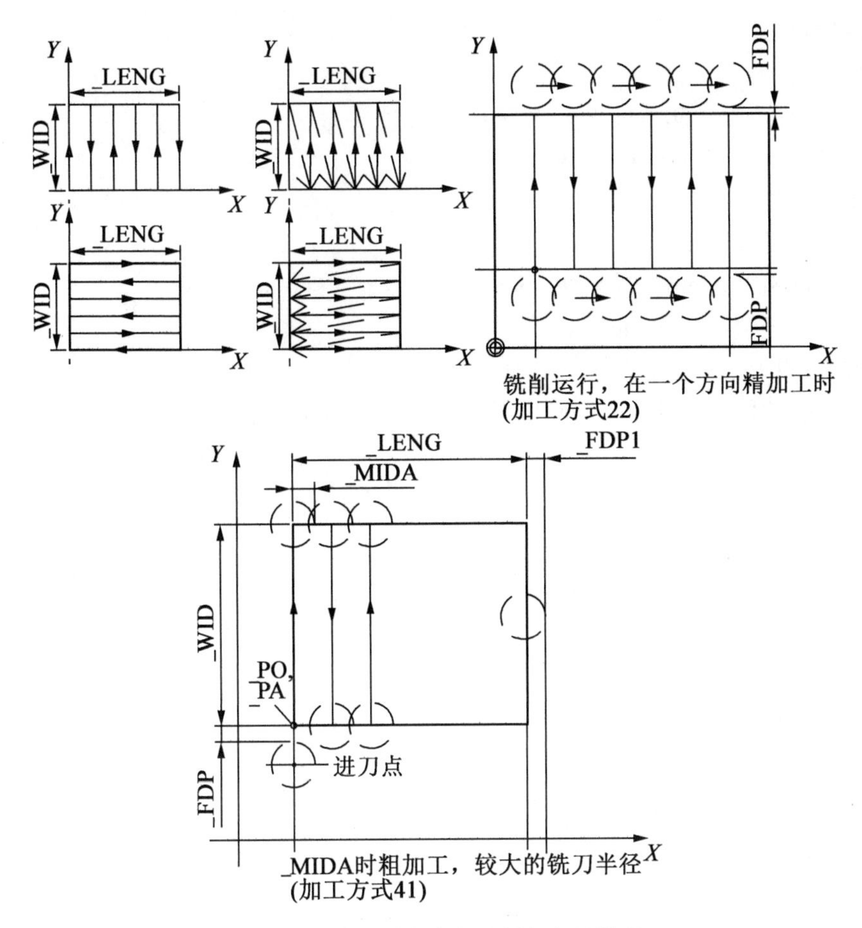

图 4.27　平面铣削参数及循环参数说明

_FALD:深度方向精加工余量(增量,无符号),在精加工方式中_FALD 表示平面中的剩余材料。

_VARI:变量,加工方式(无符号)。

个位:值 1 粗加工;2 精加工。

十位:值 1 平行于横坐标,在一个方向;2 平行于纵坐标,在一个方向;3 平行于横坐标,方向交替;4 平行于纵坐标,方向交替。

_FDP1:在平面横向进给方向溢出行程(增量,无符号)。

使用循环 CYCLE71 可以铣削任意一个矩形平面。该循环区分粗加工(分几步对平面进行粗加工,直至精加工余量)和精加工(对平面进行一次铣削)。在宽度和深度方面可以规定最大的进刀。该循环不带铣刀半径补偿进行加工。空运行时执行深度进刀。CYCLE71 必须在一个单独程序段中编程。

编程举例:

表面平面铣削,循环调用参数:

退回平面:10 mm;

基准面:0 mm;

安全距离:2 mm;

最大铣削深度:-10 mm;

进给深度:5 mm;
无精加工余量;
矩形的起始点:$X=150$ mm,$Y=150$ mm;
矩形尺寸:$X=+50$ mm,$Y=+30$ mm;
平面中旋转角:10°;
最大进刀宽度:10 mm;
在铣削轨迹结束处的空运行行程:5 mm;
表面加工的进给:2 000 mm/min;
加工方式:粗加工平行于 X 轴,在交替的方向;
最后切削的超程几何量为 2 mm,程序用 CYCLE71 进行平面铣削。

```
JX427
N10 T1
N20 M06
N30 G17 G0 G90 G54 F2000 X0 Y0 Z20                                  ;返回到出发位置
N40 CYCLE71( 10,0,2,-10,150,150,50,30,10,5,10,5,0,2000,31,2)        ;循环调用
N50 G0 X0 Y0
N60 M30                                                             ;程序结束
```

4. 其他循环编程

(1)钻削循环。

①钻削,锪平面 CYCLE82。

编程格式:

```
CYCLE82 (RTP, RFP, SDIS, DP, DPR, DTB)
```

锪平面如图 4.28 所示,锪平面循环参数说明如图 4.29 所示。

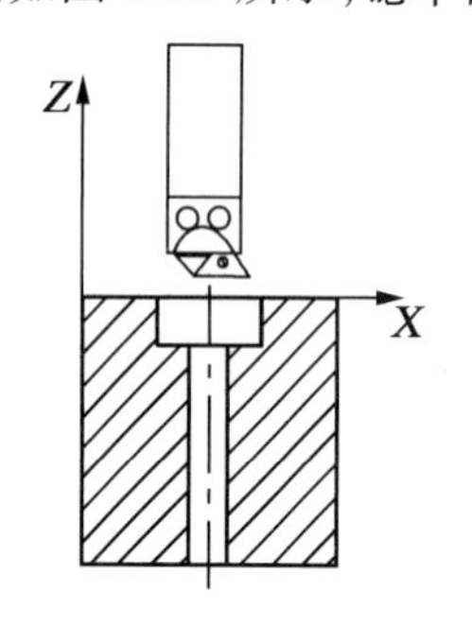

图 4.28　锪平面示意图

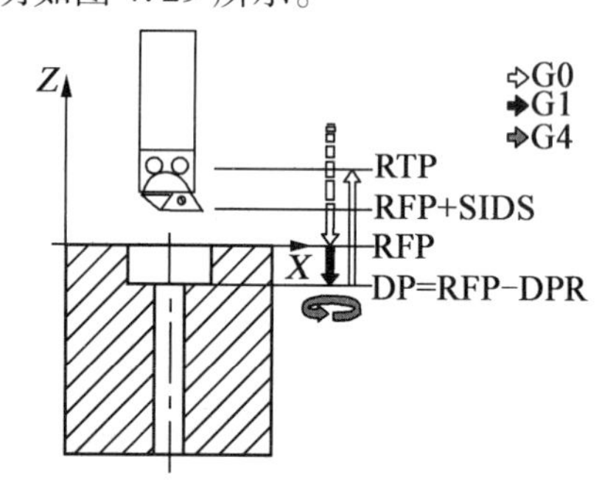

图 4.29　锪平面循环参数说明

参数 RTP、RFP、SDIS、DP、DPR 参见 CYCLE81。

DTB:停留时间,在 DTB 下编程钻孔底部(断屑)的停留时间,单位秒。

编程举例:

在 XY 平面(50,30)位置处,使用循环 CYCLE82 锪平面,如图 4.30 所示。深度为 25 mm,停

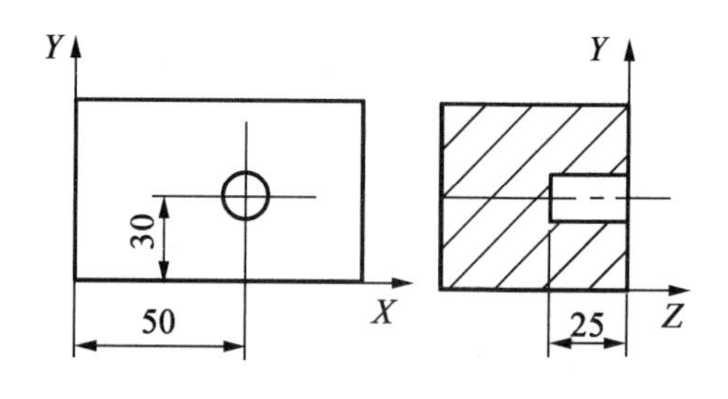

图 4.30　锪平面循环编程

留时间为 3 s,在钻削轴 Z 上安全距离为 2 mm。

```
N10 G90 F100 S500 M3
N20 G0 D1 T1 Z10
N30 M6
N40 X50 Y30
N50 CYCLE82 (10, 0, 2, -25,25 , 3)      ;循环调用
N60 M30                                  ;程序结束
```

②深孔钻削 CYCLE83。

编程格式:

```
CYCLE83 (RTP, RFP, SDIS, DP, DPR, FDEP, FDPR, DAM, DTB, DTS, FRF, VARI,_AXN, _MDEP,
_VRT, _DTD, _DIS1)
```

深孔钻削如图 4.31 所示。深孔钻削循环参数说明如图 4.32 所示。

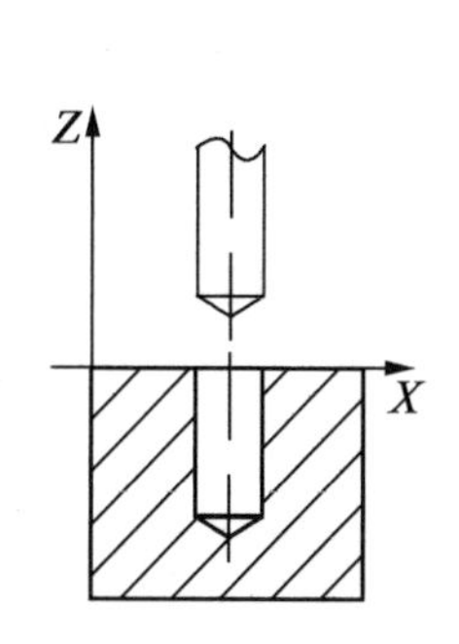

图 4.31　深孔钻削示意图

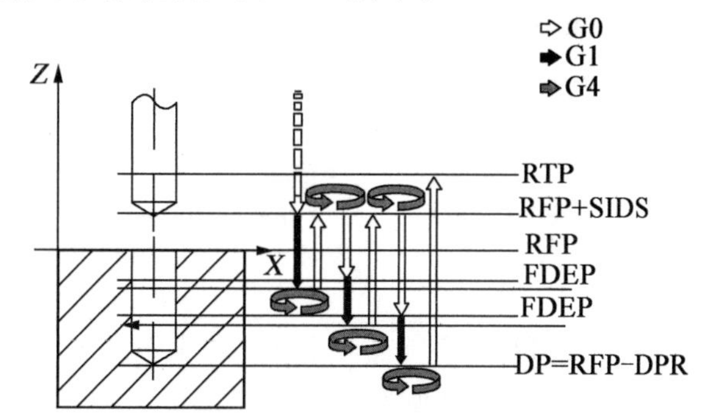

图 4.32　深孔钻削循环参数说明

参数 RTP、RFP、SDIS、DP、DPR 参见 CYCLE81。

FDEP:第一个钻孔深度(绝对坐标)。

FDPR:相对于基准面的第一个钻削深度(不输入符号)。

DAM:递减(不输入符号)。值 >0 递减量; <0 递减系数; =0 没有递减。

DTB:在钻孔底部的停留时间(断屑)。值 >0 单位秒; <0 单位转。

DTS:在起始处的停留时间,用于退刀排屑。值 >0 单位秒; <0 单位转。

FRF:进给系数,用于第一个钻削深度(不输入符号),值范围为 0.001 ~1。

VARI:加工方式,值 0 断屑;1 退刀排屑。

_AXN:工具轴。值 1 为 1. 几何轴;2 为 2. 几何轴;其他为第三个几何轴。

_MDEP:最小孔深。

_VRT:在断屑时(VARI =0)可变的退回量。值 >0 退回量; =0 退回量为 1 mm。

_DTD:在钻孔底部的停留时间。值 >0 单位秒; <0 单位转; =0 值如同 DTB。

_DIS1:在再次进入钻孔时可编程的移前距离(在断屑 VARI =1 时)。值 >0 可编程的值适用; =0 自动计算。

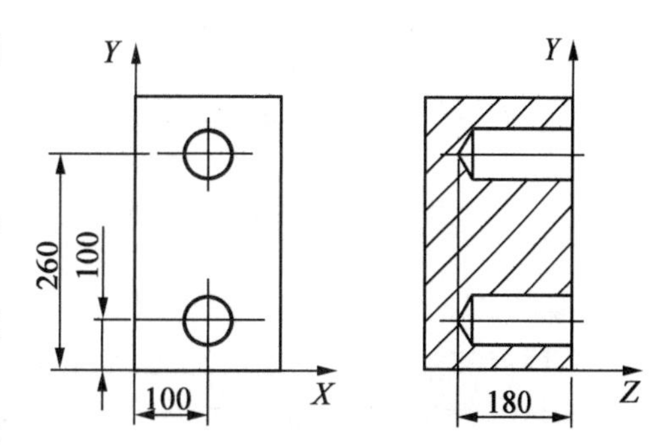

图 4.33　深孔钻削循环编程举例

编程举例：

在 *XY* 平面(80,120)和(80,60)处钻孔，如图 4.33 所示。第一个钻孔的停留时间为零，加工方式为断屑。孔底深度和第一个钻深按照绝对值说明，在第二次调用时编程 2 s 的停留时间。选择退刀排屑加工方式，孔底钻削深度相对于基准面给出。在两种情况下钻削轴均为 *Z* 轴。钻削行程通过一个递减系数计算，并且不应该小于 8 mm 的最小深度。

```
DEF:RTP =0, RFP =0, SDIS =1, DP = -180
DPR =180, FDEP =50, FDPR =50, DAM =20
DTB =2, FRF =1, VARI =0,
_VRT =0.8
_MDEP =10,_DIS1 =0.4                  ;参数定义
N10 G17 G90 F80 S600 M4
N20 G0 D1 T1 Z10
N30 X100 Y100
N40 CYCLE83 (RTP, RFP, SDIS, DP, ,FDEP, , DAM, , , FRF, VARI, , , _VRT);调用循环
N50 G0 X100 Y260
N60 DAM = -0.6 FRF =0.5 VARI =1       ;赋值
N70 CYCLE83 (RTP, RFP, SDIS, , DPR, , FDPR, DAM, DTB, , FRF, VARI, , _MDEP, ->, ,
_DIS1)                                ;调用循环
N80 M30                               ;程序结束
```

说明：CYCLE83 必须在一个程序段中编程。

③刚性攻丝 CYCLE84。

编程格式：

```
CYCLE84 (RTP, RFP, SDIS, DP, DPR, DTB, SDAC, MPIT, PIT, POSS, SST,SST1, _AXN, _PT-
AB, _TECHNO, _VARI, _DAM, _VRT)
```

刚性攻丝如图 4.34 所示。刚性攻丝循环参数说明如图 4.35 所示。

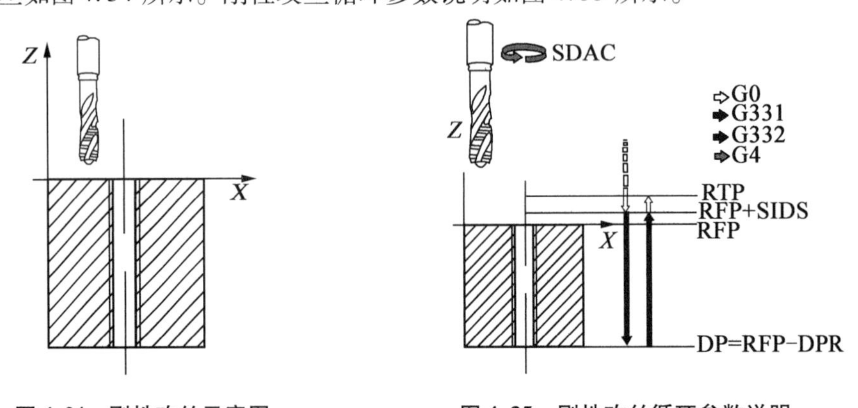

图 4.34 刚性攻丝示意图

图 4.35 刚性攻丝循环参数说明

参数 RTP、RFP、SDIS、DP、DPR 参见 CYCLE81。

DTB：在螺纹深度的停留时间(断屑)。

SDAC：循环结束后旋转方向。值 3、4 或者 5。

MPIT：螺距作为螺纹尺寸（带符号）。值范围为 3（用于 M3）~48（用于 M48），该符号确定螺纹中旋转方向。

PIT：螺距作为值（带符号）。值范围为 0.001 ~2000.000 mm，该符号确定螺纹中的旋转

方向。

当 _PTAB =0 或者 1 时,单位为毫米（如同目前一样）。当_PTAB =2 时,每英寸螺纹导程。

POSS:主轴位置,用于循环中定向主轴停(单位度)。

SST:攻丝时转速。

SST1:退回时转速。

_AXN:工具轴。值 1 为 1. 几何轴;2 为 2. 几何轴;其他为第三个几何轴。

_PTAB:求值螺距 PIT。值 0 相当于编程的尺寸系统英制/公制;1 螺距单位毫米;2 螺距,每英寸的螺纹导程;3 螺距,单位英寸/转。

_TECHNO:工艺设定。

个位:准停特性。值 0 如同调用循环之前编程;1 为 G601;2 为 G602;3 为 G603。

十位:预控制值。值 0 如同调用循环之前编程;1 为带预控制（FFWON);2 为不带预控制(FFWOF)。

百位:加速度。值 0 如同调用循环之前编程;1 为轴冲击限制加速度（SOFT);2 为轴突变加速度（BRISK);3 为轴降低加速度（DRIVE)。

千位:值 0 为再次激活主轴驱动（在 MCALL 时);1 为处于位置控制运行（在 MCALL 时)。

_VARI:加工方式。

值 0 为一次进程中攻丝;1 为深孔攻丝,带断屑;2 为深孔攻丝,带退刀排屑。

_DAM:增量式钻削深度。

值范围:0≤最大值。

_VRT:可变退回量,用于断屑。

值范围:0≤最大值。

编程举例:

在 *XY* 平面(50,50)处加工螺纹,如图 4.36 所示,刚性攻丝,无停留时间。转向参数和螺距参数必须设定值。钻削一公制螺纹 M5。

```
N10 G17 G90 T1 D1
N20 G0 X50 Y50 Z10
N30 CYCLE84 (10,0,2, - 60,60,3,5, , 90,150,400);循环调用
N40 M30;
```

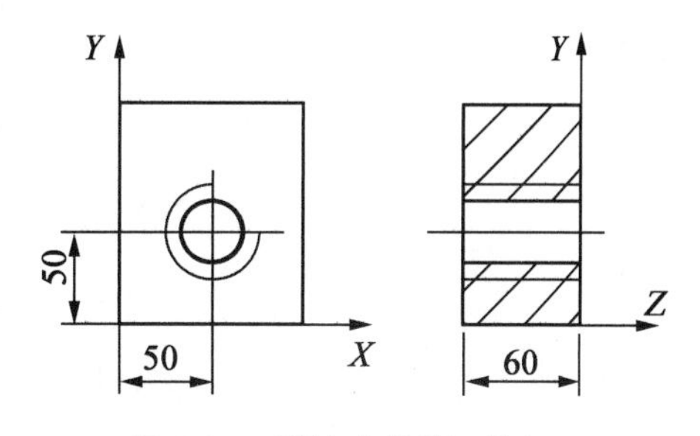

图 4.36　刚性攻丝循环编程

说明:CYCLE84 必须在一个程序段中编程。

(2)铣削循环。

①铣削一个圆弧上的长方形孔 LONGHOLE。

编程格式:

```
LONGHOLE (RTP, RFP, SDIS, DP, DPR, NUM, LENG, CPA, CPO, RAD, STA1, INDA, FFD, FFP1, MID)
```

圆弧上的长方形孔铣削如图 4.37 所示。圆弧上的长方形孔铣削循环参数说明如图 4.38 所示。

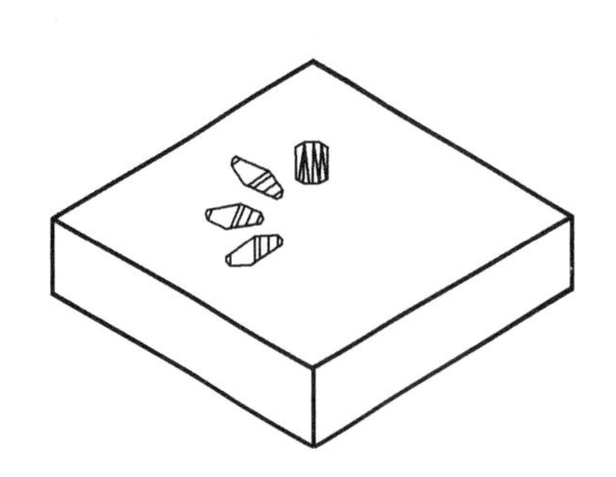

图 4.37 圆弧上的长方形孔铣削示意图

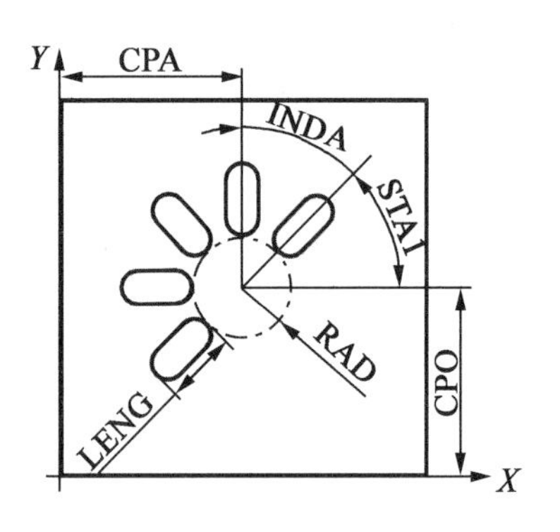

图 4.38 圆弧上的长方形孔铣削循环参数说明

参数 RTP、RFP、SDIS 参见 CYCLE81。

NUM:长方形孔个数。

LENG:长方形孔长度(不输入符号)。

CPA:圆弧的圆心,横坐标(绝对坐标)。

CPO:圆弧的圆心,纵坐标(绝对坐标)。

RAD:圆弧半径(不输入符号)。

STA1:起始角。

INDA:增量角度。

FFD:深度方向的进给。

FFP1:表面加工的进给。

MID:一个横向进给的最大进刀深度(不输入符号)。

编程举例:

加工图 4.39 中 4 个长方形孔,长度为 40 mm,相对深度为 15 mm(基准面和长方形孔底部的距离),它们位于一个圆弧上,圆心为(60,60),半径为 15 mm。起始角为 45°,增量角为 90°。最大进刀深度为 3 mm,安全距离为 2 mm。

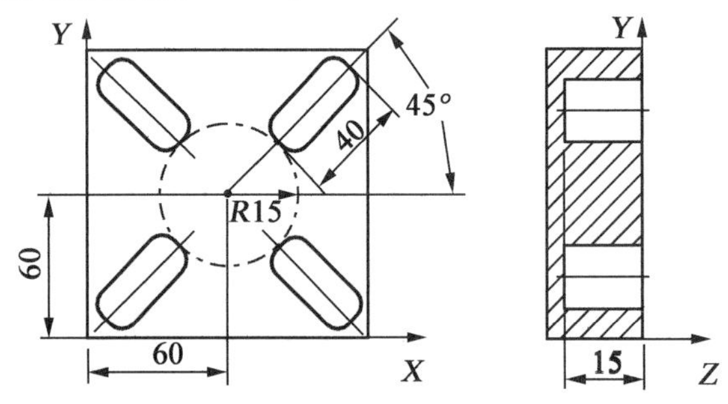

图 4.39 圆弧上的长方形孔铣削循环编程

```
N10 G17 G90 S600 M3 T1 D1
N20 M6
N30 G0 X60 Y60 Z10
N40 LONGHOLE (5, 0,2, -15 ,15, 4, 40, 60, 60,15, 45, 90, 150 ,400,3);循环调用
N50 M30;程序结束
```

说明:LONGHOLE 必须在一个程序段中编程。

②铣削一个圆弧上的键槽 SLOT1。

编程格式:

```
SLOT1 (RTP, RFP, SDIS, DP, DPR, NUM, LENG, WID, CPA, CPO, RAD, STA1, INDA,FFD, FFP1,
MID, CDIR, FAL, VARI, MIDF, FFP2, SSF, _FALD, _STA2)
```

圆弧的键槽铣削如图 4.40 所示。圆弧的键槽铣削循环参数说明如图 4.41 所示。

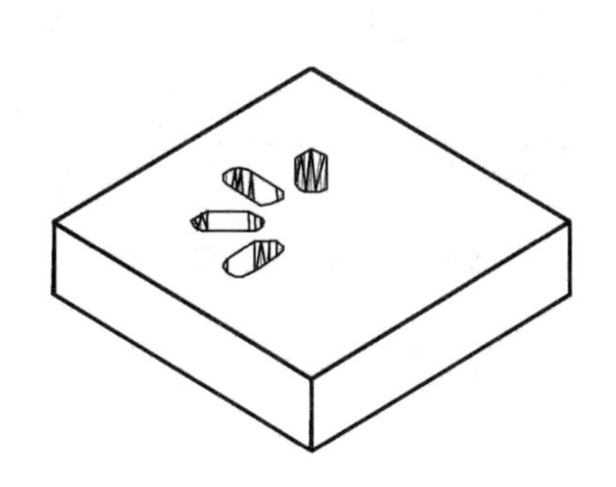

图 4.40　圆弧的键槽铣削示意图

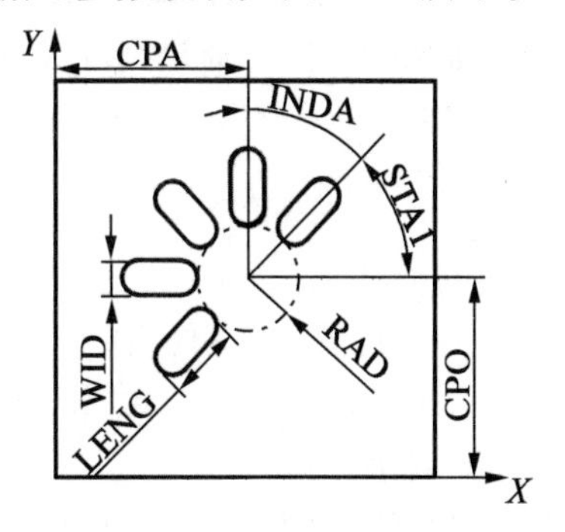

图 4.41　圆弧的键槽铣削循环参数说明

参数 RTP、RFP、SDIS 参见 CYCLE81。

DP:键槽深度(绝对)。

DPR:相对于基准面的键槽深度(不输入符号)。

NUM:键槽数量。

LENG:键槽长度(不输入符号)。

WID:键槽宽度(不输入符号)。

CPA:圆弧的圆心,横坐标(绝对坐标)。

CPO:圆弧的圆心,纵坐标(绝对坐标)。

RAD:圆弧半径(不输入符号)。

STA1:起始角。

INDA:增量角度。

FFD:深度方向的进给。

FFP1:表面加工的进给。

MID:一个横向进给的最大进刀深度(不输入符号)。

CDIR:键槽加工的铣削方向。

值 0 为同向铣削 (与主轴转向一致);1 为逆向铣削;2 为用 G2(与主轴转向无关);3 为用 G3。

FAL:键槽边缘的精加工余量(不输入符号)。

VARI:加工方式(不输入符号)。

个位:值 0 为全套加工;1 为粗加工;2 为精加工。

十位:值 0 为以 G0 垂直;1 为以 G1 垂直;3 为以 G1 摆动。

MIDF:精加工最大进刀深度。

FFP2:精加工进给。

SSF:精加工时速度。

_FALD:在键槽底部的精加工余量。

_STA2:再入角,使用参数_STA2 定义最大的再入角,用于摆动运动。

编程举例:

加工图4.42中的4个键槽,键槽位于一个圆弧上,键槽尺寸如图。安全距离为2 mm,精加工余量为0.5 mm,铣削方向为G2,深度方向最大进刀为8 mm。键槽应该完全通过摆动插入进行加工。

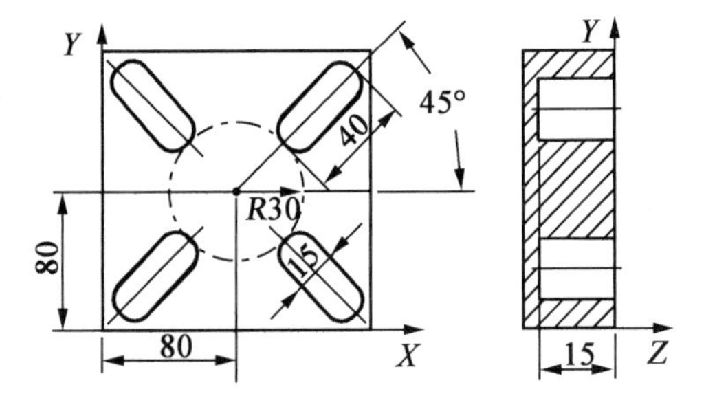

图4.42 键槽铣削循环编程

```
N10 G17 G90 S500 M3;
N20 T1 D1;
N30 M6;
N40 G0 X0 Y0 Z10;
N50 SLOT1 (5,0,1, -15,15,4,40,15, 80,80,
30,45,90,150,400,8,2,0.5,30,10,500,1000,0.6,5);循环调用
N60 M30;程序结束
```

说明:SLOT1必须在一个程序段中编程。

③环形槽SLOT2。

编程格式:

```
SLOT2 (RTP, RFP, SDIS, DP, DPR, NUM, AFSL, WID, CPA, CPO, RAD, STA1, INDA,FFD, FFP1,
MID, CDIR, FAL, VARI, MIDF, FFP2, SSF, _FFCP)
```

环形槽铣削如图4.43所示。环形槽铣削循环参数说明如图4.44所示。

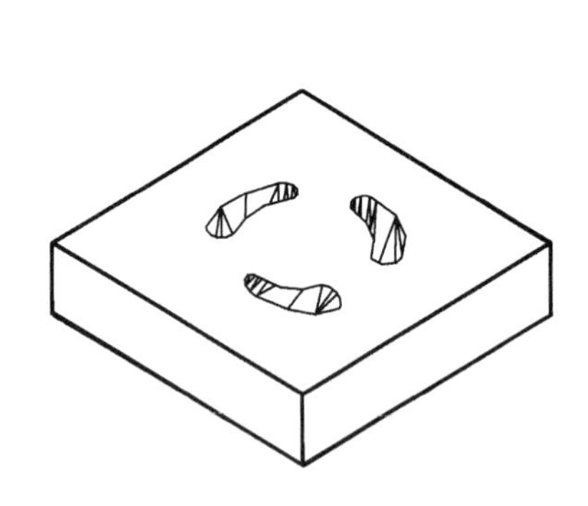

图4.43 环形槽铣削示意图

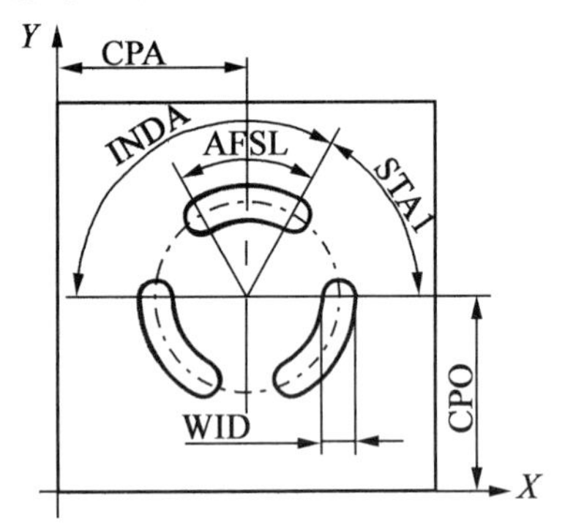

图4.44 环形槽铣削循环参数说明

参数RTP、RFP、SDIS参见CYCLE81。

AFSL:用于确定键槽长度的夹角(不输入符号)。

WID:环形槽宽度(不输入符号)。

CPA:圆弧的圆心,横坐标(绝对坐标)。

CPO:圆弧的圆心,纵坐标(绝对坐标)。

RAD:圆弧半径(不输入符号)。

STA1:起始角。

INDA:增量角度。

FFD:深度方向的进给。

FFP1:表面加工的进给。

MID:一个横向进给的最大进刀深度(不输入符号)。

CDIR:环形槽加工的铣削方向。

值 2 为用于 G2;3 为用于 G3。

FAL:键槽边缘的精加工余量(不输入符号)。

VARI:加工方式。

个位:值 0 为综合加工;1 为粗加工;2 为精加工。

十位(自软件版本 SW6.3 起):值 0 为以 G0 并在直线上由槽到槽的定位;1 为以进给并在环形轨道上由槽到槽的定位。

MIDF:精加工最大进刀深度。

FFP2:精加工进给。

SSF:精加工时速度。

_FFCP:中间定位进给,环形轨道,单位 mm/min。

编程举例:

加工图 4.45 所示环形槽,3 个环形槽位于一个圆心(100,100)、半径 50 mm 的圆弧上,环形槽宽度为 15 mm,槽长的角度为 70°,深度为 20 mm。起始角为 0°,增量角为 120°。在键槽轮廓上考虑 0.5 mm 的精加工余量,横向进给轴 Z 方向安全距离为 2 mm,最大深度进给6 mm。

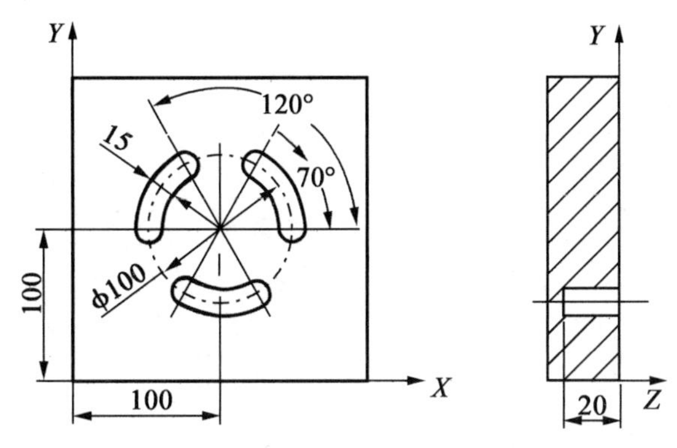

图 4.45　环形槽铣削循环编程

```
DEF:FFD = 80;参数定义,赋值
N10 G17 G90 S800 M3
N20 T1 D1
N30 M6
N40 G0 X100 Y100 Z5
N50 SLOT2 (2, 0, 2, -20,20 , 3, 70, 15,100,100,50,0,120, FFD, FFD +200,5,2, 0.5);循环调用,删除 VARI、MIDF、FFP2、SSF、_FFCP 等参数
N60 M30;程序结束
```

说明:SLOT2 必须在一个程序段中编程。

④矩形轴颈铣削 CYCLE76。

编程格式:

```
CYCLE76 (_RTP, _RFP, _SDIS, _DP, _DPR, _LENG, _WID, _CRAD, _PA, _PO,_STA, _MID, _FAL, _FALD, _FFP1, _FFD, _CDIR, _VARI, _AP1, _AP2)
```

矩形轴颈铣削如图 4.46 所示。矩形轴颈铣削循环参数说明如图 4.47 所示。

参数 _RTP、_RFP、_SDIS、_DP、_DPR 参见 CYCLE81。

_LENG:轴颈长度,在标注拐角尺寸时带符号。

_WID:轴颈宽度,在标注拐角尺寸时带符号。

_CRAD:轴颈拐角半径(不输入符号)。

_PA:轴颈基准点,横坐标(绝对坐标)。

_PO:轴颈基准点,纵坐标(绝对坐标)。

_STA:纵向轴和平面中第一轴之间的角度。

_MID:最大进刀深度(增量,不输入符号)。

_FAL:边缘轮廓处精加工余量(增量)。

_FALD:底部精加工余量(增量,不输入符号)。

_FFP1:轮廓处进给。

_FFD:深度方向的进给。

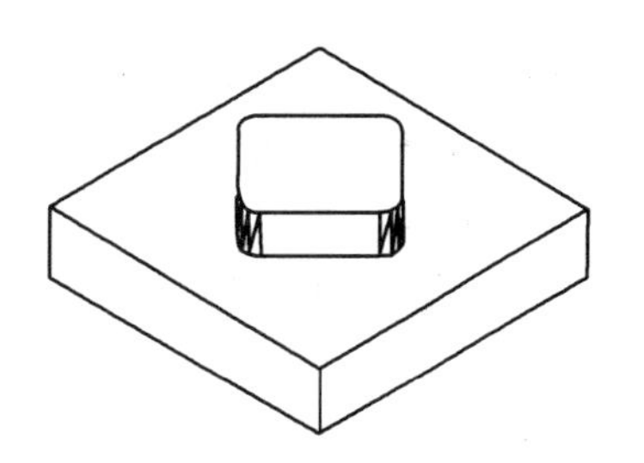

图 4.46 矩形轴颈铣削示意图

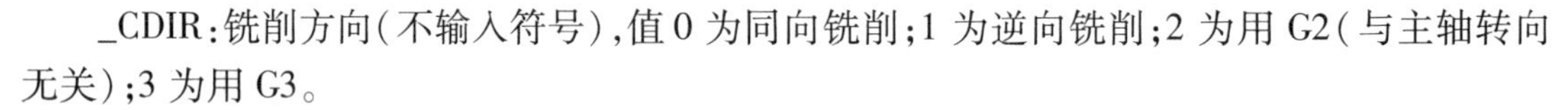

_CDIR:铣削方向(不输入符号),值 0 为同向铣削;1 为逆向铣削;2 为用 G2(与主轴转向无关);3 为用 G3。

_VARI:加工方式,值 1 为粗加工直至精加工余量;2 为精加工(余量 $X/Y/Z=0$)。

_AP1:轴颈坯件长度。

_AP2:轴颈坯件宽度。

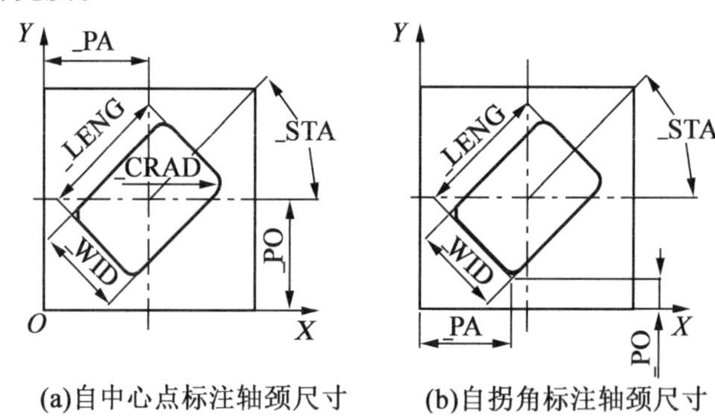

(a)自中心点标注轴颈尺寸 (b)自拐角标注轴颈尺寸

图 4.47 矩形轴颈铣削循环参数说明

编程举例:

加工图 4.48 矩形轴颈,长度为 80 mm,宽度为 50 mm,拐角半径为 20 mm,该轴颈与 X 轴成 15°夹角,并由一个拐角 P1 起进行编程。该轴颈已经预制,有加工余量。坯料长度为 90 mm,宽度为 60 mm。

```
N10 G17 G90 T1 D1 S2000 M3
N20 G0 X100 Y100
N30 M6
N40 _ZSD[2]=1;通过拐角标注轴颈尺寸
N50 CYCLE76 (8, 0, 2, -20,20 , -80, -50, 20, 100, 100, 15, 10, , , 800, 600, 0, 1, 90, 60);循环调用
N60 M30;程序结束
```

说明:CYCLE76 必须在一个程序段中编程。

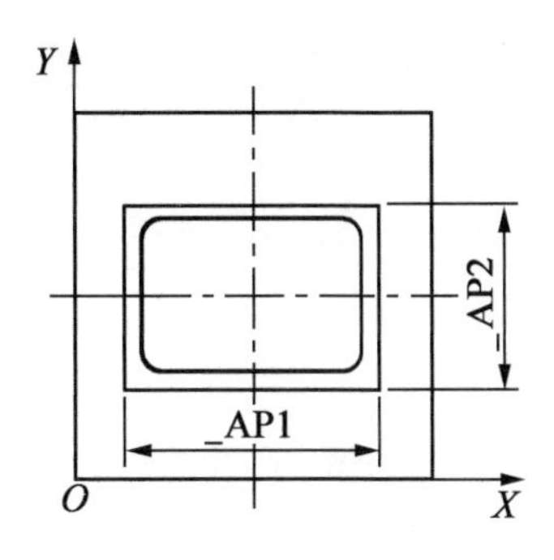

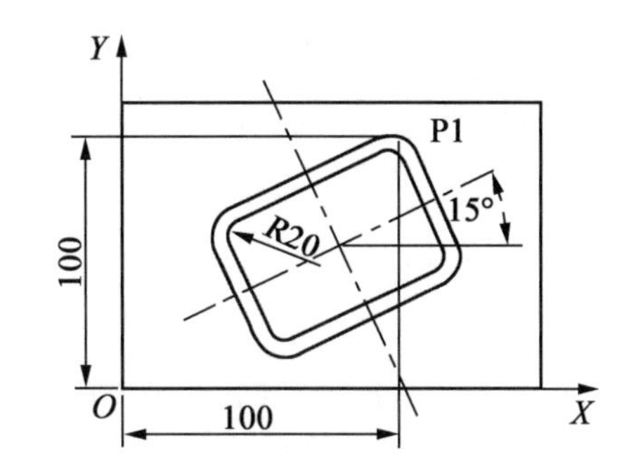

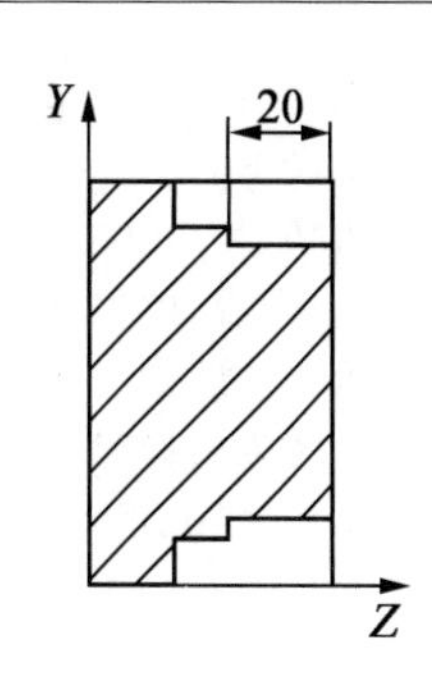

图 4.48　环形槽铣削循环编程

⑤环形轴颈铣削 CYCLE77。

编程格式：

```
CYCLE77 (_RTP, _RFP, _SDIS, _DP, _DPR, _PRAD, _PA, _PO, _MID, _FAL,_FALD, _FFP1, _FFD, _CDIR, _VARI, _AP1)
```

环形轴颈铣削如图 4.49 所示。

参数 _RTP、_RFP、_SDIS、_DP、_DPR 参见 CYCLE81。

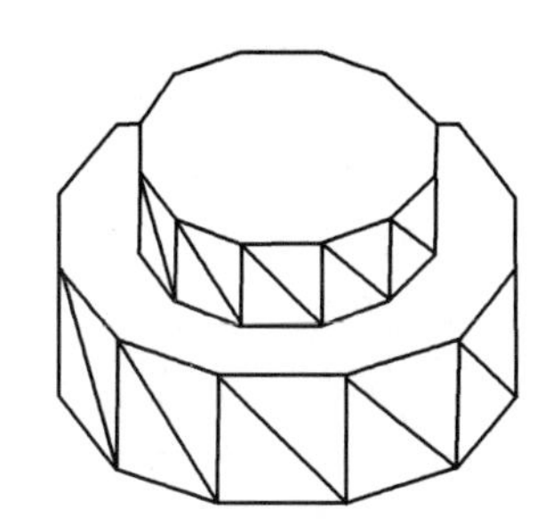

图 4.49　环形轴颈铣削示意图

_PRAD：轴颈直径（不输入符号）。

_PA：轴颈圆心，横坐标（绝对坐标）。

_PO：轴颈圆心，纵坐标（绝对坐标）。

_MID：最大进刀深度（增量，不输入符号）。

_FAL：边缘轮廓处精加工余量（增量）。

_FALD：底部精加工余量（增量，不输入符号）。

_FFP1：轮廓处进给。

_FFD：深度进给（或者空间进刀）。

_CDIR：铣削方向（不输入符号）。值 0 为同向铣削；1 为逆向铣削；2 为用 G2（与主轴转向无关）；3 为用 G3。

_VARI：加工方式。值 1 为粗加工直至精加工余量；2 为精加工（余量 $X/Y/Z=0$）。

_AP1：轴颈坯件的直径（不带符号）。

编程举例：

加工图 4.50 所示轴颈，坯件直径为 65 mm，每次切削的最大进刀为 8 mm。精加工留余量，用于随后的轴颈外壳精加工。整个加工以逆向进行。

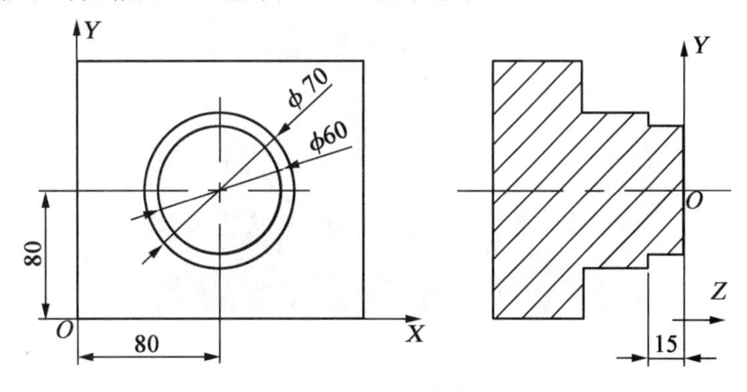

图 4.50　环形轴颈铣削示意图

```
N10 G90 G17 S1800 M3 D1 T1
N20 M6
N30 G0 X80 Y80 Z10
N40 CYCLE77 (8,0,2, -15,15 ,60,80, 80,8, 0.5, 0, 800, 600, 1, 1,65);循环调用粗加工
N50 D1 T2
N60 M6;换刀
N70 S2000 M3
N80 CYCLE77 (8,0,2, -15,15 ,60,80, 80,8,0,0,700,700, 1, 2,65);循环调用精加工
N90 M30;程序结束
```

说明:CYCLE77 必须在一个程序段中编程。

4.3 海德汉 TNC530 系统编程指令

海德汉(HEIDENHAIN)TNC 是面向车间应用的轮廓加工数控系统,编程操作人员可在机床上采用易用的对话格式编程语言编写常规加工程序。它适用于铣床、钻床、镗床和加工中心。TNC 530 最多可控制 18 个轴,也可由程序来定位主轴角度。系统自带的硬盘提供了足够存储空间存储大量程序,包括脱机状态编写的程序。为方便快速计算,还可以随时调用内置的计算器。

键盘和屏幕显示的布局清晰合理,可以快速方便地使用所有功能。标准显示单元和操作面板如图 4.51、图 4.52 所示。

海德汉编程兼有对话格式、smarT. NC 和 ISO 格式。HEIDENHAIN 对话格式编程是一种非常易用的程序编写方法。交互式的图形显示可将编程轮廓的每个加工步骤图形化地显示在屏幕上。如果工件图样的尺寸不是按数控加工要求进行标注的,海德汉 FK 自由轮廓编程功能还能自动进行必要的计算。在实际加工过程中或加工前,系统还能图形化地模拟工件加工过程。smarT. NC 操作模式使 TNC 新用户可以无须长时间培训就能在很短时间内创建结构化对话格式程序。系统也同时支持用 ISO 格式或 DNC 模式编程。在运行一个程序的同时,还能输入或测试另一个程序(不适用于 smarT. NC)。

本节主要介绍对话格式编程语言中常用的指令及操作。

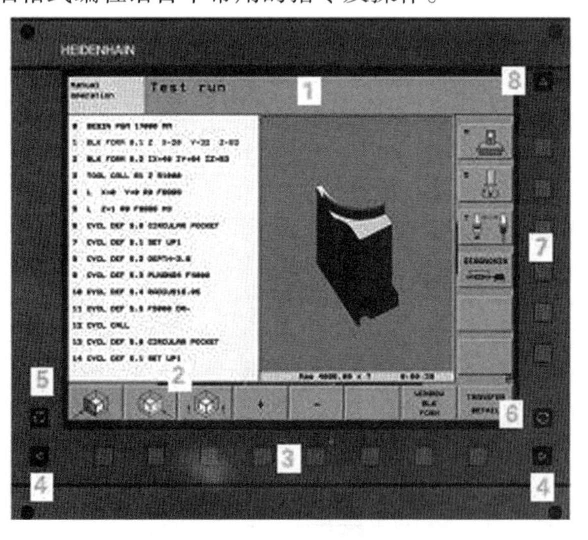

1—标题区;2—软键区;3—软键选择键;4—软键行切换键;5—设置屏幕布局;6—加工和编程模式切换键;7—预留给机床制造商的软键选择键;8—预留给机床制造商的软键行切换键

图 4.51 显示单元

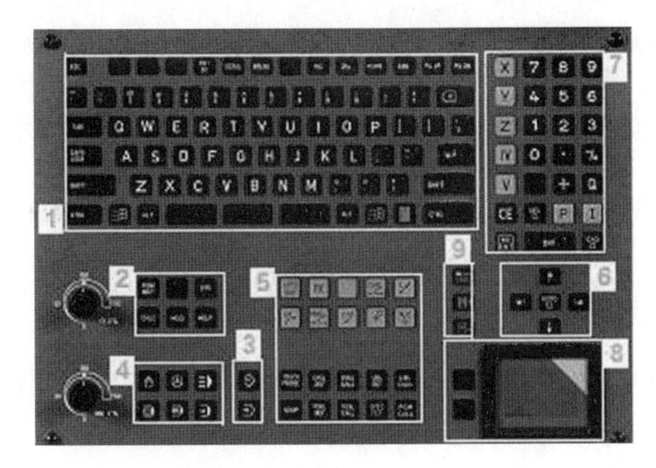

1—字母键盘用于输入文本和文件名以及 ISO 编程；2—文件管理器、计算器、MOD 功能、“HELP”（帮助）功能；
3—编程模式；4—机床操作模式；5—编程对话的初始化；6—箭头键和 GOTO 跳转命令；
7—数字输入和轴选择；8—鼠标触摸板；9—smarT. NC 浏览键

图 4.52　操作面板

4.3.1　最重要的系统操作步骤和零件程序编制加工示例

海德汉系统侧重于车间级应用，对话格式编程不同于西门子、发那科、华中、广数等数控系统，为此首先通过简单示例了解最重要的编程操作基本步骤。

1. 机床开机

开启控制系统和机床电源。TNC 启动操作系统。这个过程可能需要数分钟时间。然后，TNC 在显示屏的顶部显示“Power interrupted”（电源断电）信息。

按下 CE 键：TNC 编译 PLC 程序。

开启控制系统电源：TNC 检查急停电路工作情况和进入参考点回零模式。

按显示顺序手动执行参考点回零操作：对各轴分别按下机床的 START（启动）按钮。如果机床使用绝对式直线和角度编码器，不需要执行参考点回零。至此，TNC 可用手动操作模式工作。数控系统正常启动后，按下操作模式键，切换至程序编辑模式。

2. 按下 PGM MGT 键，打开文件管理器

TNC 的文件管理类似于 PC 计算机中运行 Windows 系统的资源管理器。文件管理器用于对硬盘上的数据进行操作。用箭头键选择要打开的一个新文件所在的文件夹，输入带扩展名 .H 的文件名，例如 NEW，然后，系统自动打开程序和询问在新程序中要使用的尺寸单位。如需选择尺寸单位，按下“MM”或“INCH”软键。TNC 自动开始进行工件毛坯定义，不允许修改自动生成程序的第一和最后一个程序段。

3. 定义工件毛坯

创建新程序后，TNC 自动启动工件毛坯定义对话，按提示要求输入所需数据。

主轴 Z?：输入当前主轴的坐标轴。Z 被保存为默认设置值。用 ENT 键接受。

定义毛坯形状：最小角点?：工件毛坯相对原点的最小 X 轴坐标值，例如 0。按下 ENT 键确认。

定义毛坯形状:最小角点?:工件毛坯相对原点的最小 Y 轴坐标值,例如 0。按下 ENT 键确认。

定义毛坯形状:最小角点?:工件毛坯相对原点的最小 Z 轴坐标值,例如 -40。按下 ENT 键确认。

定义毛坯形状:最大角点?:工件毛坯相对原点的最大 X 轴坐标值,例如 100。按下 ENT 键确认。

定义毛坯形状:最大角点?:工件毛坯相对原点的最大 Y 轴坐标值,例如 100。按下 ENT 键确认。

定义毛坯形状: 最大角点?:工件毛坯相对原点的最大 Z 轴坐标值,例如 0。按下 ENT 键确认。

NC 程序段举例:

```
0 BEGIN PGM NEW MM
1 BLK FORM 0.1 Z X +0 Y +0 Z -40
2 BLK FORM 0.2 X +100 Y +100 Z +0
3 END PGMNEW MM
```

4. 简单轮廓编程

图 4-53 所示的轮廓将用一刀加工至 5 mm 深。用功能键启动对话提示后,在屏幕页眉位置处输入所需的所有数据。

(1)调用刀具。按下TOOL CALL键输入刀具数据。用 ENT 键确认各个输入信息,例如刀具轴 Z。

(2)退刀。按下 键和橙色轴向键 Z 输入刀具轴,输入接近位置的坐标值,例如 250。按下 ENT 键确认。

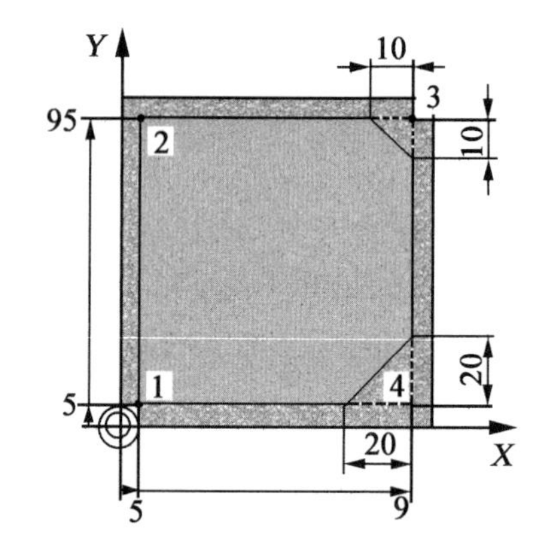

图 4.53 简单轮廓编程

按下 ENT 键确认半径补偿:RL/RR/无补偿? 不启用半径补偿编程。

按下 ENT 键确认进给速率 F=? 用快移速度(FMAX)运动。

按下 END 键确认辅助功能 M? TNC 保存输入的定位程序段。

(3)将刀具预定位在加工面上。按下 键和橙色 X 轴向键和输入接近位置的坐标值,例如 -20。按下橙色 Y 轴向键和输入接近位置的坐标值,例如 -20。按下 ENT 键确认。

按下 ENT 键确认半径补偿: RL/RR/无补偿? 不启用半径补偿编程。

按下 ENT 键确认进给速率 F=? 用快移速度(FMAX)运动。

按下 END 键确认辅助功能 M? TNC 保存输入的定位程序段。

(4)将刀具移至工件深度。按下 再按下橙色 Z 轴向键,输入接近位置的坐标值,例如 -5。按下 ENT 键确认。

按下 ENT 键确认半径补偿:RL/RR/无补偿? 不启用半径补偿编程。

进给速率 F=? 输入定位进给速率, 例如 3 000 mm/min 用 ENT 确认。

辅助功能 M? 开启主轴和冷却液,例如 M13。

按下 END 键确认。TNC 保存输入的定位程序段。

(5)移至轮廓。按下 APPR/DEP 键,TNC 显示接近和离开功能的软键行。

选择接近功能 APPR CT:输入轮廓起点 1 的 X 轴和 Y 轴坐标,例如 5/5。按下 ENT 键确认。

中心角？输入接近角，例如90°并用ENT键确认。

圆半径？输入接近半径，例如8 mm并用ENT键确认。

RL/RR/无补偿？用RL软键确认半径补偿：在编程轮廓左侧进行半径补偿。

进给速率F=？输入加工进给速率，例如700 mm/min。

用END确认输入信息。

(6)加工轮廓和移至轮廓点2。按下[L]，只需要输入有变化的信息。即只输入Y轴坐标95并用END键保存输入信息。

(7)移至轮廓点3。输入X轴坐标95并用END键保存输入信息。

(8)定义轮廓点3的倒角。按下[CHF]输入倒角宽度10 mm并用END键进行保存。

(9)移至轮廓点4。输入Y轴坐标5并用END键保存输入信息。

(10)定义轮廓点4的倒角。输入倒角宽度20 mm并用END键进行保存。

(11)移至轮廓点1。输入X轴坐标5并用END键保存输入信息。

(12)轮廓离开。按下[APPR DEP]，选择离开功能DEP CT。

中心角？输入离开角，例如90°并用ENT键确认。

圆半径？输入离开半径，例如8 mm并用ENT键确认。

进给速率F=？输入定位进给速率，例如3 000 mm/min，用ENT确认。

辅助功能M？用END键关闭冷却液，例如M9。TNC保存输入的定位程序段。

(13)退刀。按下[L]再按下橙色轴向键Z进入刀具轴，输入接近位置的坐标值，例如250。按下ENT键确认。

RL/RR/无补偿？按下ENT键确认半径补偿，不启用半径补偿编程。

进给速率F=？按下ENT键确认进给速率，用快移速度(FMAX)运动。

辅助功能M？输入M2结束程序并用END键确认。TNC保存输入的定位程序段。

NC程序段举例：

```
0  BEGIN PGM NEW MM
1  BLK FORM 0.1 Z  X+0  Y+0  Z-40
2  BLK FORM 0.2  X+100  Y+100  Z+0
3  TOOL CALL 1 Z S5000
4  L Z+250 R0 FMAX
5  L X-20  Y+20 R0 FMAX
6  L Z-5 R0 F3000 M13
7  APPR CT  X+5  Y+5  CCA90 R+8 RL F700
8  L Y+95
9  L X+95
10 CHF 10
11 L Y+5
12 CHF 20
13 L X+5
14 DEP CT CCA90 R+8 F3000 M9
15 L Z+250 R0 FMAX M2
16 END PGM NEW MM
```

5. 图形化测试第一个零件

只能在“测试运行”操作模式中测试程序。

按下 Test Run(测试运行)操作模式键:TNC 切换至该模式。

按下 PGM MGT 键:TNC 打开文件管理器。

按下最后文件软键:TNC 打开一个有最近所选文件的弹出窗口。

用箭头键选择需测试的程序,用 ENT 键加载该程序。

按下选择屏幕布局的软键:TNC 的软键行显示所有可用布局。

按下程序 + 图形软键:TNC 在左侧窗口中显示程序,右侧窗口中显示工件毛坯,用软键选择所需视图。

按下复位 + 开始软键:TNC 仿真当前程序运行至编程中断点或运行至程序结束。

模拟运行期间,可用软键切换视图。

按下停止软键:TNC 中断测试运行。

按下开始软键:在中断运行后,TNC 恢复测试运行。

6. 刀具设置

按下手动操作模式键:TNC 切换至该模式。

将所需刀具夹持在刀库或主轴上。用外部刀具测量仪测量时,测量刀具,记下长度和半径或用传输软件将其直接转到机床中;在机床上测量时,将刀具安装在换刀装置中,使用机内测量功能测量刀具的相关参数。

刀具表“TOOL. T”(永久保存在 TNC:\目录下)用于保存刀具数据,例如长度和半径,以及 TNC 执行功能所需的更多与特定刀具有关的信息。刀位表“TOOL_P. TCH”(永久保存在 TNC:\目录下)用于定义刀库中有哪些刀具。

7. 工件设置

在手动操作或电子手轮操作模式中设置工件。

将工件和夹具固定在机床工作台上。如果机床有测头,则不要求将工件夹持在平行于机床轴的位置处。如果没有测头,必须对正工件使工件端面与机床轴对正。机内测量装置及其对应的软件基本已成为现代五轴机床标准配置。

(1)用测头对正工件。

插入测头,“手动数据输入”(MDI)操作模式时,运行有刀具轴的刀具调用程序段,然后返回手动操作模式(MDI 模式时可以分别独立地运行每个 NC 程序段)。

选择探测功能:TNC 显示软键行的各可用功能。

测量基本旋转:TNC 显示基本旋转菜单。为确定基本旋转,探测工件平直表面上的两个点。

用轴向键将测头预定位至第一个触点附近,用软键选择探测方向。按下 NC 开始键,测头沿所需方向运动至接触工件,然后自动退至其起点位置。

用轴向键将测头预定位至第二个触点附近。按下 NC 开始键,测头沿所需方向运动至接触工件,然后自动退至其起点位置。TNC 显示基本旋转的测量值。

按下 END 键关闭菜单或用 NO ENT 键回答是否将基本旋转传到预设表中。

(2)用测头设置原点。

插入测头,在 MDI 操作模式时,运行一个有刀具轴的刀具调用程序段,然后返回手动操作模式。

选择探测功能:TNC 显示软键行的各可用功能。

将原点设置在工件角点位置处,例如,TNC 询问是否加载以前测量基本旋转中确认的点,按下 ENT 键加载这些点。

将测头定位在测量基本旋转时非探测边的第一触点附近,用软键选择探测方向。

按下 NC 开始键:测头沿所需方向运动至接触工件,然后自动退至其起点位置。

用轴向键将测头预定位至第二个触点附近。

按下 NC 开始键:测头沿所需方向运动至接触工件,然后自动退至其起点位置。然后,TNC 显示被测角点的坐标。

设为 0:按下设置原点软键。

按下 END 键关闭菜单。

8. 运行第一个程序

选择正确的操作模式:用"单段方式"或"全自动方式"模式运行程序。

按下 PGM MGT 键,TNC 打开文件管理器。按下最后文件软键,TNC 打开一个有最近所选文件的弹出窗口。根据需要,用箭头键选择需运行的程序。用 ENT 键加载该程序。

按下"NC Start"(NC 启动)按钮,TNC 执行当前程序。

9. 关机

为防止关机时发生数据丢失,必须用以下方法关闭 TNC 操作系统。

选择"手动操作"模式,选择关机功能,用 YES(是)软键再次确认,TNC 在弹出窗口中显示 Now you can switch off the TNC (现在可以关闭 TNC 系统了)字样时,关闭 TNC 电源。必须注意,控制系统关机后,如果按下"END"键,将重新启动控制系统,重新启动过程中关机,也能造成数据丢失。

4.3.2　文件管理

TNC 管理文件的数量几乎是无限的,至少 21 GB。实际硬盘大小与机床中使用的主机有关,一个单一 NC 程序最大可达 2 GB。

1. 程序编制

在 TNC 系统上编写零件程序时,必须先输入程序名。程序、文本和表保存为文件时,文件扩展名代表文件类型,海德汉格式的程序扩展名为 .H,文件名长度不能超过 25 个字符,否则无法显示完整文件名。文件名中的字符必须满足 IEEE1003.1 标准,不允许使用中文、标点符号等其他字符,避免文件传输问题。

可将硬盘分成不同目录。目录可被进一步细分为子目录,如图 4.54 所示,最多可管理 6 级目录,可用"-/+"键或"ENT"键显示或隐藏子目录。

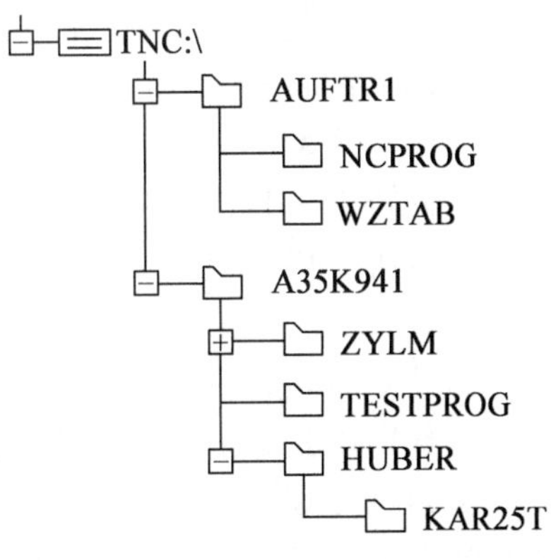

图 4.54　树状目录

2. 添加注释

系统提供三种添加程序注释的方法。

(1)编程时输入注释。

输入程序段数据,然后按下字母键盘上的分号键

(;),TNC 显示对话提示 COMMENT?(注释?),输入注释并按下 END(结束)键结束程序段。

(2)输入程序后插入注释。

选择要添加注释的程序段,用右箭头键选择程序段的最后一个字,分号显示在程序段的结尾处,TNC 显示对话提示 COMMENT ?(注释?),输入注释并按下 END(结束)键结束程序段。

(3)在单独程序段添加注释。

选择要在其后插入注释的程序段,用字符键盘的分号键(;)启动编程对话输入注释并按下 END(结束)键结束程序段。

4.3.3 刀具功能

1. 刀具数据输入

进给速率可以输入在 TOOL CALL(刀具调用)程序段中和每一个定位程序段中,FMAX 仅在所编程序段内有效,执行完 FMAX 程序段后,进给速率将恢复到以前输入的最后一个进给速率。

在零件程序中,要改变 TOOL CALL(刀具调用)程序段中定义的主轴转速,只能再次通过 TOOL CALL 输入新主轴转速。

进给速率、主轴转速在手动和手轮状态下可以直接使用软件输入。

在零件程序中,可以用 TOOL DEF(刀具定义)直接定义特定刀具的编号、长度和半径,也可以输入在单独的刀具表 TOOL. T 中。在刀具表中,还可以输入特定刀具的附加信息。执行零件程序时,TNC 将考虑输入给刀具的全部相关数据。

TOOL DEF(刀具定义)指令的另一作用是如果刀具表可用,即可进行预选刀具,对于盘式刀库此指令没有优势。

2. 调用刀具数据和自动换刀

执行程序中的 TOOL CALL(刀具调用)程序段系统自动调用 TOOL DEF(刀具定义)和刀具表 TOOL. T 中的数据。

按下 TOOL CALL 键后按如下提示输入相关信息。

刀具编号:输入刀具编号或名称。刀具必须在 TOOL DEF(刀具定义)程序段或刀具表中已被定义。按下 TOOL NAME(刀具名)软键输入刀具名。TNC 自动给刀具名加上引号。刀具名称仅指当前刀具表 TOOL. T 中的输入名。如果要调用其他补偿值的刀具,也可以在小数点后输入刀具表中定义的索引编号。用系统提供的 SELECT(选择)软键可以打开一个窗口,在这个窗口中直接选择刀具表 TOOL. T 中定义的刀具,无须输入刀具号或刀具名。

工作主轴 X/Y/Z:输入刀具轴。

主轴转速 S:直接输入主轴转速,如果使用切削数据表,也可以让 TNC 计算主轴转速。

进给速率 F:直接输入进给速率,如果使用切削数据表,也可以让 TNC 计算进给速率。

刀具长度正差值 DL:输入刀具长度的差值。

刀具半径正差值 DR:输入刀具半径的差值。

刀具半径正差值 DR2:输入刀具半径 2 的差值。

例如在刀具轴 Z 调用 5 号刀具,主轴转速为 2 500 r/min,进给速率为 350 mm/min。用正差值 0.2 mm 编程刀具长度,刀具半径负差值为 1 mm,刀具半径 2 的正差值为 0.05 mm。程序如下:

20 TOOL CALL 5 Z S2500 F350 DL +0.2 DR -1 DR2 +0.05

3. 刀具补偿

TNC 通过补偿刀具长度调整沿刀具轴的主轴路径。在加工面上，它补偿刀具半径。如果直接在 TNC 上编写零件程序，刀具半径补偿仅对加工面有效，TNC 最多可考虑五个轴，其中包括旋转轴。如果 CAM 系统生成的零件程序中有表面法向矢量，TNC 可执行三维刀具补偿。

对刀具长度补偿，数控系统使用的差值考虑 TOOLCALL（刀具调用）程序段和刀具表两方面因素：

$$补偿值 = L + DL_{TOOLCALL} + DL_{TAB}$$

L：TOOL DEF（刀具定义）程序段或刀具表中的刀具长度 L。

$DL_{TOOLCALL}$：TOOL CALL（刀具调用）程序段的刀具长度正差值 DL。

DL_{TAB}：刀具表中的长度正差值 DL。

对刀具半径补偿，一旦调用刀具并用 RL（左补偿）或 RR（右补偿）在加工面上用直线程序段移动刀具，半径补偿立即生效，R0 用于无半径补偿的轮廓加工。与长度补偿相同，数控系统使用半径补偿的差值考虑 TOOL CALL（刀具调用）程序段和刀具表两方面因素。

4.3.4　轮廓加工编程

TNC 在一个程序段中同时移动编程的所有轴。采用增量值编程需在坐标轴前输入 I。对圆编程时，数控系统将其指定在一个主平面中，在 TOOL CALL（刀具调用）中设置主轴时将自动定义该平面。圆弧运动的旋转方向 DR + 表示逆时针，DR - 表示顺时针。

以下仅对简单常用的编程指令予以说明。

（1）直线 L。

沿直线将刀具从当前位置移至直线的终点。起点为前一程序段的终点。

按橙色键后输入直线终点坐标。

NC 程序段举例：

```
7  L X+10 Y+40 RL F200 M3
8  LI X+20IY-15
9  L X+60 IY-10
```

（2）在两条直线间插入倒直角 CHF。

倒角用于切除两直线相交的角。CHF 程序段前和后的直线程序段必须与倒角在同一个加工面，CHF 程序段前和后的半径补偿必须相同，倒角边长指倒角长度，进给速率 F 仅在 CHF 程序段中有效。

NC 程序段举例（图 4.55）：

```
7  L X+0 Y+30 RL F300 M3
8  L X+40 IY+5
9  CHF12 F250
10  L IX+5Y+0
```

（3）倒圆角 RND。

进给速率 F 仅在 RND 程序段中有效。

NC 程序段举例（图 4.56）：

```
5  L X+10 Y+40 RL F300 M3
```

```
6  L X +40 Y +25
7  RNDR5 F100
8  L X +10 Y +5
```

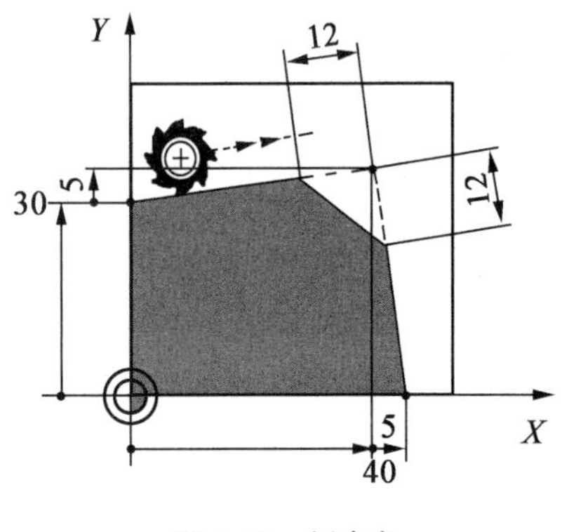

图 4.55　倒直角

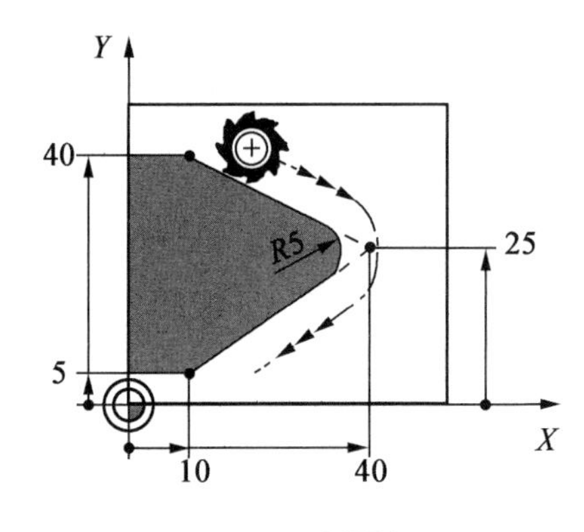

图 4.56　倒圆角

(4)圆心 CC。

输入圆心坐标,如要用最后一个编程位置,输入 no coordinates(无坐标)。

NC 程序段举例:

```
5  CC X +25 Y +25
```

或者

```
10  L X +25 Y +25
11  CC
```

(5)以 CC 为圆心的圆弧路径 C。

圆弧编程前,必须先输入圆心 CC。输入圆弧终点坐标和旋转方向 DR。对于整圆输入的终点与起点相同。

NC 程序段举例(图 4.57):

```
5  CC X +25 Y +25
6  L X +45 Y +25 RR F200 M3
7  C X +45 Y +25 DR +
```

(6)已知半径的圆弧路径 CR。

刀具沿半径为 R 的圆弧路径运动。输入圆弧终点的坐标、半径 R 和旋转方向 DR。半径 R 和旋转方向 DR 的代数符号含义与西门子、发那科系统相同。

(7)相切连接圆弧路径 CT。

刀具沿圆弧运动,由相切于前一编程元素开始。与圆弧相切的轮廓元素必须编程在紧接在 CT 程序段前的程序段中,这至少需要两个定位程序段。相切圆弧是二维操作,CT 程序段中的坐标及其前一个轮廓元素的坐标必须在圆弧的同一个平面上。

NC 程序段举例(图 4.58):

```
7 L X +0 Y +25 RL F300 M3
8 L X +25 Y +30
9 CT X +45 Y +20
10 L Y +0
```

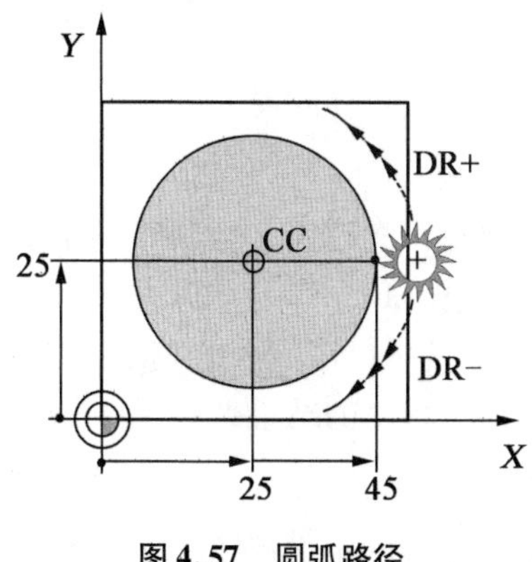

图 4.57　圆弧路径

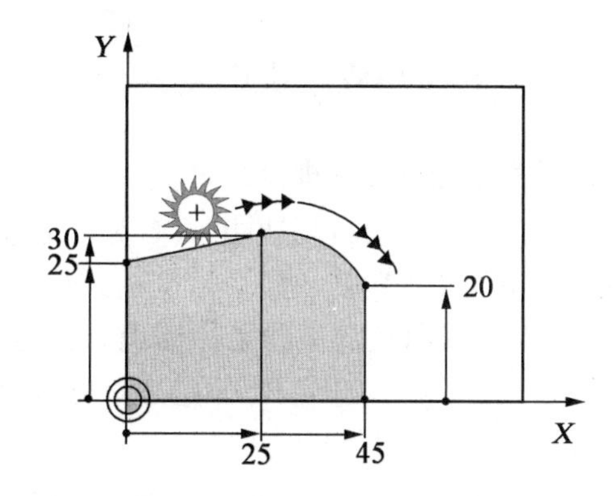

图 4.58　相切连接圆弧路径

(8)极坐标。

用极坐标可以通过极角 PA 和相对前一个已定义极点 CC 的距离 PR 确定位置。用极坐标编程前,须在有极坐标程序段前的任何位置处用直角坐标定义极点,设置极点的方法与设置圆心的方法相同,极点保持有效至定义新的极点。

①直线 LP。输入极坐标半径 PR 和极坐标极角 PA,直线终点的角度位置在 -360°和 +360°之间,PA 的代数符号取决于角度参考轴,如果从参考轴到 PR 的角度为逆时针,则 PA > 0,如果从参考轴到 PR 的角度为顺时针,则 PA < 0。

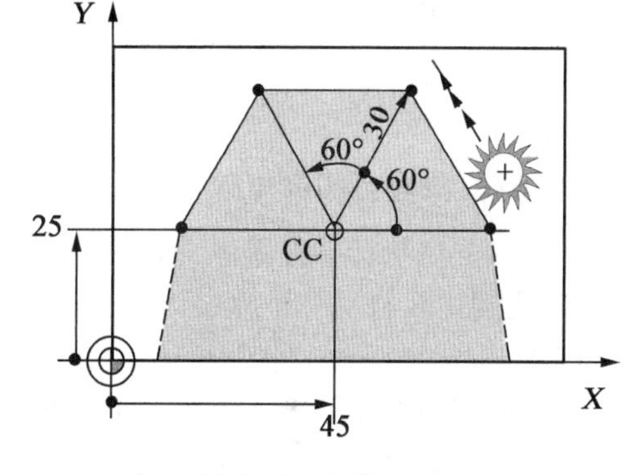

图 4.59　直线 LP

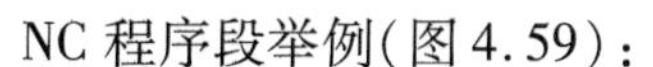

NC 程序段举例(图 4.59):

```
12 CC X +45 Y +25
13 LP PR +30 PA +0 RR F300 M3
14 LP PA +60
15 LP IPA +60
16 LP PA +180
```

②以极点 CC 为圆心的圆弧路径 CP。极坐标半径 PR 也是圆弧的半径,PR 由起点至极点 CC 的距离确定。输入极坐标极角 PA 和旋转方向 DR。

NC 程序段举例:

```
18 CC X +25 Y +25
19 LP PR + 20 PA +0 RR F250 M3
20 CP PA +180 DR +
```

③相切连接圆弧路径 CTP。刀具沿圆弧轨迹运动,由前一个轮廓元素相切过渡。输入极坐标半径 PR 和极坐标角 PA。

NC 程序段举例:

```
12 CC X +40 Y +35
13 L X +0 Y +35 RL F250 M3
14 LP PR +25 PA +120
15 CTP PR +30 PA +30
16 L Y +0
```

4.3.5 子程序与程序块重复

1. 标记子程序与程序块重复

利用子程序和程序块重复功能，只需对加工过程编写一次程序，之后可以多次调用运行。

零件程序中的子程序及程序块重复的开始处由标记（LBL）作为其标志。“标记”用1至999之间数字标识或用自定义的名称标识。在程序中每个“标记”号或“标记”名只能用LABEL SET键设置一次。LABEL 0（LBL 0）只能用于标记子程序的结束，因此可以使用任意次。

2. 子程序

操作顺序为：TNC顺序执行零件程序直到用CALL LBL调用子程序的程序段，然后从子程序起点执行到子程序结束标志LBL 0，再从程序调用CALL LBL后的程序段开始恢复运行零件程序。

在主程序结束处编写子程序（在M2或M30的程序段之后），如果子程序位于M2或M30所在的程序段之前，那么即使没有调用它们也至少会被执行一次。

3. 程序块重复

用LBL标记重复运行程序段的开始，用CALL LBL n REPn标记重复运行程序段的结束。程序块的执行次数一定比编程的重复次数多一次，即要求LBL标记应该位于CALL LBL n REPn之前。

4. 将程序拆分为子程序

TNC顺序执行零件程序直到用CALL PGM（调用程序）功能调用另一个程序的程序段，然后，从头到尾执行另一个程序，再从程序调用之后的程序段开始恢复第一个（调用）零件程序运行。

被调用的程序不允许含有辅助功能M2或M30。如果子程序定义的标记在被调用程序中，必须用M2或M30与FN 9：IF +0 EQU +0 GOTO LBL 99跳转功能一起，强制跳过这部分程序块。还可以用循环12 PGM CALL调用一个程序。

5. 嵌套

子程序最大嵌套深度是8，主程序调用的最大嵌套深度是30。

NC程序段举例：

```
0 BEGIN PGM SUBPGMS MM
......
17 CALL LBL "SP1"                    ;调用标记为 LBL SP1 的子程序
......
35 L Z +100 R0 FMAX M2               ;在程序段结束处生效。主程序有 M2
36 LBL "SP1"                         ;子程序 SP1 开始
......
39 CALL LBL 2                        ;调用 LBL 2 标记的子程序
......
45 LBL 0                             ;子程序 1 结束
46 LBL 2                             ;子程序 2 开始
......
62 LBL 0                             ;子程序 2 结束
```

```
63 END PGM SUBPGMS MM
```

4.3.6 循环

系统提供标准的固定循环、坐标变换、特殊功能的循环、探测循环(手动、自动)。另外机床厂商根据机床特点也可定义循环。大多数循环都用 Q 参数作传递参数,需要在多个循环中使用的、具有特殊功能的参数总使用相同编号。

1. 循环的定义和调用

按下 CYCL DEF 键显示多个可用循环组,用软键选择所需的循环,或者按下 GOTO 键在弹出窗口中用箭头键选择循环。

一旦在零件程序中做了定义便自动生效的循环,这些循环不能也不允许被调用,例如坐标变换循环、探测循环等。

用以下功能可调用所有其他循环。

(1)用 CYCL CALL(循环调用)功能调用一个循环。

CYCL CALL(循环调用)功能将调用先前最后定义的固定循环一次。循环起点位于 CYCL CALL(循环调用)程序段之前最后一个编程位置处。

(2)用 CYCL CALL POS(循环调用位置)调用一个循环。

CYCL CALL POS(循环调用位置)功能将调用最新定义的固定循环一次。循环起点位于 CYCL CALL POS(循环调用位置)程序段中定义的位置处。

TNC 用定位逻辑移动至 CYCL CALL POS(循环调用位置)程序段中的定义位置。如果沿刀具轴的当前位置高于工件顶面(Q203),TNC 先将刀具在加工面中运动,然后再沿刀具轴运动至编程位置;如果刀具沿刀具轴的当前位置低于工件顶面(Q203),TNC 先将刀具沿刀具轴移至第二安全高度处,然后再沿加工面移至编程位置。

(3)用 M99/89 调用循环。

M99 功能仅在其编程程序段中有效,它调用先前最后定义的固定循环一次。可以将 M99 编程在定位程序段的结束处。TNC 移至该位置后,再调用最后定义的固定循环。

如果需要在每个定位程序段之后使 TNC 自动执行循环,用 M89 编程第一个循环调用。要取消 M89 的作用,在移至最后一个起点的定位程序段中使用 M99,或者用 CYCL CALL POS(循环调用位置)程序段或者 CYCL DEF(循环定义)定义一个新固定循环。

循环的种类数量繁多,以下仅举几例予以说明。

2. 定中心(循环 240)(表 4.5)

循环运行过程为:TNC 沿主轴以快移速度 FMAX 将刀具移至工件表面上方安全高度处;刀具以编程进给速率 F 定中心至输入的定中心直径或定中心深度处;如有定义,刀具保持在定中心深度处;最后,刀具移至安全高度或用快移速度 FMAX 移至第二安全高度(如果编程了第二安全高度)。

循环 240 运行时序如图 4.60 所示,循环 240 示例如图 4.61 所示。

表 4.5 循环 240 Q 参数

参数	含义
安全高度 Q200(增量值)	刀尖与工件表面之间的距离。输入正值
选择深度/直径(1/0)Q343	选择是否基于输入的直径或深度执行定中心。如果要基于输入的直径找中心,必须在刀具表“TOOL. T”的 T - ANGLE(刀尖角)列中定义刀尖角。 0:基于输入的深度定中心 1:基于输入的直径定中心
深度 Q201(增量值)	工件表面与定中心最低点(定中心圆锥尖)之间的距离。仅当 Q343 =0 时才有效。代数符号决定加工方向,如果输入了正深度,TNC 将反向计算预定位,即刀具沿刀具轴用快移速度移至低于工件表面的安全高度处
圆直径(代数符号)Q344	定中心直径。仅当 Q343 =1 时才有效
切入进给速率 Q206	钻孔时的刀具移动速度,单位为 mm/min,或 FAUTO、FU
工件表面坐标 Q203(绝对值)	工件表面的坐标
第二安全高度 Q204(增量值)	刀具不会与工件(夹具)发生碰撞的沿主轴的坐标值
在孔底处的停顿时间 Q211	刀具在孔底的停留时间,以秒为单位

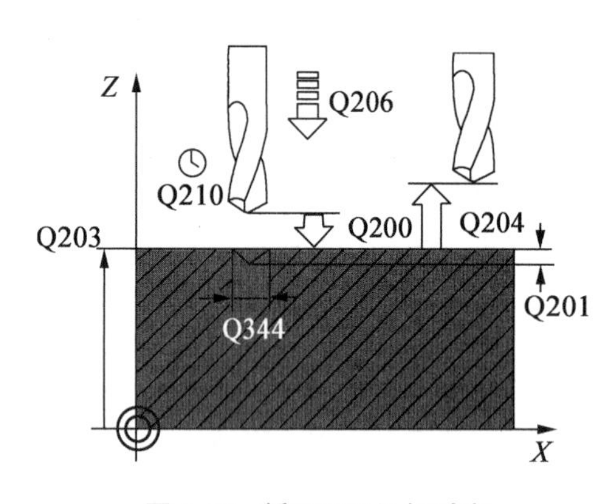

图 4.60 循环 240 运行时序

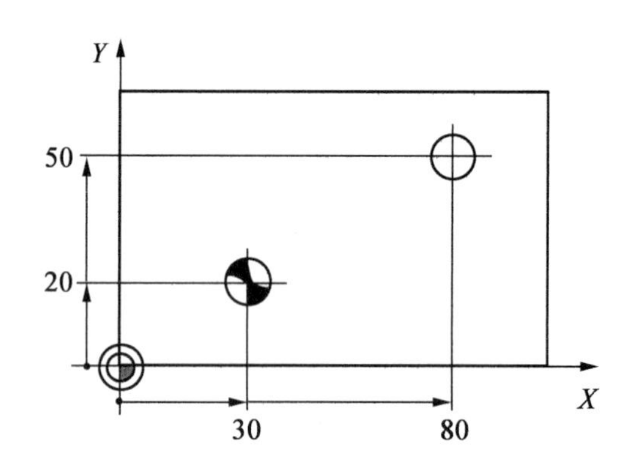

图 4.61 循环 240 示例

NC 程序段举例:

```
10 L Z +100 R0 FMAX
11 CYCL DEF 240 CENTERING
Q200 =2                    ;安全高度
Q343 =1                    ;选择深度/直径
Q201 = +0                  ;深度
Q344 = -9                  ;直径
Q206 =250                  ;切入进给速率
Q211 =0.1                  ;在底部停顿时间
Q203 = +20                 ;表面坐标
Q204 =100                  ;第二安全高度
12 CYCL CALL POS X +30 Y +20 Z +0 FMAX M3
13 CYCL CALL POS X +80 Y +50 Z +0 FMAX
```

3. 钻孔(循环 200)(表 4.6)

循环运行过程为:TNC 沿主轴以快移速度 FMAX 将刀具移至工件表面上方安全高度处;刀具以编程进给速率 F 钻至第一切入深度;TNC 以快移速度 FMAX 将刀具退至安全高度处并在此停顿(如果输入了停顿时间),然后以快移速度 FMAX 移至第一切入深度上方的安全高度处;刀具以编程进给速率 F 再次进刀至下一个深度;TNC 重复这一过程直至达到编程深度为止;刀具以快速移动速度 FMAX 由孔底退至安全高度处或退至第二安全高度处(如果是这样编程)。

表 4.6　循环 200 Q 参数

参数	含义
安全高度 Q200(增量值)	刀尖与工件表面之间的距离。输入正值
深度 Q201(增量值)	工件表面与孔底(钻头尖)之间的距离。代数符号决定加工方向,如果输入了正深度,TNC 将反向计算预定位,即刀具沿刀具轴用快移速度移至低于工件表面的安全高度处
切入进给速率 Q206	钻孔时的刀具移动速度,单位为 mm/min。或 FAUTO、FU
切入深度 Q202(增量值)	每刀进给量
顶部停顿时间 Q210	刀具自孔内退出进行排屑时,刀具在安全高度处的停留时间,以秒为单位
工件表面坐标 Q203(绝对值)	工件表面的坐标
第二安全高度 Q204(增量值)	刀具不会与工件(夹具)发生碰撞的、沿主轴的坐标值
在孔底处的停顿时间 Q211	刀具在孔底的停留时间,以秒为单位

NC 程序段举例(图 4.62):

```
11 CYCL DEF 200 DRILLING
Q200 =2;安全高度
Q201 = -15;深度
Q206 =250;切入进给速率
Q202 =5;切入深度
Q210 =0;在顶部停顿时间
Q203 = +20;表面坐标
Q204 =100;第二安全高度
Q211 =0.1;在底部停顿时间
12 L X +30 Y +20 FMAX M3
13 CYCL CALL
14 L X +80 Y +50 FMAX M99
```

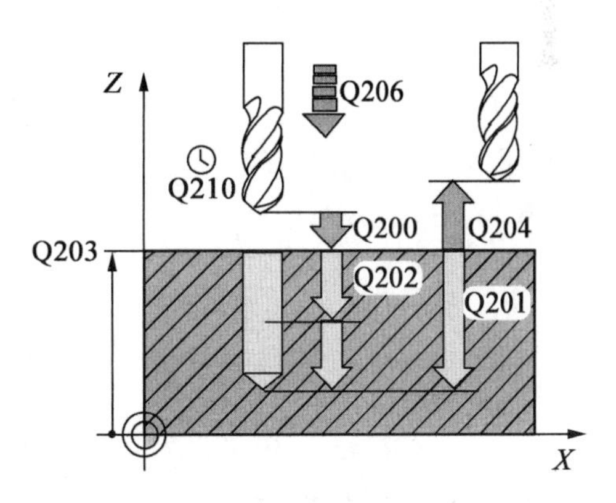

图 4.62　循环 200 运行时序

4. 原点设置(循环 247)

用“原点设置”循环可以将预设表中定义预设点作为新工件原点。定义“原点设置”循环后,全部坐标输入值和原点平移(绝对值和增量值)均将相对新预设点。也可以在“手动操作”模式下启动预设表中的原点。

NC 程序段举例:

```
13 CYCL DEF 247 DATUM SETTING
Q339 =4;原点编号 4
```

5. **原点平移(循环 7)**

“原点平移”功能使加工可在工件的多个不同位置重复进行。“原点平移”循环定义后,全部坐标数据都将基于新原点。TNC 在附加状态栏显示各轴的原点平移。允许输入旋转轴。复位原点平移可直接用循环定义编程,将原点平移至坐标 X =0,Y =0;或用 TRANS DATUM RESET (坐标变换原点复位)功能,或者定义新的原点平移(循环 7)。

NC 程序段举例:

```
13 CYCL DEF 7.0 DATUM SHIFT
14 CYCL DEF 7.1 X +60
16 CYCL DEF 7.3 Z -5
15 CYCL DEF 7.2 Y +40
```

6. **加工面(循环 19)**

通过输入倾斜角度定义加工面位置,即相对机床坐标系的刀具轴位置。循环 19 在程序中定义即生效。只要移动倾斜系统中的一个轴,将自动激活该特定轴的补偿,必须移动全部轴才能激活全部轴的补偿。如果使用轴角,可以在“L”程序段中定义轴值。如果用空间角,用 Q 参数 Q120(A 轴值)、Q121 (B 轴值)和 Q122(C 轴值)指定。

NC 程序段举例:

```
10 L Z +100 R0 FMAX
11 L X +25 Y +10 R0 FMAX
12 CYCL DEF 19.0 WORKING PLANE
13 CYCL DEF 19.1 A +0 B +45 C +0;定义补偿计算的空间角
14 L A +Q120 C +Q122 R0 F1000   ;用循环 19 的计算值定位旋转轴
15 L Z +80 R0 FMAX              ;激活主轴坐标轴的补偿
16 L X -8.5 Y -10 R0 FMAX       ;激活加工面补偿
```

在程序中用两步复位循环 19。首先定义循环 19 和设置旋转轴角度为 0°,再次定义循环 19 和用 NO ENT 键结束输入,使该功能关闭。

NC 程序段举例:

```
CYCL DEF 19.0 WORKING PLANE     ;定义循环 19
CYCL DEF 19.1 A +0 B +0 C +0    ;设置旋转轴角度至 0°
CYCL DEF 19.0 WORKING PLANE     ;再次定义循环 19
CYCL DEF 19.1                   ;使该功能关闭
L B +0 C +0 R0 FMAX             ;转动摆动铣头至初始位置
```

7. **主轴定向(循环 13)**

循环中定义的定向角通过输入 M19 或 M20 定位(与机床有关)。

如果编程 M19 或 M20 而又未在循环 13 中定义,TNC 将机床主轴定位到机床制造商设置的角度位置(参见机床手册)。

程序段举例:

```
93 CYCL DEF 13.0 ORIENTATION
94 CYCL DEF 13.1 ANGLE 180      ;定义角度
95 M19                          ;主轴定位
```

8. **公差(循环 32)(表 4.7)**

循环 32 中信息可以影响加工中有关精度、表面光洁度和速度指标,TNC 已根据机床特性进行了调整。脱机创建的 NC 程序的最重要影响因素是 CAM 系统的弦误差。后处理器生成的 NC 程序的最大点距是用弦误差定义的。如果弦误差小于等于循环 32 中定义的公差值 T,TNC 可以平滑轮廓点。循环 32 中选择的公差值在 CAM 弦误差的 110% ~200% 之间,可以实现最佳平滑过渡。

表 4.7　循环 32 参数

参数	含义
公差值 T	允许的轮廓偏差,单位为毫米
HSC 模式,精铣 =0,粗铣 =1	输入值 0,高轮廓精度的铣削,TNC 用内部定义的精加过滤器设置;输入值 1,用更高进给速率铣削,TNC 用内部定义的粗加过滤器设置
旋转轴公差 TA	M128 有效时,度为单位的旋转轴位置误差(TCPM 功能)。输入旋转轴公差值不会损坏轮廓,只有相对工件表面的旋转轴位置会有变化。输入范围为 0 ~ 179.9999

用 PGM MGT 选择新程序或者重新定义,并用 NO ENT 键在对话提问中确认公差值都可复位循环 32。

4.3.7　倾斜面加工(PLANE)功能

TNC 支持可旋转主轴头及/或可旋转工作台机床的倾斜加工面功能,典型应用包括在倾斜平面上钻斜孔或加工倾斜轮廓,TNC 总是基于当前原点倾斜加工面,与 2 - D 加工时用法相同,在基准面中编程零件程序(例如 X/Y 平面)。TNC 的“倾斜加工面”功能相当于坐标变换,加工面总垂直于刀具轴方向。

有 2 种倾斜加工面功能。

(1)手动倾斜。手动操作模式和电子手轮操作模式中用 3 - D ROT (3 - D 旋转)软键。

(2)程序控制倾斜。零件程序中的循环 19 (加工面)功能和零件程序中的 PLANE 功能。

以下介绍常用的 PLANE 功能。

PLANE 功能是一个功能强大的定义倾斜加工面功能,它支持多种定义方式。所有 PLANE 功能都可用于描述所需加工面,与机床实际所带的旋转轴无关,有 8 种定义方法,见表 4.8。除轴角功能外, PLANE 功能只能用于具有两个以上旋转轴 (主轴头/旋转工作台) 的机床上。

表 4.8　PLANE 功能

功能	所需参数
SPATIAL(空间角)	三个空间角:SPA、SPB 和 SPC
PROJECTED(投影)	两个投影角 PROPR 和 PROMIN 以及旋转角 ROT
EULER(欧拉角)	三个欧拉角:进动角(EULPR)、盘旋角(EULNU)和旋转角 (EULROT)

续表 4.8

功能	所需参数
VECTOR(矢量)	定义平面的法向矢量和用于定义 X 轴倾斜方向的基准矢量
POINTS(三点)	倾斜加工面上任意三点的坐标
RELATIVE(增量角)	一个增量有效的空间角
AXIAL(轴角)	最多三个绝对量或增量轴角 A,B,C
RESET(复位)	复位 PLANE 功能

以下仅以 SPATIAL(空间角)定义方式说明 PLANE 功能。

用空间角编程加工面位置,通过最多 3 个围绕机床固定坐标系旋转的空间角定义一个加工面, TNC 自动计算旋转轴所需的角度位置并将其保存在参数 Q120(A 轴)至 Q122(C 轴)中。如果输入的空间角度值导致旋转轴有两个解,TNC 基于旋转轴初始位置选择路径最短的解,如果两个解的路径长度相同, TNC 选择正方向旋转的解,可用 SEQ +/-功能预定义所需解。必须定义三个空间角 SPA、SPB 和 SPC,即使它们其中之一为 0。

按以下步骤进入 PLANE 功能,选择程序编辑操作模式,按下“特殊功能”软键,按下 TILT MACHINING PLANE (倾斜加工面)软键,按下 SPATIAL (空间角)软键,至此按提示输入所需参数。

输入全部 PLANE 定义参数后,还必须指定如何将旋转轴定位到计算的轴位置值处。(MOVE)指 PLANE 功能自动将旋转轴定位到所计算的位置值处,刀具相对工件的位置保持不变,TNC 将执行直线轴的补偿运动。(TURN)指自动将旋转轴定位到所计算的位置值处,但只定位旋转轴,TNC 将不对直线轴执行补偿运动。(STAY)需要在后面单独程序段中定位旋转轴。如果选择了 MOVE 功能,还必须定义刀尖至旋转中心距离和进给速率 F。如果选择 TURN 功能,还必须定义进给速率 F。

选择其他倾斜方法(SEQ +/-)是可选输入项,用来定义旋转方向。如果未定义 SEQ, TNC 用以下方法确定解,首先检查可能的解是否在旋转轴的行程范围内,如果在,将选择最短路径的解,如果只有一个解在行程范围内,将选择该解,如果行程范围内无解,将显示(输入的角不在允许范围内)出错信息。

选择变换类型也是可选输入项,在有 C 轴的回转工作台机床上,用于指定变换类型的功能。COORD ROT(坐标旋转)用于指定 PLANE 功能只将坐标系旋转到已定义的倾斜角位置,回转工作台不动,进行纯数学补偿。TABLE ROT(工作台旋转)用于指定 PLANE 功能将回转工作台定位到已定义的倾斜角,通过旋转工件进行补偿。

数控程序段举例:

```
PLANE SPATIAL SPA +0 SPB +45SPC +0 STAY        ;定义 PLANE 功能
L B +Q121 C +Q122 R0 FMAX                      ;转动摆动铣头至倾斜加工面中位置
```

按以下步骤复位 PLANE 功能,选择程序编辑操作模式,按下“特殊功能”软键,按下 TILT MACHINING PLANE (倾斜加工面)软键,选择复位功能,指定 TNC 是否需将旋转轴移到默认设置(MOVE/TURN)位置或 (STAY)不移动,必须选择其一。

PLANE 复位功能相当于用循环 19 的两步复位,完全复位当前 PLANE 功能(角度 =0 和功能被关闭)。

数控程序段举例(无旋转轴自动定位):

```
PLANE RESET STAY                          ;复位
L B +Q121 C +Q122 R0 FMAX                 ;转动摆动铣头至初始位置
```

数控程序段举例(带旋转轴自动定位):

```
PLANE RESET TURN F5000;复位,自动转动旋转轴至初始位置,旋转轴转速(度/分)
```

编程举例:加工图 4.63 所示倾斜面上的 15°孔。

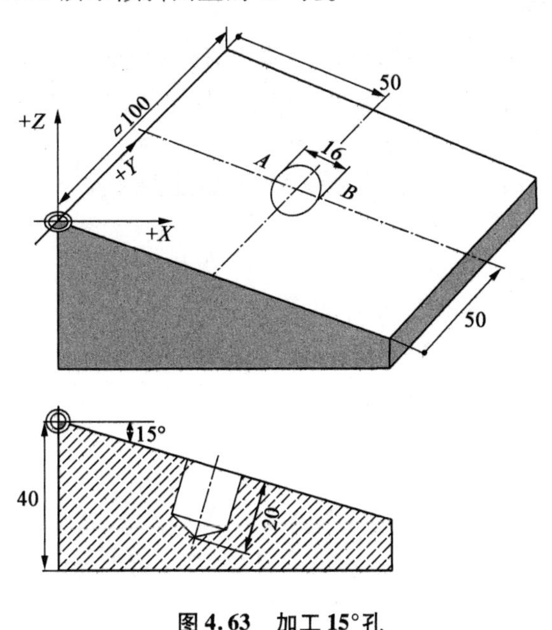

图 4.63　加工 15°孔

```
0  BEGIN PGM U1 MM
1  BLK FORM 0.1 Z X +0 Y +0 Z -40
2  BLK FORM 0.2 X +100 Y +100 Z +0
3  TOOL CALL 10 Z S8000                                  ;刀具调用
4  L  Z +100 R0 FMAX M3                                  ;第二安全高度与机床有关
5  CYCL DEF 200 DRILLING                                 ;定义循环
Q200 =2
Q201 = -20
......
15 PLANE SPATIAL SPA +0 SPB +15 SPC +0 TURN FMAX         ;倾斜加工面和定位旋转轴
16 L X +50 Y +50 Z +100 R0 FMAX M99                      ;接近起点并调用循环
17 L Z +100 R0 FMAX                                      ;退刀
18 PLANE RESET TURN FMAX                                 ;复位倾斜,定位运动
19 L Z +100 R0 FMAX M30                                  ;第二安全高度与机床有关
20 END PGM U1 MM
```

4.3.8　辅助功能

TNC 的辅助功能(也称为 M 功能)可影响程序运行、机床功能、刀具的路径特性。在一个定位程序段或一个单独程序段结束处最多可以输入两个 M 功能。

与 ISO 格式作用相类似的辅助功能本节不再说明,仅对常用且重要的几个功能予以解释。

1. 基于机床坐标编程 M91/M92

如果要在定位程序段中使用相对机床原点的坐标,在程序段结束处用 M91。如果要使定位程序段中的坐标基于附加机床原点,在程序段结束处用 M92。M91 和 M92 仅在编程的程序段中有效,且在程序段开始处生效。

2. 沿刀具轴退离轮廓 M140

用 M140 MB(后移)功能,输入沿刀具轴方向离开轮廓的路径。如果在定位程序段中输入 M140,TNC 将继续显示对话,提示输入刀具离开轮廓的路径,输入刀具离开轮廓所需的运动路径,或按下 MB MAX 软键移至行程的极限位置。

M140 仅在编程的程序段内有效,且在程序段开始处生效。

NC 程序段举例:

程序段 250:由轮廓退刀 50 mm。

程序段 251:将刀具移至行程范围的极限位置。

```
250 L X+0 Y+38.5 F125 M140 MB50 F750
251 L X+0 Y+38.5 F125 M140 MB MAX
```

3. 旋转轴的辅助功能

(1)TNC 将旋转轴的编程进给速率单位理解为度/分(包括毫米和英寸编程时)。因此,进给速率取决于刀具中心到坐标轴回转中心的距离。距离越远,轮廓加工进给速率越大。

M116 将旋转轴进给速率单位设为毫米/分,程序段执行期间,旋转轴进给速率不变,包括刀具移向旋转轴中心时。

M116 在加工面内有效。用 M117 可以复位 M116,M116 也可在程序段结束处被取消。M116 在程序段开始处生效。

(2)旋转轴显示值减小到 360°以内 M94。

TNC 标准特性是将刀具由当前角度值移到编程角度值。

M94 特性是,在程序段开始处,TNC 首先将当前角度值减小到 360°以下,然后将刀具移至编程值处。如果有多个旋转轴,M94 将减小所有旋转轴的显示值,或者在 M94 之后输入特定旋转轴,那么,TNC 将只减小该轴的显示值。

NC 程序段举例:

要减小当前所有旋转轴显示值:L M94

只减小 C 轴显示值:L M94 C

要减小所有当前旋转轴的显示值,然后沿 C 轴将刀具移至编程值处:L C+180 FMAX M94

(3)旋转轴短路径运动 M126。

定位旋转轴时显示的角度小于 360°时的 TNC 工作特性取决于机床参数 7682 的 Bit 2。MP7682 用于设置 TNC 应如何考虑名义位置和实际位置之差,或 TNC 是否必须用最短路径移到编程位置或仅当用 M126 编程时。

M126 特性是如果旋转轴显示值减小到 360°以下,TNC 将用 M126 功能沿最短路径移动旋转轴。就近原则示例见表 4.9。

表4.9　就近原则

实际位置	名义位置	M127运动	M126运动
350°	10°	-340°	+20°
10°	340°	+330°	-30°

M126在程序段开始处生效,要取消M126,输入M127。在程序结束时,M126将被自动取消。

4.用倾斜轴定位时保持刀尖位置(TCPM)M128

TNC标准特性是将刀具移至零件程序要求的位置处。如果在程序中改变了倾斜轴位置,必须计算所导致的直线轴偏移量并用定位程序段运动。

M128特性(TCPM:刀具中心点管理)是如果在程序中改变了受控倾斜轴位置,刀尖相对于工件的位置保持不变。

M128之后,可以编程另一个进给速率,TNC将用该进给速率沿直线轴上执行补偿运动。如果未在此编程无进给速率,或编程的进给速率大于参数MP7471定义值,MP7471进给速率有效。机床制造商必须将机床几何特性规定在运动特性描述中。

用M91或M92定位前输入M129复位M128,为避免轮廓欠刀,用M128时只能用球形铣刀,刀具长度必须相对刀尖的球心。

由图4.64可见,具备TCPM功能的五轴机床,控制系统只改变刀具方向,刀尖位置仍保持不变,*X*、*Y*、*Z*轴上必要的补偿运动已被自动计算进去。不具备TCPM功能的五轴机床,编程需要考虑主轴的摆长及旋转工作台的位置,意味着编程时,必须依靠CAM编程和后处理技术,事先规划好刀路,程序不具有通用性。

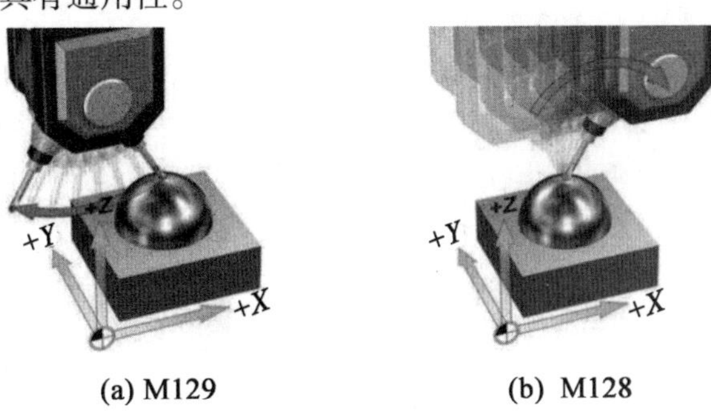

(a) M129　　(b) M128

图4.64　刀具中心点管理

对于倾斜工作台M128有效时,如果编程倾斜工作台运动,TNC将相应旋转坐标系。例如,旋转C轴90°(用定位指令或原点平移),然后编程*X*轴运动,TNC将沿机床轴*Y*执行运动。TNC还变换已定义的原点,用回转工作台运动实现这个平移。

M128在程序段开始处生效,M129在程序段结束处生效。在手动操作模式下M128也有效,即使改变了操作模式它仍保持有效。补偿运动的进给速率将保持有效直到编程新进给速率或用M129取消M128为止,如果在程序运行操作模式下选择新程序,TNC也将取消M128。

NC程序段举例:

补偿运动的进给速率1 000 mm/min:L X +0 Y +38.5 IB -15 RL F125 M128 F1000

4.3.9 综合举例

1. 用多把刀加工群孔(图4.65)

按如下程序执行顺序编程:在主程序中编写固定循环,调用全部阵列孔(子程序1),接近子程序1中群孔,调用群孔(子程序2),在子程序2中只对群孔编程一次。

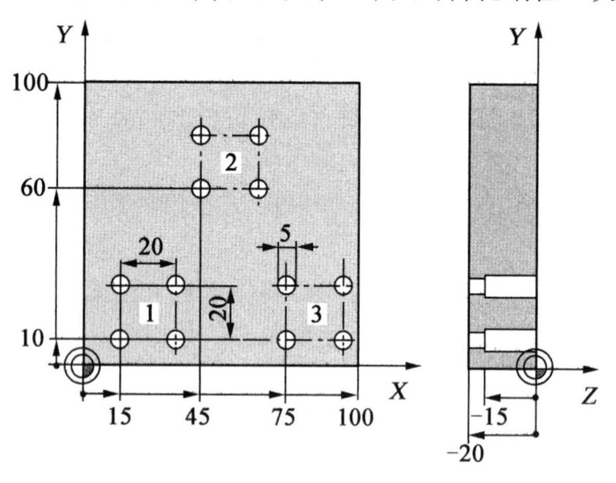

图4.65 示例1

```
0 BEGIN PGMSP2 MM
1 BLK FORM 0.1 Z X +0 Y +0 Z -20          ;定义毛坯左下角点
2 BLK FORM 0.2 X +100 Y +100 Z +0         ;定义毛坯右上角点
3 TOOL CALL 1 Z S5000                     ;调用刀具:中心钻
4 LZ +250 R0 FMAX                         ; 退刀
5 CYCL DEF 200 DRILLING                   ;循环定义:定中心
Q200 =2                                   ;安全高度
Q201 = -3                                 ;深度
Q206 =250                                 ;切入进给速率
Q202 =3                                   ;切入深度
Q210 =0                                   ;在顶部停顿时间
Q203 = +0                                 ;表面坐标
Q204 =10                                  ;第二安全高度
Q211 =0.25                                ;在底部停顿时间
6 CALL LBL 1                              ;调用全部阵列孔的子程序1
7 L Z +250 R0 FMAX                        ;换刀
8 TOOL CALL 2 Z S4000                     ;调用刀具:钻头
9 FN 0:Q201 = -25                         ;改变钻孔深度
10 FN 0:Q202 = +5                         ;改变钻孔切入深度
11 CALL LBL 1                             ;调用全部阵列孔的子程序1
12 L Z +250 R0 FMAX                       ;换刀
13 TOOL CALL 3 Z S500                     ;调用刀具:铰刀
14 CYCL DEF 201 REAMING                   ;循环定义:铰孔
```

```
Q200 =2                              ;安全高度
Q201 = -15                           ;深度
Q206 =250                            ;切入进给速率
Q211 =0.5                            ;在底部停顿时间
Q208 =400                            ;退刀进给速率
Q203 = +0                            ;表面坐标
Q204 =10                             ;第二安全高度
15 CALL LBL 1                        ;调用全部阵列孔的子程序 1
16 L Z +250 R0 FMAX M2               ;结束主程序
17 LBL 1                             ;子程序 1 的开始:整个阵列孔
18 L X +15Y +10 R0 FMAX M3           ;移至群孔 1 的起点
19 CALL LBL 2                        ;调用群孔的子程序 2
20 L X +45 Y +60 R0 FMAX             ;移至群孔 2 的起点
21 CALL LBL 2                        ;调用群孔的子程序 2
22 L X +75 Y +10 R0 FMAX             ;移至群孔 3 的起点
23 CALL LBL 2                        ;调用群孔的子程序 2
24 LBL 0                             ;子程序 1 结束
25 LBL 2                             ;子程序 2 的开始:群孔
26 CYCL CALL                         ;用当前固定循环加工第 1 孔
27L IX +20 R0 FMAX M99                ;移至第 2 孔,调用循环
28 L IY +20 R0 FMAX M99               ;移至第 3 孔,调用循环
29 L IX -20 R0 FMAX M99               ;移至第 4 孔,调用循环
30 LBL 0                             ;子程序 2 结束
31 END PGMSP2 MM
```

2. 围绕 A 轴旋转后用一把刀铣削 XY 平面和圆槽(图 4.66)

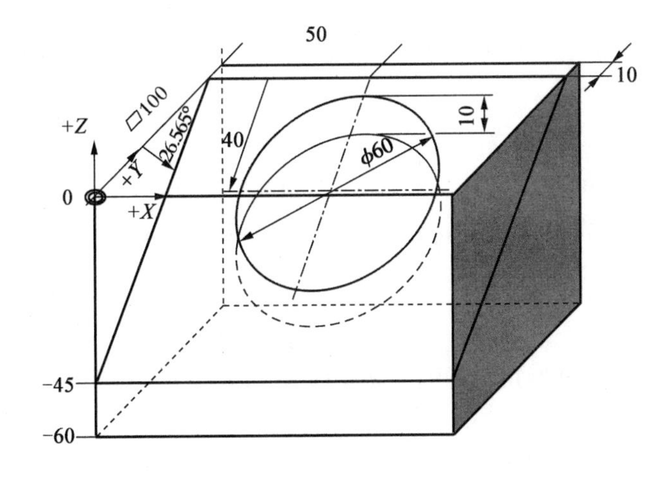

图 4.66　示例 2

```
0 BEGIN PGM U2 MM
1 BLK FORM 0.1 Z X +0 Y +0 Z -60     ;定义毛坯左下角点
2 BLK FORM 0.2 X +100 Y +100 Z +0    ;定义毛坯右上角点
```

```
3 TOOL CALL 10 Z S8000                                    ;调用刀具
4 L Z +100 R0 FMAX M3                                     ;第二安全高度与机床有关
5 CYCL DEF 7.0 DATUM SHIFT                                ;将原点平移至倾斜边处
6 CYCL DEF 7.1 X +0
7 CYCL DEF 7.2 Y +90
8 CYCL DEF 7.3 Z +0
9 PLANE SPATIAL SPA +26.565 SPB +0 SPC +0 TURN FMAX SEQ - ;倾斜加工面和定位旋转轴
10 CYCL DEF 232 FACE MILLING                              ;平面定义
Q389 =0                                                   ;加工方式
Q225 = +0                                                 ;第一轴起点
Q226 = +0                                                 ;第二轴起点
Q227 = +40                                                ;第三轴起点
Q386 = +0                                                 ;第三轴终点
Q218 = +100                                               ;第一侧边长度
Q219 = -105                                               ;第二侧边长度
Q202 =8                                                   ;最大切入深度
Q369 =0                                                   ;深度余量
......
11 L X +0 Y +0 Z +100 R0 FMAX M99                         ;接近起点并调用循环
12 CYCL DEF 252 CIRCULAR POCKET                           ;圆槽定义
Q215 =0                                                   ;加工方式
Q223 =60                                                  ;圆直径
Q368 =0                                                   ;侧边余量
Q207 =1600                                                ;铣削进给速率
Q351 = +1                                                 ;顺铣 /逆铣
Q201 = -10                                                ;深度
......
13 CYCL DEF 7.0 DATUM SHIFT                               ;倾斜面中增量尺寸原点平移
14 CYCL DEF 7.1 IX +50
15 CYCL DEF 7.2 IY -40
16 L X +0  Y +0 R0 FMAX M99                               ;接近起点并调用循环
17 L Z +100 R0 FMAX                                       ;第二安全高度与机床有关
18 PLANE RESET TURN FMAX                                  ;复位倾斜
19 CYCL DEF 7.0 DATUM SHIFT                               ;复位原点平移
20 CYCL DEF 7.1 X +0
21 CYCL DEF 7.2 Y +0
22 CYCL DEF 7.3 Z +0
23 L Z +100 R0 FMAX M30                                   ;结束主程序
24 END PGM U2 MM
```

3. 通过轴向多次进给铣削,用一把刀实现粗精加工(图 4.67)

```
0 BEGIN PGM 6BAS223 MM
1 BLK FORM 0.1 Z X +0 Y +0 Z -40
2 BLK FORM 0.2 X +100Y +100 Z +0
3 TOOL CALL 13 Z S2500 DR +0.5                            ;调用粗加工刀具,侧边余量 0.5
4 L Z +100 R0 FMAX M3
5 L X -30 Y +70 R0 FMAX                                   ;辅助点
```

```
6 L Z +0 FMAX
7 LBL 2                                   ;定义重复标记
8 L IZ -5 R0 F MAX M3                     ;轴向每次下刀5
9 CALL LBL 1                              ;轮廓子程序调用
10 CALL LBL 2 REP 5                       ;重复下刀5次
11 L Z +100 R0 F MAX M6
12 TOOL CALL 14 Z S3000                   ;换精加工刀具
13 L Z +100 R0 F MAX M3
14 L X -30 Y +70 R0 FMAX
15 L Z -30 FMAX
16 CALL LBL 1                             ;轮廓子程序调用
17 L Z +100 R0 FMAX M30                   ;主程序结束
18 LBL 1                                  ;轮廓子程序开始
19 APPR LCT X +10 Y +70 R5 RL F250 M3
20 L X +10 Y +90 RL
21 RND R10
22 L X +50 Y +90
23 RND R20
24 L X +90 Y +50
25 RND R20
26 L X +90 Y +10
27 RND R10
28 L X +50 Y +10
29 RND R20
30 L X +10 Y +50
31 RND R20
32 L X +10 Y +70
33 DEP LCT X -20 Y +70 R5 F500
34 LBL 0                                  ;轮廓子程序结束
35 END PGM 6BAS223 MM
```

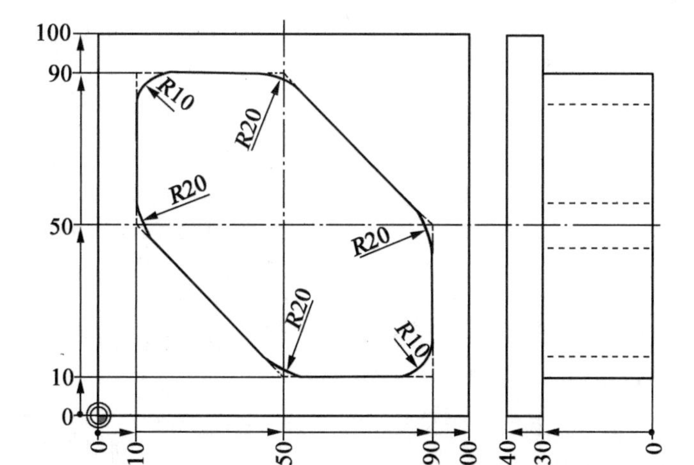

图 4.67　示例 3

4.4 加工中心综合编程实例

SIEMENS 810D 数控系统编程实例

【例 1】 铣削如图 4.68 所示零件的外形及内孔,ϕ20 的立铣刀 T1,半径补正为 D1。

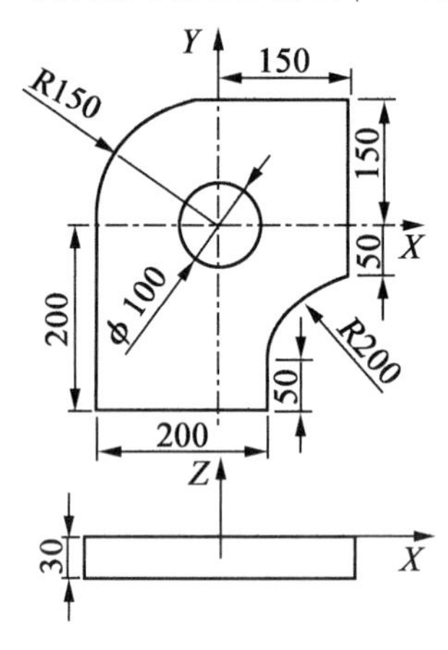

图 4.68 铣削零件

程序如下:

```
JX451 程序名
N10 G17 G40                          ;XY 平面及补正取消
N20 G75 FP=1 X1=0 Y1=0 Z1=0          ;回换刀点
N30 T1                               ;呼叫刀号
N40 M06                              ;自动换刀
N50 G0 G90 G54 X0 Y0                 ;快速定位到工件原点
N60 D1 M03 S500                      ;补正参数,主轴正转
N70 Z50 M08                          ;安全距离,开切削液
N80 Z-30                             ;工件深度
N90 G1 G42 X-50 F20                  ;刀具右补正,直线加工到 X=-50
N100 G2 I50 J0                       ;圆弧切削
N110 G40                             ;取消刀补
N120 G0 X0 Y0                        ;快速移动刀具到原点
N130 Z50                             ;安全高度
N140 G0 X-180 Y-230                  ;快速定位
N150 Z-30                            ;下刀工件深度
N160 G1 G41 X-150 F20                ;刀具左补正,进给率 20
N170 Y0                              ;走刀路径
N180 G2 X0 Y150 CR=150
N190 G1 X150
N200 Y-50
N210 G3 X50 Y-150 CR=200
```

```
N220 G1 Y-200
N230 X-220
N240 G40                                    ;取消刀补
N250 G0 Z100 M05 M09                        ;提刀,主轴停止,切削液关
N260 M30                                    ;程序结束
```

【例 2】 钻削如图 4.69 所示零件中的 15 个小孔,刀具为 T1ϕ8 钻头。

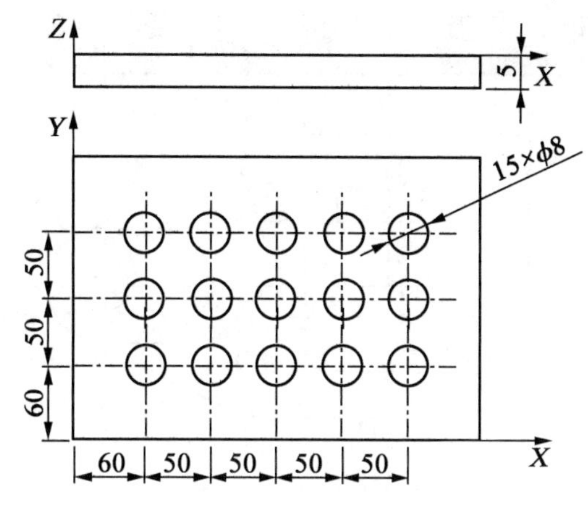

图 4.69　钻孔零件

主程序

```
JX452
N10 G40 G17
N20 G75 FP=1 X1=0 Y1=0 Z1=0
N30 T1
N40 M06
N50 G0 G90 G54 X50 Y50
N60 D1 M03 S600 Z20
N70 Z5 M08
N80 MCALL CYCLE81(3,0,5,-15,15)
N90 LP001 P5
N100 G91 G0 Y50
N110 LP002 P5
N120 Z100 M05
N130 MCALL M09
N140 M30
```

子程序(1)

```
LP001
N10 G91 X50
N20 M17
```

子程序(2)

```
LP002
N10 G91 X-50
N20 M17
```

习题与思考题

4.1 加工中心编程的特点是什么?

4.2 试编制如图 4.70 所示零件的数控加工程序。

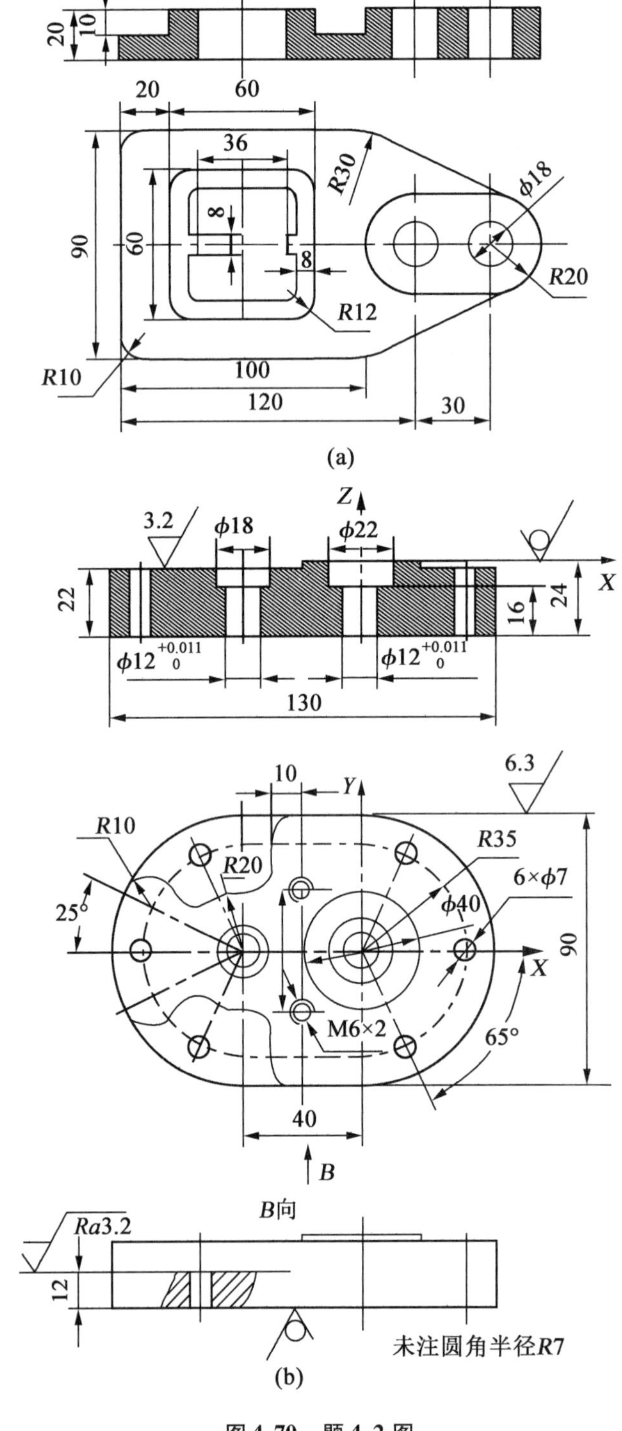

图 4.70 题 4.2 图

第5章　Mastercam 自动编程

2020 年 6 月 9 日,数码大方(简称 CAXA)完全自主研发的 CAXA CAM 制造工程师 2020 版正式发布。制造工程师 2020 是基于 CAXA 3D 实体设计 2020 平台全新开发的 CAD/CAM 系统,采用全新的 3D 实体造型、线架曲面造型等混合建模方式,涵盖从两轴到五轴的数控铣削加工方式,支持从设计、编程、代码生成、加工仿真、机床通信、代码校验的全流程闭环设计制造模式。

CAD/CAM 作为核心工业软件,是“工业知识的软件”,不是简单靠买或者租国外的源代码,就能开发出的软件,必须经过长期的技术积累、应用积累和持续创新。从 1989 年到 2020 年,三十多年深耕细作,CAXA 人持之以恒,迎来了 CAXA 制造工程师 2020 的全新亮相。CAXA 坚持自主开发,走创新之路,成为掌握核心技术的国产工业软件优秀代表,以技术硬实力推动国产工业软件的技术革新和应用创新,赋能我国制造业转型升级。

截至 2019 年底,CAXA 已获得授权发明专利 105 项,其中国内发明专利 93 项,国外发明专利 12 项,所有发明专利均为 CAXA 独有。用自有专利技术构建国产工业软件的“中国芯”硬核,构建良好的工业软件共赢互利生态环境。

进入中国制造 2025,转型升级成为中国制造的“必修课”。工业软件是智能制造的核心,一直是阻碍我国工业发展的短板,在制造领域最为重要的 CAD/CAM 软件,国外软件长期占据着垄断地位。具有自主知识产权的国产 CAD/CAM 系统——CAXA 制造工程师 2020 给我们带来了希望和曙光。

5.1　概　　述

Mastercam 具有方便直观的二维、三维几何造型,强大稳定的造型功能可设计出复杂的曲线、曲面零件;具有强劲加工功能,可以加工复杂的零件,具有可靠的刀具路径校验功能,可模拟零件加工的整个过程,自动生成数控加工程序。Mastercam 主要应用于机械、电子、汽车、航空等行业,特别是在模具制造业中应用最广。

Mastercam X5 具有良好的人机界面,用户可以根据要求设置工作环境。工作区分为:主功能表、坐标区、工具栏、操作管理区、工作区、储存操作区、属性状态栏。

鼠标操作时左键表示选取,中键可以放大、缩小、旋转、平移,右键会出现相应功能。

Mastercam X5 的工作界面如图 5.1 所示。

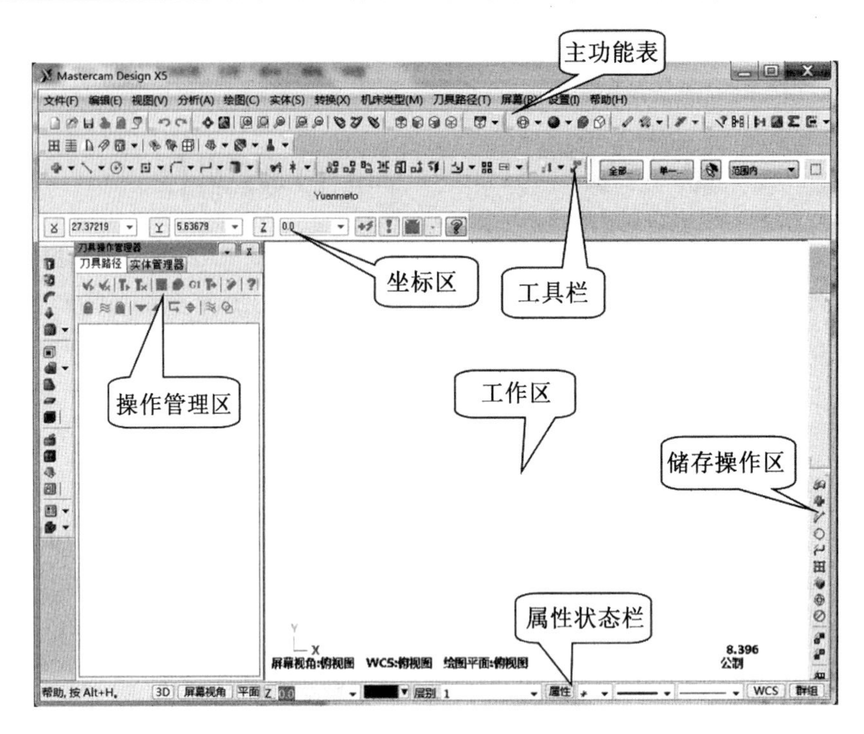

图 5.1 Mastercam X5 的工作界面

5.1.1 文件管理

单击文件,出现图 5.2 下拉菜单,可以进行新建文件、打开文件、合并文件、保存、打印文件等功能操作。

“打开文件”可以读取其他 CAD/CAM 软件文件,“保存”可以将 Mastercam 生成的数据保存成 19 种格式,实现与其他 CAD/CAM 软件数据交换,“打印文件”可以将生成的图形、刀具路径等数据文件输出打印。

(1)系统配置。用户可以根据使用要求进行软件的相关设置。单击菜单“设置”→“系统配置”,出现如图 5.3 及图 5.4 所示菜单及对话框,可进行刀路模拟、CAD 设置、串联选项、颜色等一系列设置。

(2)绘图基本设置。“设置”→“系统设置”→“CAD 设置”,可以在绘图前进行相关设置;通过工作区最下端属性状态栏可以进行绘图前的一些基本设置。

(3)构图深度 Z 设置。为了区分某个方向上不同的平面,采用了构图深度这一概念,通常用“Z”表示。设置方法:单击属性状态栏中的“Z”左侧数字,即可输入所需构图深度,数字可正可负。

图 5.2　文件管理下拉菜单

图 5.3　设置下拉菜单

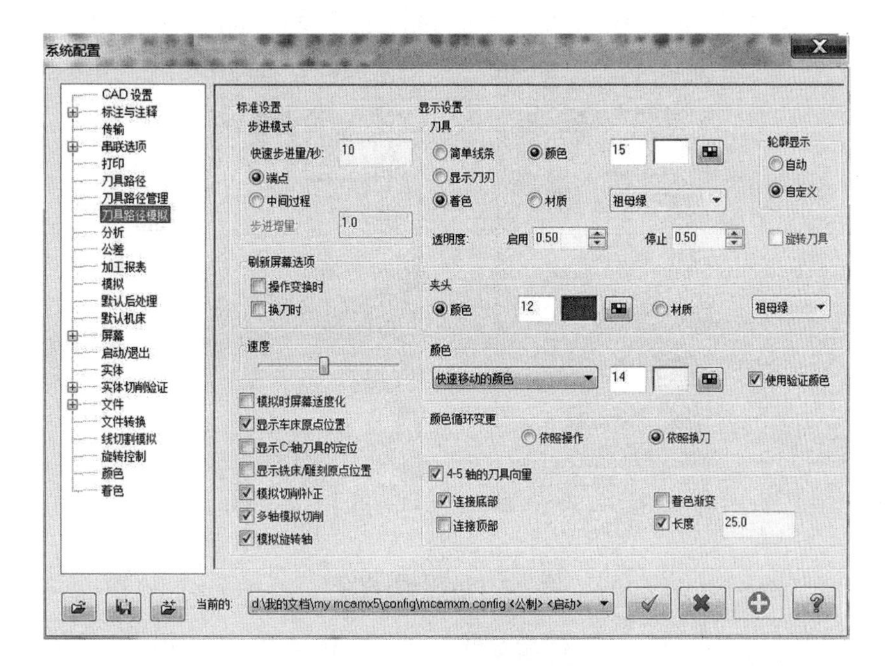

图 5.4　系统配置对话框

5.1.2　基本设置

(1)层别设置。单击属性状态栏中的“层别”,打开 “层别管理”对话框,如图 5.5 所示,可以进行层别设置。

图 5.5　层别管理

(2)图素属性设置。在属性状态栏中用鼠标左键单击“属性”按钮,打开“属性”对话框,如图 5.6(a)所示,在绘图之前可以进行属性设置,如颜色,线型、线宽等。若要改变已绘制图素的属性,需在“属性”按钮处单击鼠标右键进行相应更改设置,如图 5.6(b)所示。

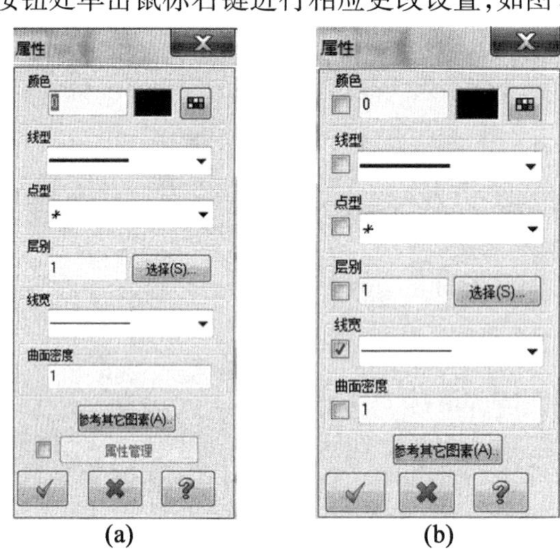

图 5.6　设置图素属性

例:改变图 5.7(a)所示圆的线宽、颜色等,方法是,鼠标右键单击“属性”,工作界面出现提示框 选择要改变属性的图素 ,鼠标左键选择圆轮廓线,此时圆轮廓线变亮,如图 5.7(b)所示,表示已选中,单击工作界面中右上角处绿色结束选择按钮,出现属性更改对话框。此时对图 5.6(b)与图 5.6(a)对话框不同之处在于,图 5.6(b)的对话框在所有要更改的属性右侧都有复选框,分别选中颜色、线型、线宽复选框,更改图 5.7(a)中圆的线宽及颜色,单击,更改结果如图 5.7(c)所示。

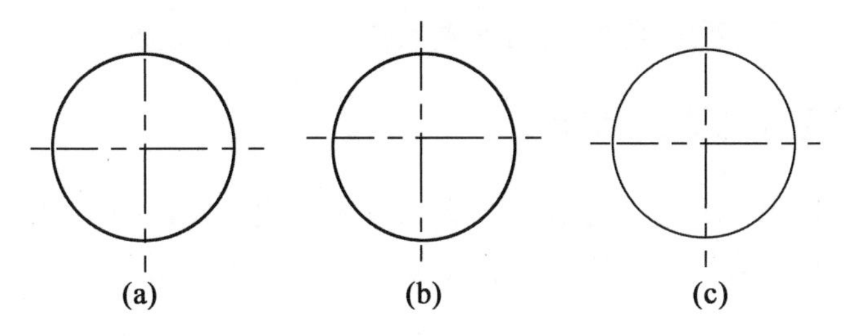

图 5.7　改变图素属性

(3)坐标系设置。在属性状态栏单击“WCS”,可以进行坐标系的设置。

(4)CAD 设置。单击“设置”→“系统设置”,在出现的对话框中可以进行 CAD 相关设置。如绘制圆弧时可以设置自动产生圆弧的中心线,中心线的形式、线长、颜色、层别、类型等可以预先设置。

(5)视图设置。单击“视图”,出现图 5.8 下拉菜单,可以进行视图的平移、缩放、多重视角设置等。

(6)视图平移。单击“视图”→“平移”,用户按住鼠标左键并移动鼠标,即可快速移动当前视图。

(7)视图缩放。使用“适度化”“窗口缩放”“目标缩放”等功能,可以将当前视图大小进行变化。

(8)多重视角设置。“视图”→“多重视角”,可用 1 个、2 个或 4 个视口来显示图形,每个视口可以显示不同的视图,也可以显示同一个视图。

(9)屏幕设置。单击“屏幕”,出现图 5.9 下拉菜单,可以进行图素变换后清除颜色、屏幕统计、隐藏图素、恢复部分图素、网格设置等。

图 5.8　视图操作菜单

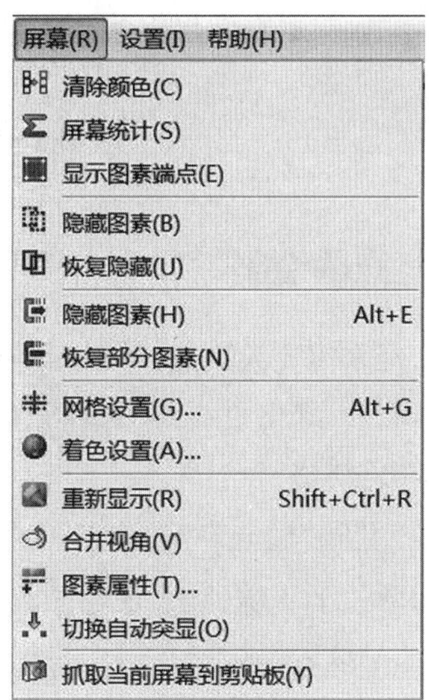

图 5.9　屏幕设置

注意:B 隐藏图素功能,是将工作区中选中的图素隐藏; U 恢复隐藏的图素功能,是将隐藏的图素恢复到工作区中;H 隐藏图素功能是将选中的图素留在工作区中,未选中的图素隐藏起来,N 恢复部分图素功能是将 H 隐藏图素功能中隐藏的图素恢复到工作区中。

(10)其他设置。通过系统配置,根据需要还可以进行其他设置。

5.1.3 数据交换与通信功能

提供格式转换器,可以方便与其他 CAD 软件实现数据交换;具有开放的 C-HOOK 接口,便于用户进行二次开发;可以与数控机床直接进行通信,实现数据传输。

5.2 二维图形绘制

绘制二维图形是 CAD 应用的基础。单击“绘图”,出现的下拉菜单如图 5.10 所示。可以完成点、任意线、圆弧、倒圆弧、倒角、曲线、曲面、尺寸标注等功能。

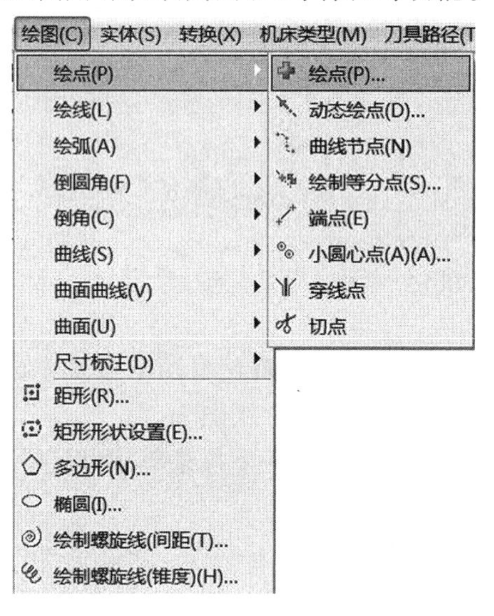

图 5.10 二维图形绘制菜单

5.2.1 点的绘制

绘图时,经常需要绘制点,单击“绘图”→“点”,出现图 5.10 所示下拉菜单,可以通过菜单中的方法绘制所需要的点。点的绘制有以下几种方法:直接输入绘点、快速绘点、自动抓点等。

1. 直接输入绘点

单击“绘图”→“绘点”→“绘点”,在图 5.11 中输入点的坐标,即可指定该点。单击 X、Y、Z 可以将点的坐标锁定,如图 5.12 所示。

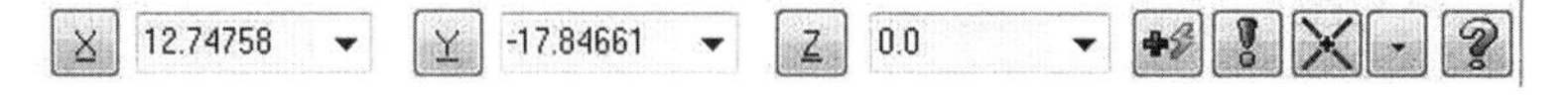

图 5.11 绘制点工具栏

2. 快速绘点

单击图 5.12 中的 ,在图 5.13 中空白输入“20,20,0”或者“x20y20z0”,按“Enter”键,即可绘制点。

图5.12　点的坐标锁定

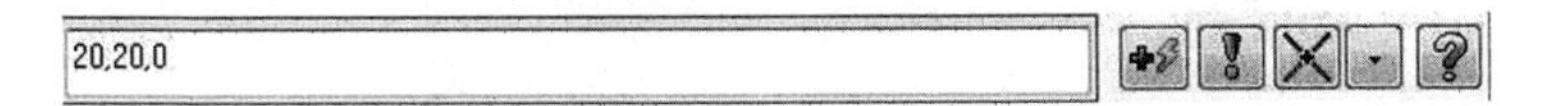

图5.13　点的输入方法

3. **自动抓点**

单击图5.12中，出现图5.14所示对话框，可以进行自动抓点设置。单击左侧，出现图5.15下拉菜单，可以手动绘点。通过这些功能，可以绘制工作区中现有图素上的点，如直线的端点、中点，圆弧的中心点、四等分点等，如图5.16所示。

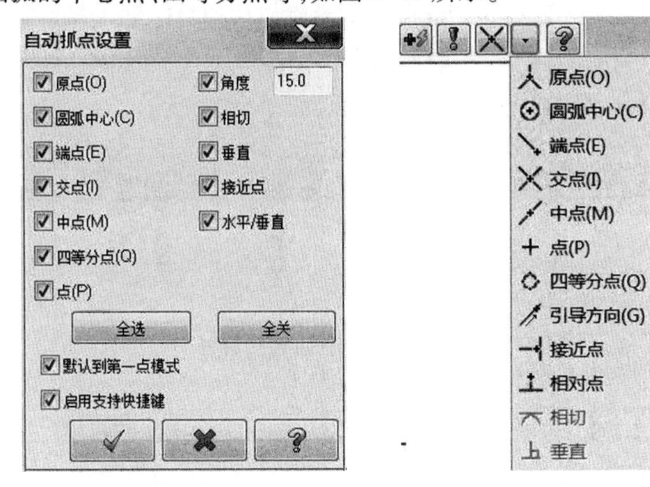

图5.14　自动抓点设置　　　　图5.15　绘制点类型

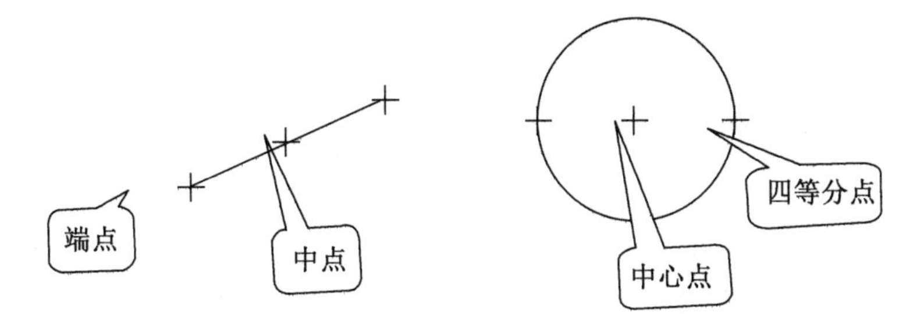

图5.16　绘制不同点

5.2.2　绘制直线

单击“绘图”→“绘线”，出现图5.17下拉菜单，可以绘制菜单中的6种直线。

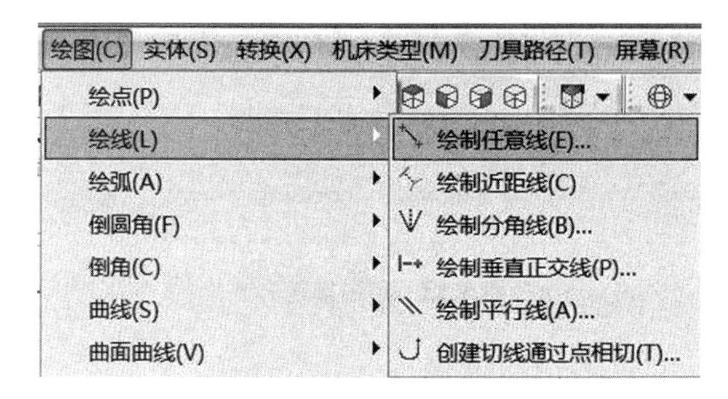

图 5.17 绘制直线种类

1. 绘制任意线

单击“绘图”→“任意线”→“绘制任意线”，系统启动两点绘线工具栏，如图 5.18 所示。在坐标输入处输入直线的起点(0,0,0)，在右侧输入距离 100，在右侧输入角度 60，单击“应用”可以绘制长度为 100、角度 60°的直线，如图 5.19 所示。

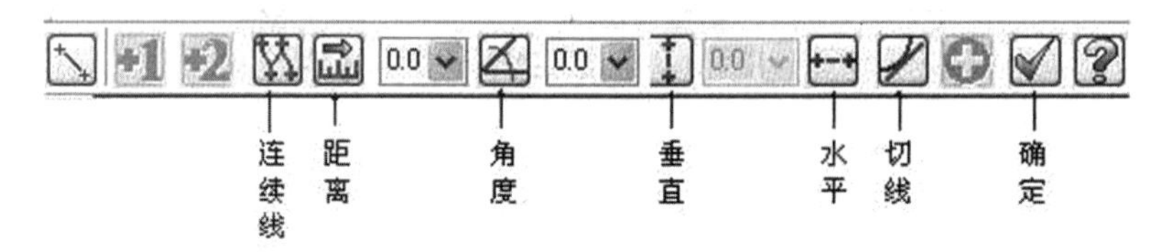

图 5.18 绘制任意线工具栏

图 5.19 绘制任意线坐标、角度设定

单击或或，分别可以绘制垂直线、水平线或圆弧切线，如图 5.20 所示。

2. 绘制垂直正交线

单击“绘图”→“任意线”→“绘制垂直正交线”，屏幕提示选取直线、圆弧或曲线，选择屏幕上的线段 1，屏幕提示请选择任意点，在屏幕上选择需要的位置单击鼠标左键，单击，绘制的垂直正交线 2 如图 5.21 所示。

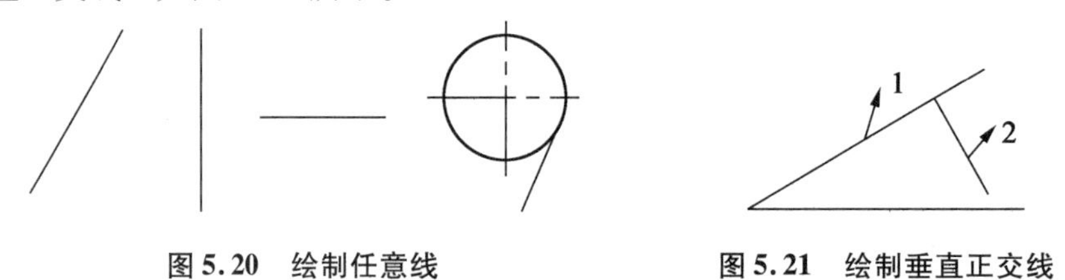

图 5.20 绘制任意线　　图 5.21 绘制垂直正交线

3. 绘制平行线

单击“绘图”→“任意线”→“绘制平行线”，屏幕提示 选取一线 ，选择屏幕上的线段 1，屏幕提示 选择平行线经过的点 ，在屏幕上选择需要的位置单击鼠标左键，单击，绘制的平行线 2 如图 5.22 所示,平行线之间的距离可以在 0.0 中输入。

4. 绘制通过点相切线

单击“绘图”→“任意线”→“通过点相切”,屏幕提示选取圆弧或曲线,选择屏幕上的圆弧,屏幕提示选择一个圆弧或曲线上的相切点,在屏幕上选择需要的位置单击鼠标左键,单击,绘制的切线如图 5.23 所示,切线的长度可以在 0.0 中输入。

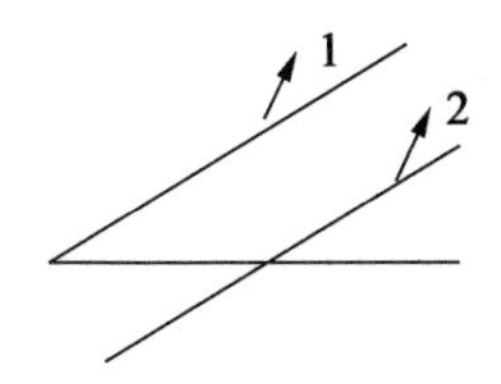

图 5.22　绘制平行线

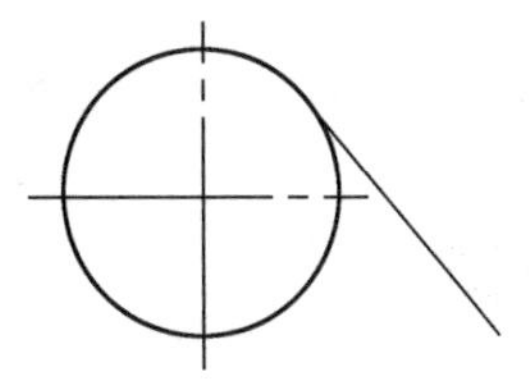

图 5.23　绘制相切线

5.2.3　绘制圆弧

单击“绘图”→“圆弧”,可以绘制菜单中的 7 种圆弧。

1. 三点画圆

单击“绘图”→“圆弧”→“三点画圆”,出现图 5.24 绘制圆弧工具栏。屏幕提示请输入第一点,输入第一点后,屏幕提示请输入第二点,输入第二点后,屏幕提示请输入第三点(点的坐标可以在坐标输入处输入),左键单击,即可在绘图区绘制所需要的圆。

图 5.24　绘制圆弧工具栏

2. 圆心 + 点画圆

单击“绘图”→“圆弧”→“圆心 + 点画圆”,出现图 5.25 绘制圆工具栏。

屏幕提示请输入圆心点,在坐标输入处输入圆心(0,0,0),在 30.0 输入圆的半径,或者在 60.0 输入圆的直径,左键单击或,即可在绘图区绘制 $\phi30$ 的圆,如图 5.26 所示。

图 5.25　“圆心 + 点画圆”绘制圆工具栏

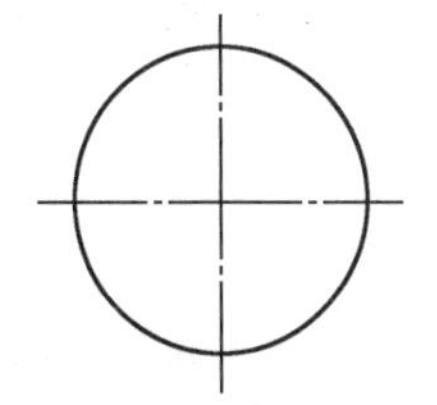

图 5.26　绘制整圆

3. 绘制切弧

单击“绘图”→“圆弧”→“切弧”,出现画切弧工具栏,如图 5.27 所示。此功能可以绘制不同的切弧。

图 5.27　绘制切弧工具栏

5.2.4　倒圆角

单击“绘图”→“倒圆角”，出现图 5.28 下拉菜单。单击“绘图”→“倒圆角”→“倒圆角(E)”，可以对绘图区现有图素图 5.29(a)所示进行倒圆角，如图 5.29(b)所示。

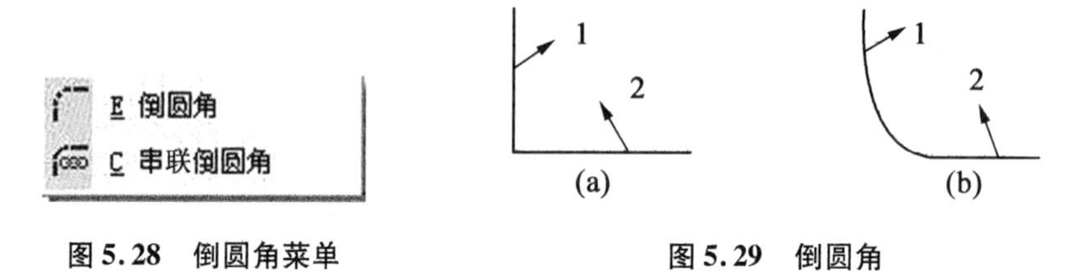

图 5.28　倒圆角菜单　　　　图 5.29　倒圆角

单击“绘图”→“倒圆角”→“串联倒圆角(C)”，可以对绘图区现有封闭轮廓图素图 5.30(a)所示进行倒圆角，如图 5.30(b)所示。

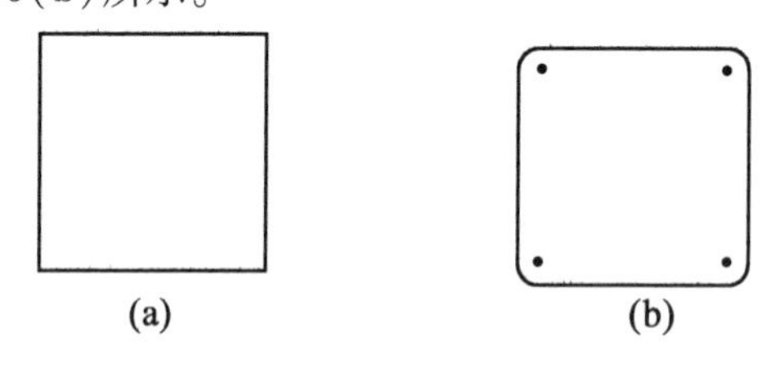

图 5.30　串联倒圆角

5.2.5　倒角

单击“绘图”→“倒角”，出现图 5.31 下拉菜单。单击“绘图”→“倒角”→“倒角(E)”，可以对绘图区现有图素图 5.32(a)所示进行倒角，如图 5.32(b)所示。

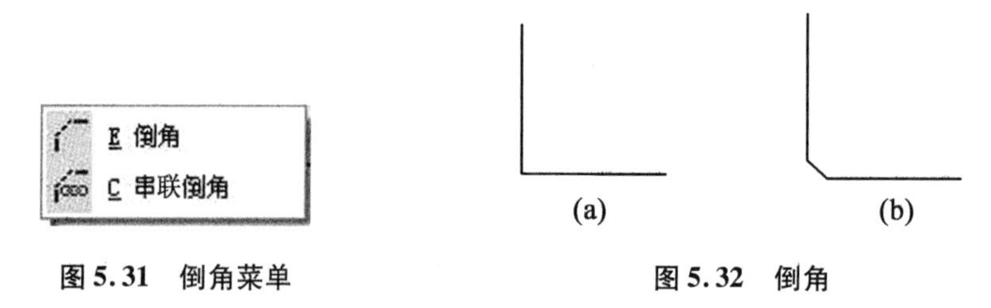

图 5.31　倒角菜单　　　　图 5.32　倒角

单击“绘图”→“倒角”→“串联倒角(C)”，可以对绘图区现有图素图 5.33(a)所示进行串联倒角，如图 5.33(b)所示。

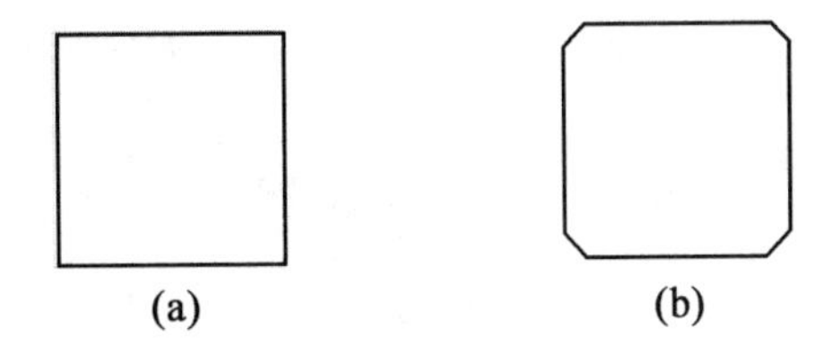

图 5.33 串联倒角

5.2.6 标注尺寸

单击“绘图”→“尺寸标注”，出现图 5.34 下拉菜单。可以进行尺寸“重建”、“标注尺寸”，尺寸“多重编辑”，标注“延伸线、引导线、注解文字、剖面线”，可以对尺寸进行“快速标注”。单击“绘图”→“尺寸标注”→“标注尺寸”出现图 5.35 下拉菜单，可以对尺寸进行 10 种标注。

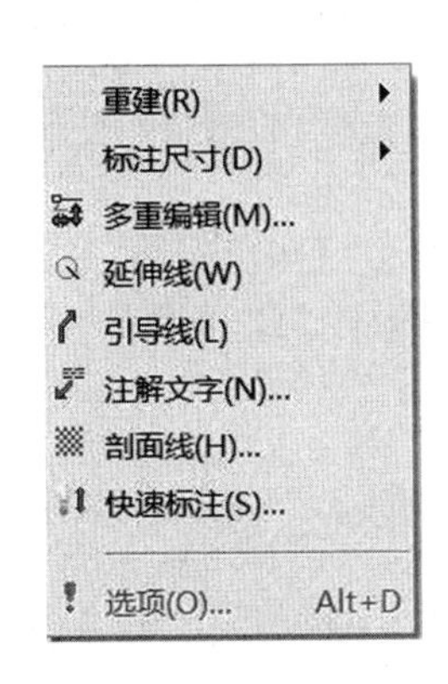

图 5.34 标注设置菜单

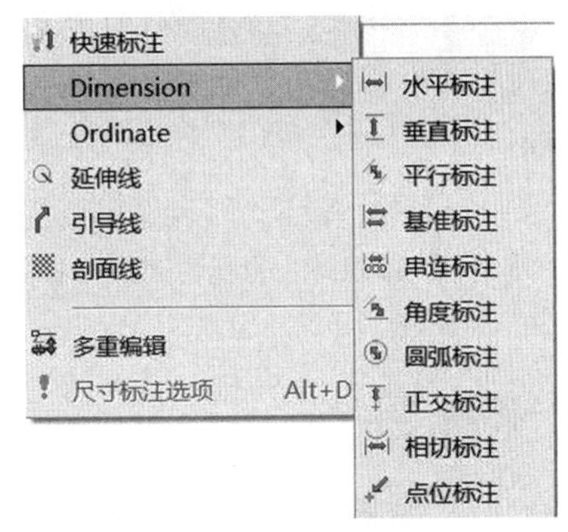

图 5.35 尺寸标注菜单

单击“绘图”→“尺寸标注”→“选项”，对标注尺寸文字、小数位数、公差、箭头等在“选项”中进行设置，如图 5.36 所示。标注示例如图 5.37 所示。

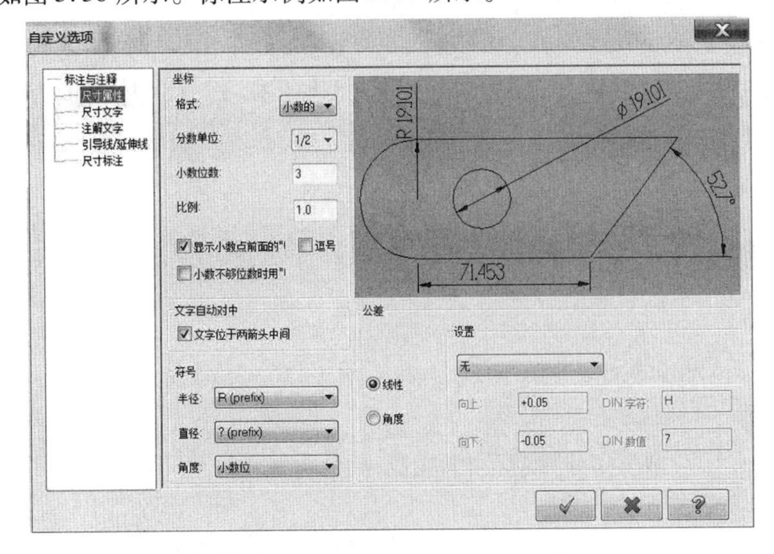

图 5.36 尺寸标注设置对话框

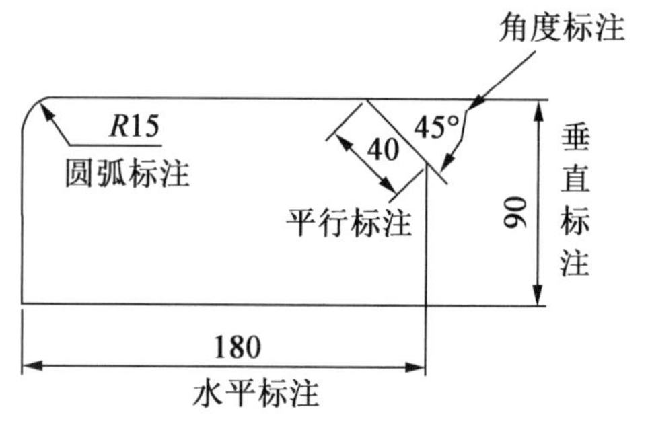

图 5.37 标注尺寸

1. **标注尺寸**

单击“绘图”→“尺寸标注”→“标注尺寸”,可以对绘制的几何图进行尺寸及角度标注,工程图所需的公差、文字高度、小数位数、箭头大小等可以在“绘图”→“尺寸标注”→“选项”中预先设置,也可以在标注尺寸工具栏中[!]进行设置修改。

2. **尺寸标注**

单击“绘图”→“尺寸标注”,可以对已标注尺寸进行“重建”“多重编辑”(修改已标注尺寸的公差、文字高度、小数位数、箭头大小等);可以对几何图标注“延伸线”“引导线”“注解文字”;可以标注“剖面线”。

5.2.7 绘制文字

单击“绘图”→“绘制文字”,出现“绘制文字”对话框,在“真实字型”中设置要绘制文字的字体,在“文字内容”中输入要绘制的文字,在“文字对齐方式”中选定对齐方式,在“参数”中选定绘制文字的高度、间距等,设置结束,单击确定,屏幕提示[输入文字起点位置],文字起点坐标可以在坐标输入处输入。

例:在图 5.37 中以绘制文字方式标注图中汉字。

单击“绘图”→“绘制文字”,出现“绘制文字”对话框,单击“真实字型”,选择“宋体”→“确定”,在“绘制文字”对话框“文字内容”中输入“水平标注”,“文字对齐方式”→“水平”,“参数”:“高度”→“5”,“间距”→“1”,单击[✓],屏幕提示[输入文字起点位置],在平面上选择合适位置,单击鼠标左键确定。

5.2.8 实例

【实例一】

绘制如图 5.38 所示零件。

1. **基本设置**

属性:层别为 1;线型为实线;线宽为细实线;颜色为黑色。

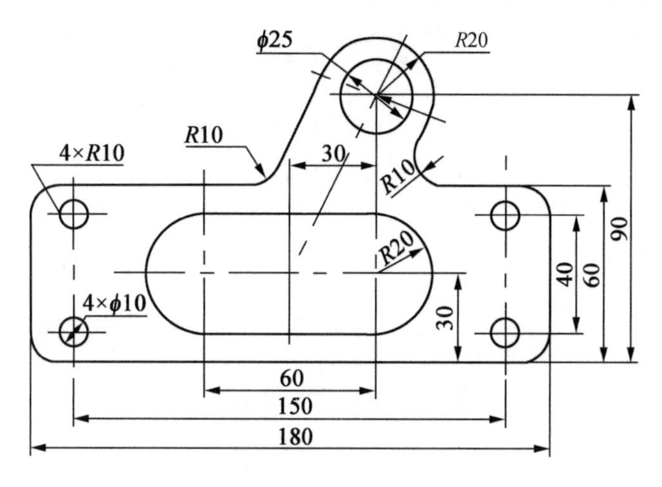

图 5.38　实例一零件图

2. 绘图步骤

(1)绘制矩形。

“绘图”→“矩形(R)”,单击工具栏图标,在坐标输入处输入矩形中心点坐标(0,0,0),在工具栏处输入“180”,在处输入“60”,单击,绘制图 5.39(a)所示矩形。

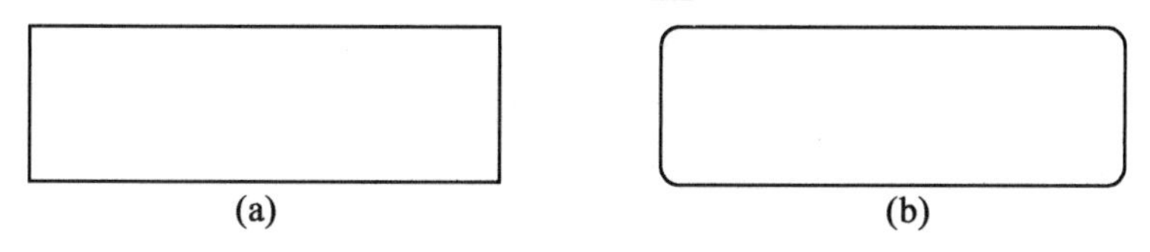

图 5.39　绘制带圆角矩形

(2)绘制矩形圆角。

“绘图”→“倒圆角”→“倒圆角”,在工具栏图标右侧输入“10”,图标右侧选择标准、选中图标,根据屏幕提示倒圆角:选取一图素,分别选定要倒圆角的边,单击,结果如图 5.39(b)所示。

(3)绘制 4 个 ϕ10 圆。

“绘图”→“圆弧”→“C 圆心 + 点”,在工具栏右侧输入“10”,单击锁定直径“10”,分别为(75,20,0)、(-75,-20,0)、(-75,-20,0)、(75,-20,0)4 个圆心点。绘制 4 个圆,单击,结果如图 5.40 所示。

(4)绘制中间矩形。

“绘图”→“矩形形状设置(E)”,出现“矩形选项”对话框,单击图标,展开对话框进行所需参数设置,在中输入“100”,在中输入“40”,在中输入“20”,“形状”选择,“固定位置”选择中心,输入中心点坐标(0,0,0),单击,结果如图 5.41 所示。

(5)绘制圆及圆弧。

绘制 ϕ30 圆,“绘图”→“圆弧”→“C 圆心 + 点”,在工具栏单击输入圆心(30,60,0),在工具栏直径图标侧输入“25”,按“Enter”键如图 5.42 所示,单击,结果如图 5.43 所示。

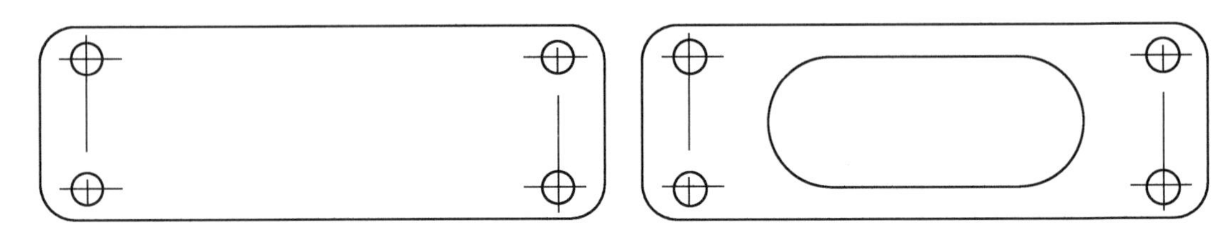

图 5.40　绘制 4 个圆　　　　图 5.41　绘制中间矩形

图 5.42　绘制圆快捷工具栏

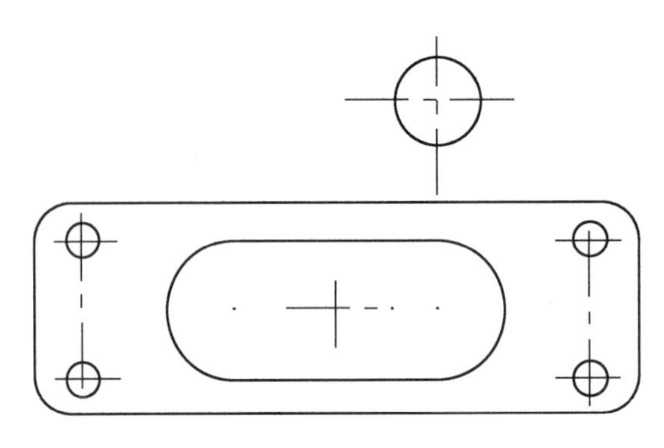

图 5.43　绘制圆

绘制 $R20$ 圆弧,“绘图”→“圆弧”→“极坐标圆弧(P)”,在工具栏半径图标右侧输入“20”,按“Enter”键如图 5.44 所示,单击,绘制圆弧 C1,结果如图 5.45 所示。

图 5.44　极坐标绘制圆弧工具栏

(6)绘制两平行切线。

“绘图”→“点”→“绘点”,在坐标输入处输入(0,0,0)即坐标原点,单击。

“属性”→“线型”设置为中心线。“绘图”→“任意线”→“绘制任意直线(E)”,捕捉原点及 $\phi30$ 圆圆心,连接直线 L1,单击,结果如图 5.46 所示。

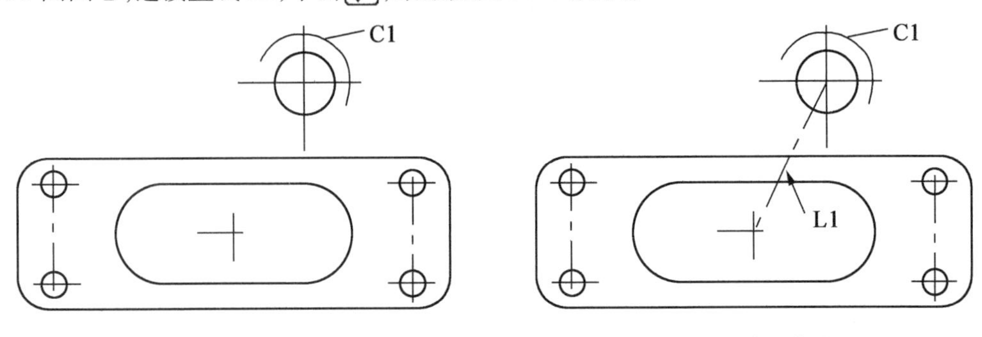

图 5.45　绘制圆弧 C1　　　　图 5.46　绘制直线 L1

“绘图”→“任意线”→“绘制平行线(A)”,单击工具栏图标,屏幕提示 选取一线 ,选择图 5.46 中直线 L1,屏幕提示 选择平行线相切的圆弧 ,选取 C1 圆弧,单击,绘制平行切线 L2,同理绘制平行切线 L3,结果如图 5.47 所示。

(7)修剪图素。

“编辑”→“修剪/打断”→“修剪/打断/延伸”,单击,屏幕提示 选取要分割的曲线或圆弧 ,单击选取直线 L1 与 L2 之间的线段 L4,剪掉 L4 线段;单击,屏幕提示 选取图素去修剪或延伸 ,分别选取直线 L1 与圆弧 C1、直线 L2 与圆弧 C1,修剪为直线与圆弧交于一点。

(8)倒圆角。

“绘图”→“倒圆角”→“倒圆角(E)”,在工具栏圆弧半径处输入“10”,即 10.0,单击选取直线 L2 与 L5、L3 与 L6 进行倒圆角,结果如图 5.48 所示。

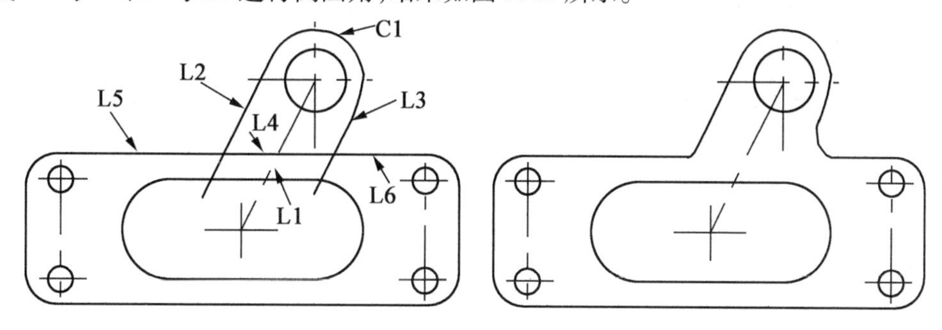

图 5.47 绘制平行线　　　　图 5.48 修剪图形倒圆角

(9)尺寸标注。

“绘图”→“尺寸标注”→“选项”,在“尺寸标注设置”对话框中,单击“尺寸属性”,将“小数位数”设置为“0”;单击“尺寸文字”,将“字体高度”设置为“5”;单击“引导线/延伸线”,将“线型”设置为“三角形”,选中“填充”,将“高度”设置为“4”,“宽度”设置为“1”,单击。

“绘图”→“尺寸标注”→“水平标注”,标注水平方向的 4 个尺寸;“绘图”→“尺寸标注”→“垂直标注”,标注垂直方向的 4 个尺寸。

“绘图”→“尺寸标注”→“选项”→“尺寸文字”→“文字定位方式”,选中“水平方向”,单击。

“绘图”→“尺寸标注”→“圆弧标注”,标注半径及直径,标注结果如图 5.38 所示。

【实例二】

绘制图 5.49 零件。

绘图步骤:

1. 绘制 ϕ40 中心圆

(1)基本设置。

“属性”→“颜色”→“黑色”、“层别 1”、“线型”→“中心线”、“线宽”→“细实线”。

(2)“设置”→“系统设置”→“CAD 设置”→“中心线形式”选择直线“直线”。

(3)“绘图”→“圆弧”→“圆心 + 点”,在坐标输入处输入圆心点坐标(0,0,0),按“Enter”,在工具栏图标处输入“40”,绘制 ϕ40 中心圆,如图 5.50 所示。

2. 绘制 $\phi8$ 三个圆、$\phi12$ 圆

(1)基本设置。

“属性”→“层别2”,其他不变;“设置”→“系统设置”→“CAD设置”→“中心线形式”选择“⊙无”。

(2)确定 $\phi8$ 圆的圆心。

“绘图”→“任意线”→“任意直线(E)”,在绘制直线工具栏长度处输入30并锁定,即 [30.0],在角度处输入“210”,即 [210.0],屏幕提示 请指定第一个端点 ,选择 $\phi40$ 圆圆心,单击,绘制图5.51中直线L1;在角度处输入“-30”,即 [-30.0],屏幕提示 请指定第一个端点 ,选择 $\phi40$ 圆圆心,单击,绘制图5.51中直线L2。

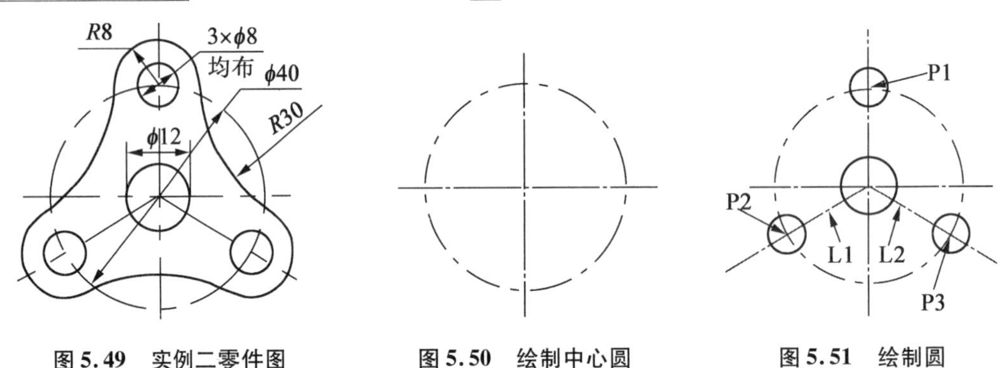

图5.49 实例二零件图　　图5.50 绘制中心圆　　图5.51 绘制圆

(3)绘制三个 $\phi8$ 圆。

“属性”→“线型”→“实线”,其他不变。

“绘图”→“圆弧”→“圆心+点”,在工具栏图标处输入“8”,单击锁定输入值,即 [8.0],屏幕提示 请输入圆心点 ,捕捉图5.51中点P1、P2、P3,单击,绘制三个圆。

在直径输入处输入“12”,按“Enter”,捕捉 $\phi40$ 圆心,单击,绘制 $\phi12$ 圆。绘图结果如图5.51所示。

3. 绘制三个 $R8$ 圆弧

“绘图”→“圆弧”→“极坐标圆弧(P)”,在工具栏半径处输入“8”,单击锁定输入值,即 [8.0],在起始角度处输入“-10”,在终止角度处输入“190”,即 [-10.0] [190],屏幕提示 请输入圆心点 ,捕捉图5.51中P1点绘制圆弧C1。在起始角度处输入“80”,在终止角度处输入“300”,即 [80.0] [300],捕捉图5.51中P2点绘制图5.52中圆弧C2。在起始角度处输入“230”,在终止角度处输入“60”,即 [230.0] [60.0],捕捉5.51中P3点绘制圆弧C3,单击,绘制图5.52所示三个圆弧。

4. 绘制三个 $R30$ 圆弧

“绘图”→“圆弧”→“切弧(T)”,在工具栏处单击图标(切两个物体),在半径处输入“30”,单击锁定输入值,即 [30.0],屏幕提示 选择要与圆弧相切的物体 ,分别单击图5.52中圆弧C1、C2,此时屏幕出现与圆弧C1、C2相切的8段圆弧,屏幕提示选取所需圆弧，单击所需圆弧，单击，绘制图 5.53 中圆弧 M1，同理绘制圆弧 M2、M3，绘图结果如图 5.53 所示。

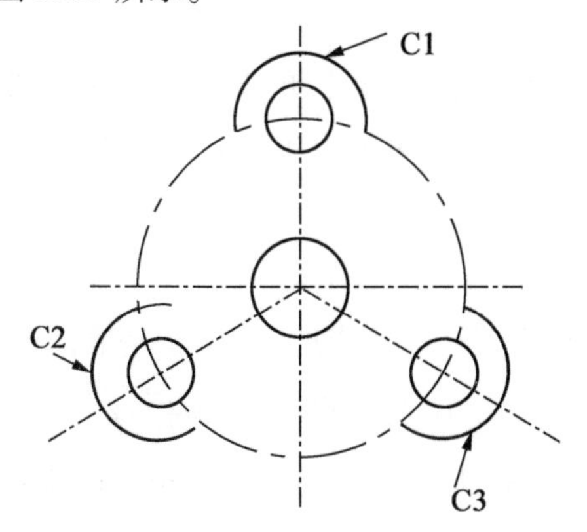

图 5.52　绘制 3 段圆弧 C1、C2、C3

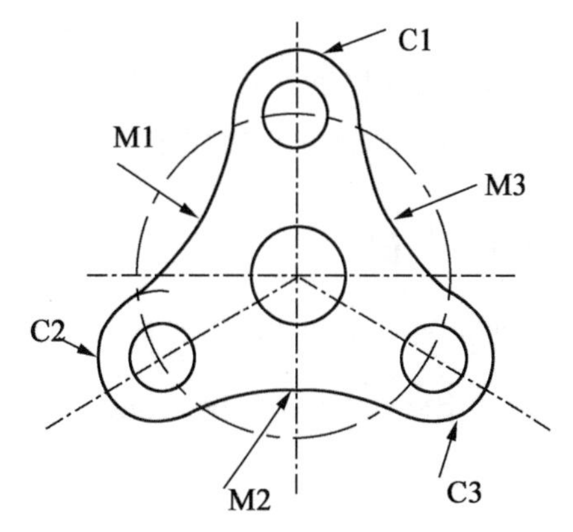

图 5.53　绘制 3 段圆弧 M1、M2、M3

5. 修剪圆弧

"编辑"→"修剪/打断"→"修剪/打断/延伸"，单击修剪两个物体、修剪，屏幕提示选择要修剪/延伸的图素，分别选择图 5.53 中圆弧 C1、M1；C2、M2；C3、M3，单击，修剪结果如图 5.54 所示。

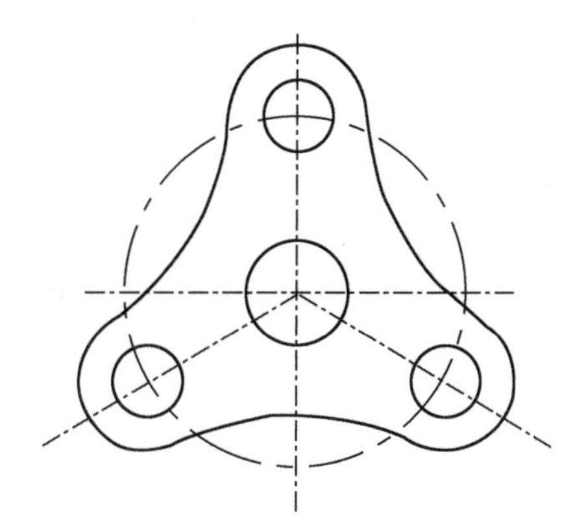

图 5.54　修剪结果

6. 尺寸标注

"绘图"→"尺寸标注"→"选项"，"尺寸标注设置"→"尺寸属性"→"小数位数"→"0"；"尺寸文字"→"字体高度"→"3"、"文字定位方式"→水平方向；"引导线/延伸线"→"线型"→"三角形"→"填充"、"高度"→"2.5"、"宽度"→"0.6"，单击。

"绘图"→"尺寸标注"→"圆弧标注"，分别标注 $\phi40$、$\phi12$、$R8$、$\phi8$ 的 4 个尺寸，其中"3 - $\phi8$"中的"3 - "及"均布"两字需另外标注，单击"绘图"→"绘制文字"，在"绘制文字"对话框中选择相关内容，进行文字编辑。

更改"文字定位方式"→与标注同向，标注 $R30$ 圆弧，标注结果如图 5.49 所示。

5.3　三维实体设计

Mastercam X5 提供了强大的三维实体造型功能。主功能表上单击“实体”,出现图5.55下拉菜单,Mastercam X5 可以完成菜单中的实体造型、实体编辑及由实体生成工程图。

5.3.1　挤出

单击“实体”→“挤出实体”,系统自动显示“串联选项”对话框,系统提示 选取挤出的串联图素 ,选择图5.56(a)中圆C1,单击“串联选项”对话框中✔,系统自动显示“实体挤出设置”对话框,如图5.57(a)所示,在该对话框中可以进行“挤出”和“薄壁设置”。

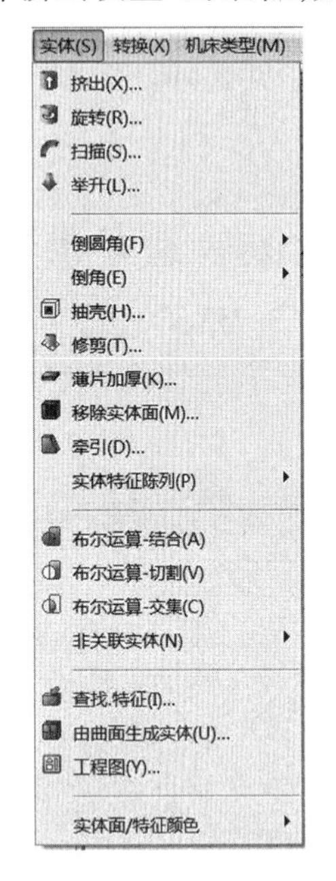

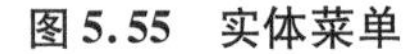
图5.55　实体菜单

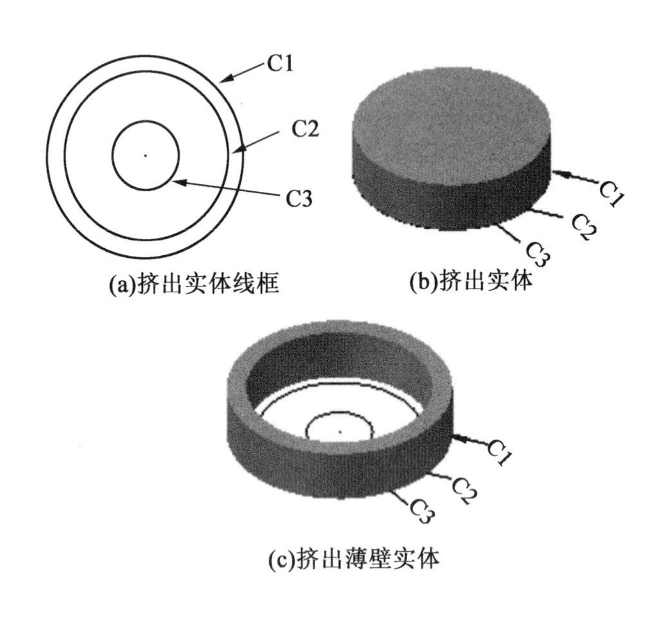

图5.56　挤出实体

单击“挤出”,进行相关设置:“挤出操作”为默认“建立实体”,“挤出的距离/方向”→“指定的距离延伸”→“距离”输入“8”,其他选项不选,单击✔,生成的实体如图5.56(b)所示。

单击“薄壁设置”,对话框如图5.57(b)所示。选中“薄壁设置”→“厚度朝外”:“朝内的厚度”→“1”,“朝外的厚度”→“2”,单击✔,生成的实体如图5.56(c)所示。

继续进行实体挤出,即单击“实体”→“挤出实体”,可以在图5.56(b)基础上进行切割实体(生成孔或槽)、增加凸缘(生成凸台)等,如图5.58所示。

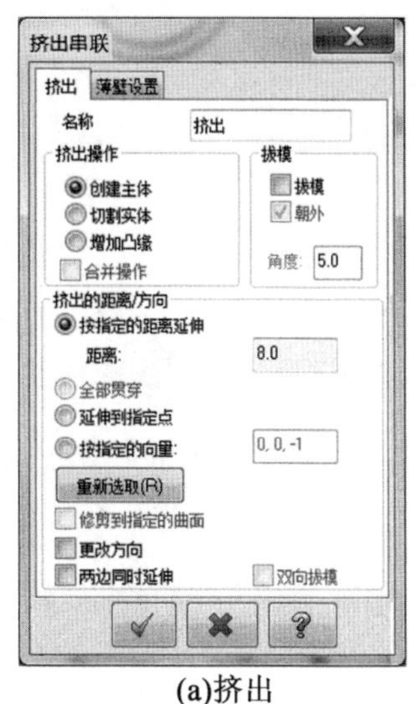

(a)挤出

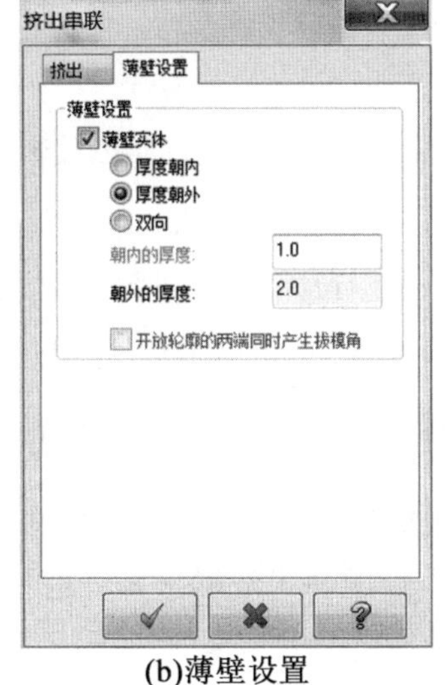

(b)薄壁设置

图5.57　挤出实体设置

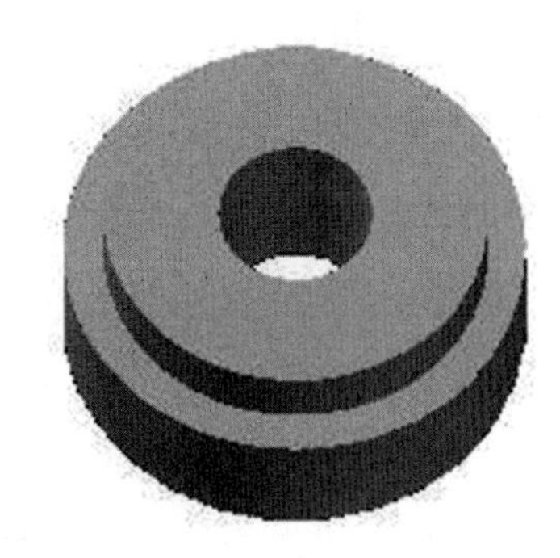

图5.58　切割实体和增加凸缘

5.3.2　旋转

在前视图中绘制图5.59二维图,进行实体旋转。单击“实体”→“实体旋转”,系统自动显示“串联选项”对话框,系统提示 选取旋转的串联图素 ,选择图5.59中封闭轮廓上任意一点,单击“串联选项”对话框中 ✓ ,系统提示 请选一直线作为参考轴 ,选择图5.59中中心线 Y,系统自动显示“方向”对话框,在该对话框中可以进行“重新选择旋转轴”及“换向”设置,单击 ✓ 。系统自动显示“旋转实体的设置”对话框,如图5.60所示,在该对话框中可以进行“旋转”“薄壁设置”选项的参数设置。在“旋转”选项中可以输入旋转的起始、终止角度,可以“重新选取”旋转轴,单击 ✓ ,可以生成旋转实体。图5.61(a)输入旋转的起始、终止角度分别为“0”“360”;图5.61(b)输入旋转的起始、终止角度分别为“0”“180”。

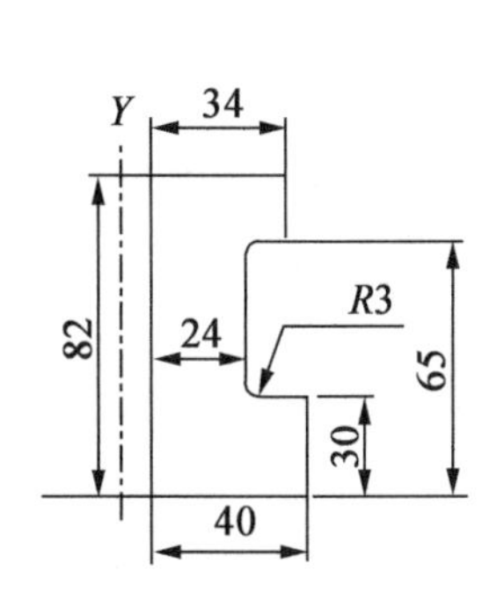

图5.59　旋转实体线框

图5.60　旋转实体设置对话框

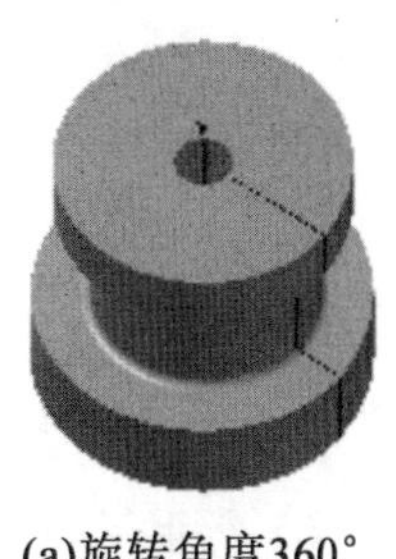
(a)旋转角度360°

Y

(b)旋转角度180°

图5.61　旋转生成实体

5.3.3 实体编辑

通过 Mastercam X5 生成的实体可以根据需要进行实体编辑。

1. 实体倒圆角

实体倒圆角有两种:“倒圆角(F)”、“面与面(A)”。对图 5.58 进行倒圆角。单击“实体”→“倒圆角”→“倒圆角(F)”,工具栏中出现图 5.62 快捷工具,可以通过选择边界、选择实体面、选择主体进行倒圆角。选择,系统提示 请选取要倒圆角的图素 ,选择图 5.58 中上边界,注意鼠标在上边界时右下角出现“E | ”表示边界,单击,

出现图 5.63 所示对话框,可以进行倒圆角参数设置。选择“固定半径”,“半径”处输入“2”,单击,倒圆角结果如图 5.64 所示。

图 5.62 实体倒圆角快捷工具栏

图 5.63 实体倒圆角参数设置对话框

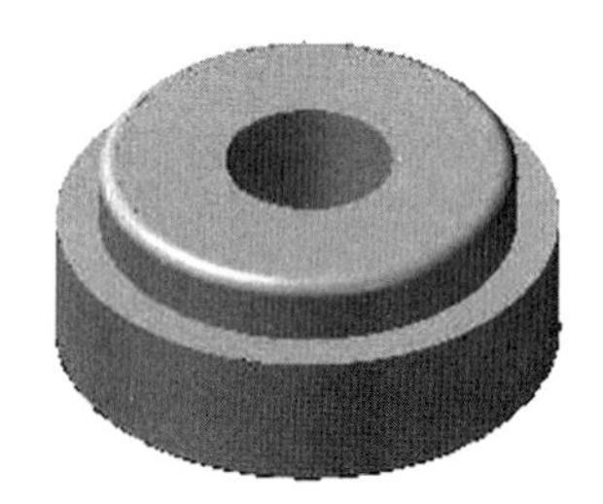

图 5.64 实体倒圆角

2. 实体倒角

“实体”→“倒角”,“实体倒角”有三种。对图 5.58 进行倒角。单击“实体”→“倒角”,出现图 5.65 所示下拉菜单,选择“单一距离(O)”,选择,系统提示 请选取要倒角的图素 ,选择图 5.58 中圆柱孔上边界,注意鼠标在上边界右下角出现“E | ”表示边界,单击,出现图 5.66 对话框,可以进行“倒角参数”设置。“距离”处输入“2”,单击,倒角结果如图 5.67 所示。

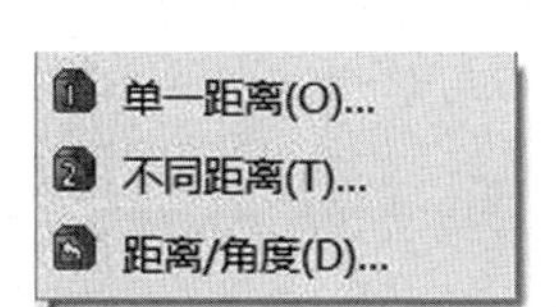

图 5.65　实体倒角菜单

图 5.66　实体倒角参数设置对话框

图 5.67　实体倒角

5.3.4　实例

【实例一】

根据图 5.38 二维工程图,绘制三维实体图。

(1)绘制图 5.38 所示零件图,选择“实体”→“挤出实体”→“串联选项”→选择图中矩形→单击[✓](注意箭头方向朝上,若箭头方向朝下,在“实体挤出的设置”选中“更改方向”)→“实体挤出的设置”→“挤出操作”→默认“建立实体”→“挤出的距离/方向”→选中“按指定的距离延伸”→“距离”处输入“10”→单击[✓],在工具栏中单击(图形着色设置),在“着色设置(A)”对话框中选择“启用着色”“选择颜色”可以设置实体颜色,单击[✓],生成图 5.68 实体。

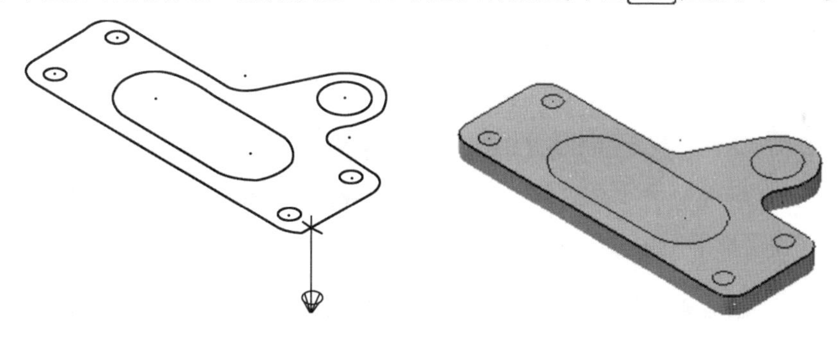

图 5.68　挤出实体

(2)选择“实体”→“挤出实体”→“串联选项”→选择图中 ϕ30 圆及长槽、4 个 ϕ10 圆→单击[✓]→“挤出操作”→“切割实体”→“全部贯穿”→单击[✓],生成图 5.69 实体槽和孔。

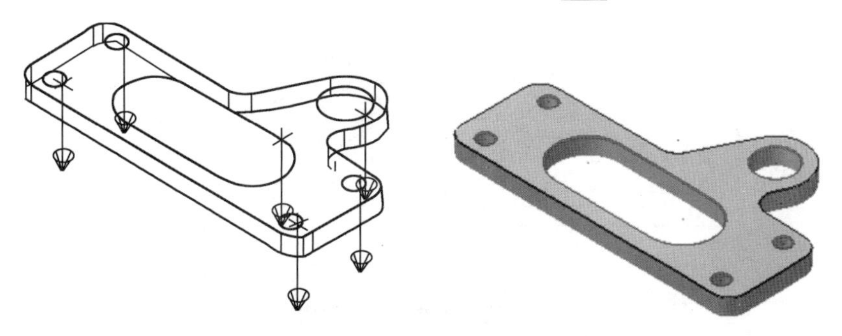

图 5.69　切割实体生成槽及孔

实体生成内容如图 5.70 实体管理对话框。

(3)生成工程图。

“实体”→“工程图”→“实体图纸布局”对话框→“横向”→“A2”图纸→“缩放比例”→“1” →“布局模式”→“4 个标准视图”单击✔→“层别设置”→“10”→单击✔,生成的工程图如图 5.71 所示。

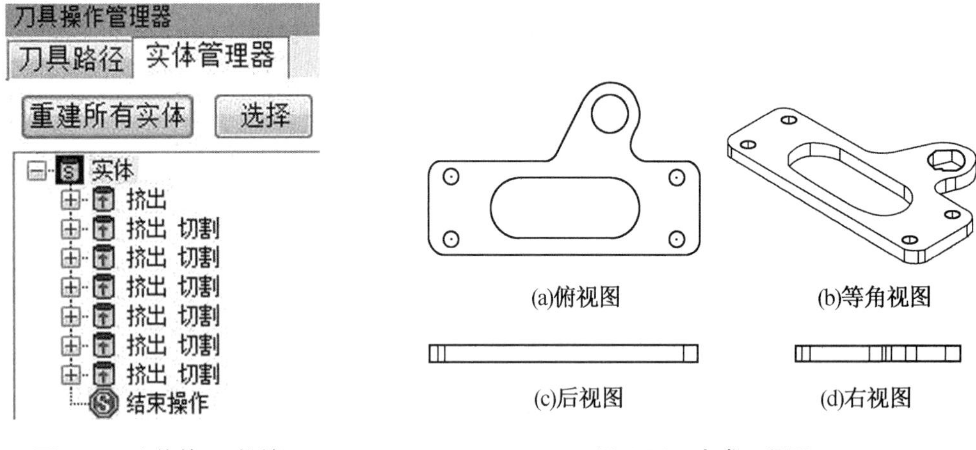

图 5.70　实体管理对话框　　图 5.71　生成工程图

在系统自动显示的“绘制实体的设计图纸”对话框中单击“全部隐藏”(隐藏所有视图上的虚线)→单击 视图 →“视角选择”对话框中选择“前视图”→单击✔→单击→系统提示 请选择一个视图或断面 →选择图 5.71 中的“(a)俯视图”。

单击 视图 →“视角选择”对话框中选择“俯视图”→单击✔→单击→系统提示 请选择一个视图或断面 →选择图 5.71 中的“(c)后视图”。

单击 视图 →“视角选择”对话框中选择“左侧视图”→单击✔→单击→系统提示 请选择一个视图或断面 →选择图 5.71 中的“(b)等角视图”。

单击 视图 →“视角选择”对话框中选择“等视图”→单击✔→单击→系统提示 请选择一个视图或断面 →选择图 5.71 中的“(d)右视图”,修改后生成的工程图如图 5.72 所示。

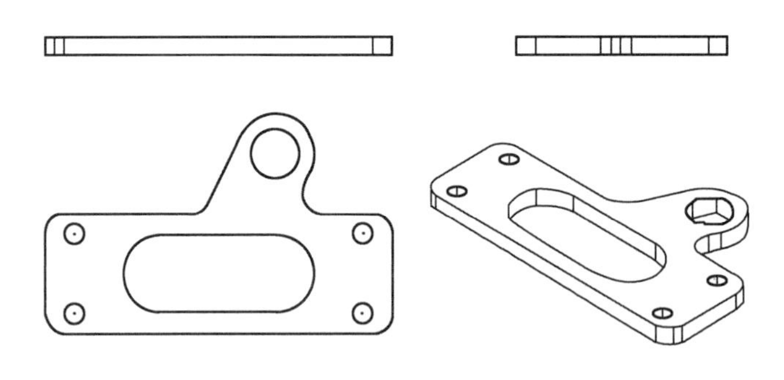

图 5.72　修改后的工程图

【实例二】

根据图 5.49 二维工程图,绘制三维实体图。

(1)根据图 5.49 所示零件图,选择“实体”→“挤出实体”→“串联选项”→选择图中矩形→单击[✓](注意箭头方向朝上,若箭头方向朝下,在“实体挤出的设置”选中“更改方向”)→“实体挤出的设置”→“挤出操作”→默认“建立实体”→“挤出的距离/方向”→选中“按指定的距离延伸”→“距离”处输入“5”→单击[✓],生成图 5.73 实体。

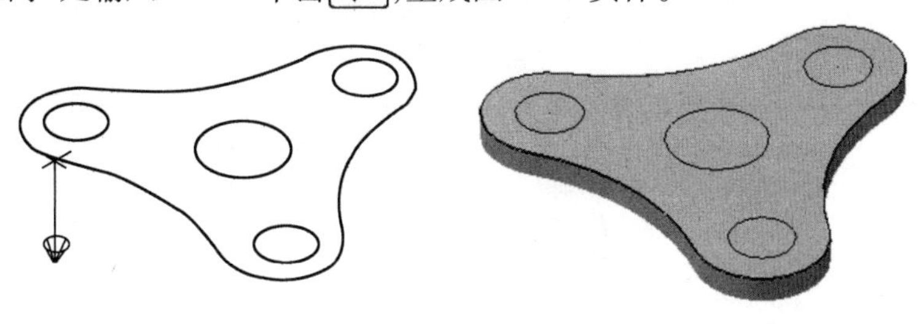

图 5.73　挤出实体

(2)选择“实体”→“挤出实体”→“串联选项”→选择图中 $\phi12$ 圆和 $4\times\phi8$ 圆→单击[✓]→“挤出操作”→“切割实体”→“全部贯穿”→单击[✓],生成图 5.74 实体孔。

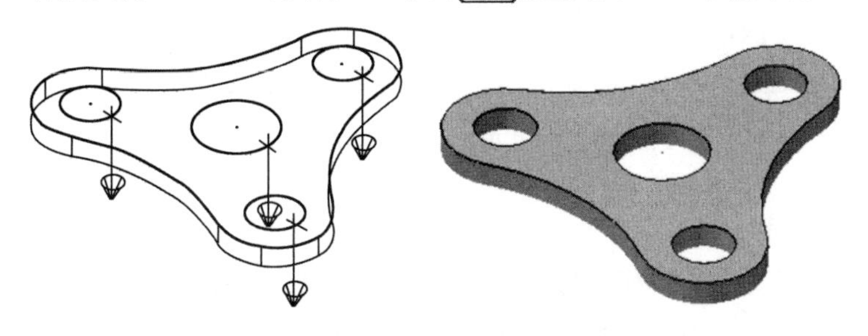

图 5.74　切割实体生成孔

5.4　二维加工路径

二维加工路径的选择过程就是零件工艺流程的确定过程。选择原则是在保证产品质量的前提下,提高生产率和降低成本。同时,要充分考虑本企业现有的生产条件,优先采用先进的技术、经验和设备。

选择刀具路径时,应对零件图进行分析,考虑数控加工的工艺。首先应该掌握数控加工工艺的特点,才能处理好数控编程中所涉及的一些工艺问题。数控加工的工艺处理主要内容为:确定走刀路线和安排工步顺序;定位基准与夹紧方案的确定;夹具、刀具的选择;计算得到加工走刀中的刀位点,即获得刀具运动的路径;测量方法的确定;确定切削参数;刀具路径仿真和后处理技术等。

二维铣削加工路径包括外形铣削、挖槽加工、面铣加工、钻孔加工等。铣削加工时先选择“机床类型”,如图 5.75 所示。一般选择“默认”机床。用户也可以选择“机床列表管理”项,出现如图 5.76 所示“自定义机床菜单管理”对话框,按需要选择机床,每种机床可以选择具体的机床型号,也可以对已经选择的机床进行增加和移除操作。

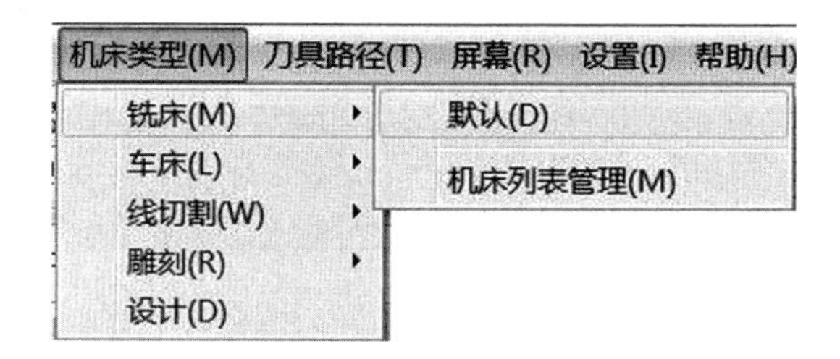

图5.75　机床类型

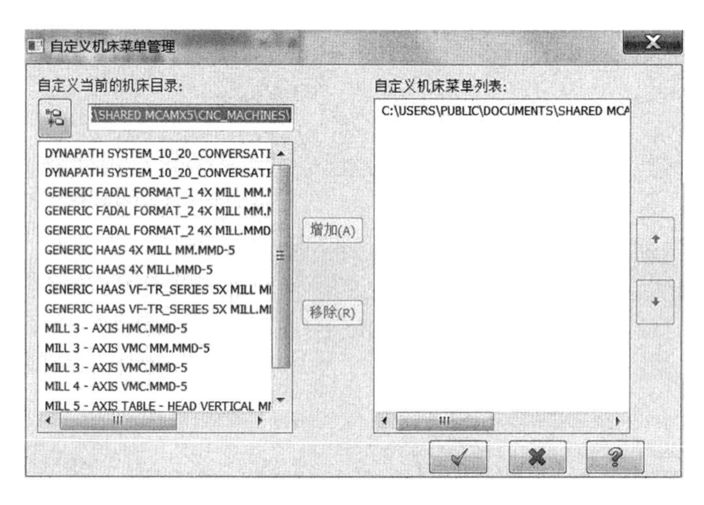

图5.76　自定义机床菜单管理

1. 毛坯材质的确定

Mastercam 提供了材质资料库,可选取和添加材质。单击主菜单"刀具路径(T)"如图5.77所示,单击"材料管理…",出现"材料列表"对话框,在空白处单击右键出现菜单,选择"编辑",显示材料定义对话框。Mastercam 可以根据材质的参数,自动计算其进给率和主轴的转数。

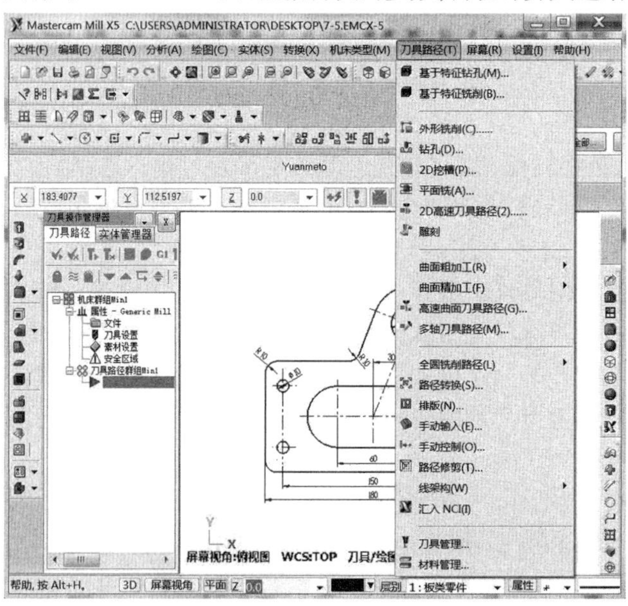

图5.77　刀具路径/材料管理器

2. 材质尺寸和形状的确定

在“操作管理”对话框中选择“刀具路径管理器”选项卡，单击“◆素材设置”选项，出现“机器群组属性”对话框，单击“素材设置”出现如图 5.78 所示材料定义对话框，进行材料设置。

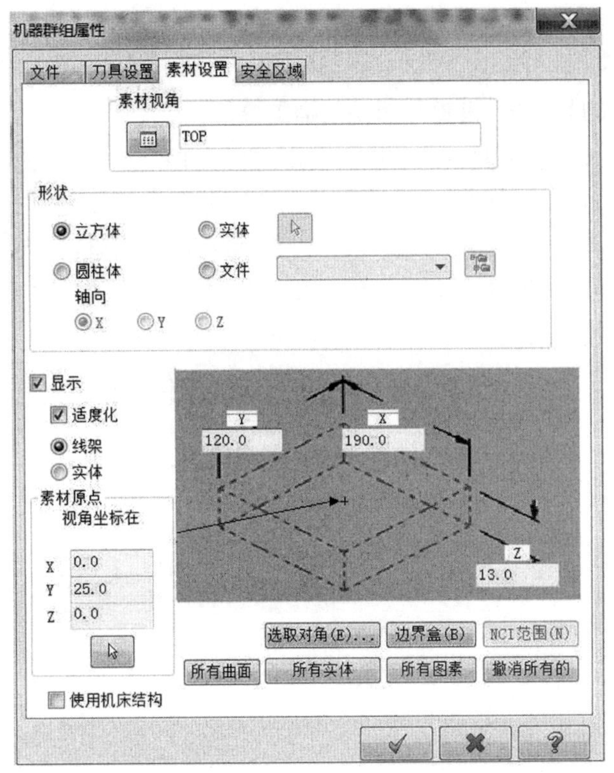

图 5.78　零件材料设置

5.4.1　外形铣削加工

外形铣削刀具路径是沿着一线性图素(直线圆弧和曲线)或是以串联图素来定义的刀具路径做切削加工。Mastercam 允许以 2D 或 3D 线架构外形来产生外形铣削刀具路径。

外形铣削的过程可以分为以下几部分。

(1)绘制零件实体图。

(2)选择机床类型。

(3)材料设置。

(4)建立外形铣削刀具路径，设置外形铣削的加工参数。

(5)模拟刀具路径。

(6)实体验证。

(7)后置处理程序。创建 NCI 文件和 NC 文件，并将其传送至数控机床。

铣削加工如图 5.38 所示零件。

1. 选择机床类型

首先需要挑选一台实现加工的机床，直接选择“机床类型”→“铣床”→“默认”选项，即选择系统默认的铣床来进行加工,屏幕左侧出现“操作管理”区中的“刀具路径管理器”选项卡,如图5.77左侧区域所示。

2. **材料设置**

本例的最大尺寸为180 mm×110 mm×10 mm的一个矩形,因此考虑采用190 mm×120 mm×13 mm的矩形毛坯,每边留出5 mm的余量。在“操作管理”区中,选择“刀具路径管理器”选项卡,单击“材料设置” 选项,显示如图5.78所示进行材料参数设置。

3. **建立外形铣削刀具路径,设置外形铣削加工参数**

可以通过两种方式建立刀具路径:选择“刀具路径(T)”→“外径铣削(C)”选项,或者在“刀具路径管理器”区空白处单击鼠标右键,选择“铣床刀具路径”→“外径铣削”选项,出现“输入新NC名称”对话框,输入NC名称,如图5.79所示。确定后,系统打开“串联选项”对话框,单击按钮进行串联选择,如图5.80所示。选择好图形后,需注意串联的选择方向,它涉及刀具路径设计的相关问题。

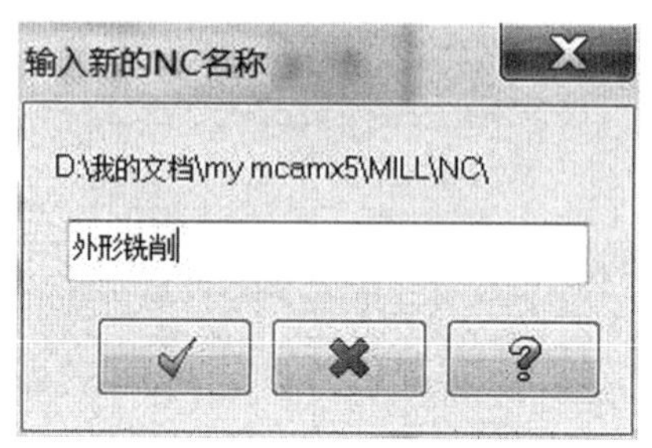

图5.79 输入新NC名称

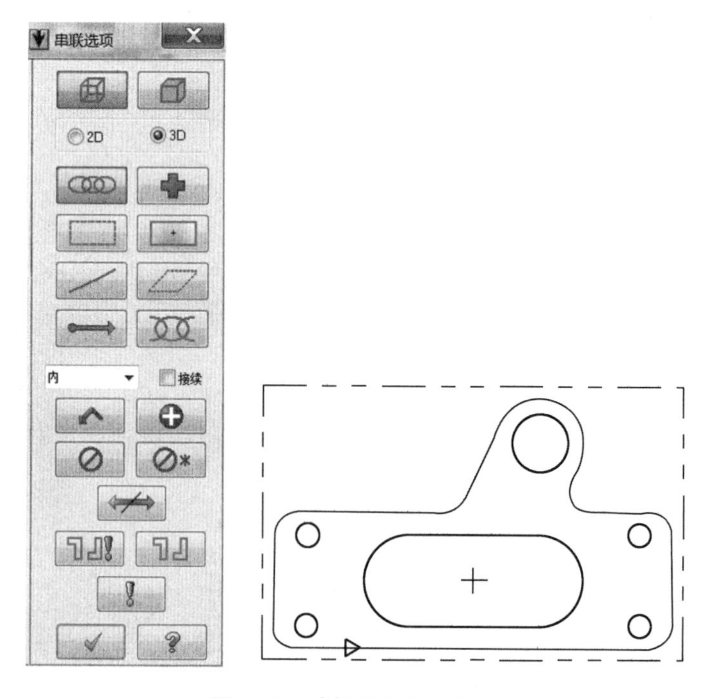

图5.80 选择零件外形串联

(1)选择刀具。

确定刀具路径后,自动打开外形铣削对话框,选择左侧菜单中“刀具”选项,单击“从刀库中选择”按钮,选择一把直径为 ϕ16 mm 的平底刀,并设置刀具加工参数如图 5.81 所示。

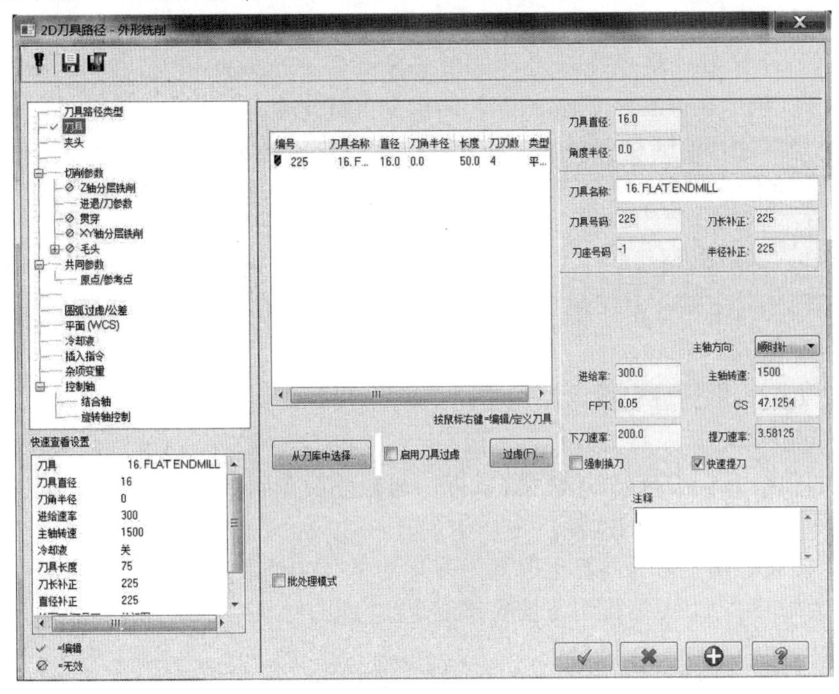

图 5.81　外形铣削对话框

(2)设置外形铣削参数。

选择如图 5.81 左侧菜单中 “切削参数” 选项,设置外形铣削加工参数。如图 5.82 所示。

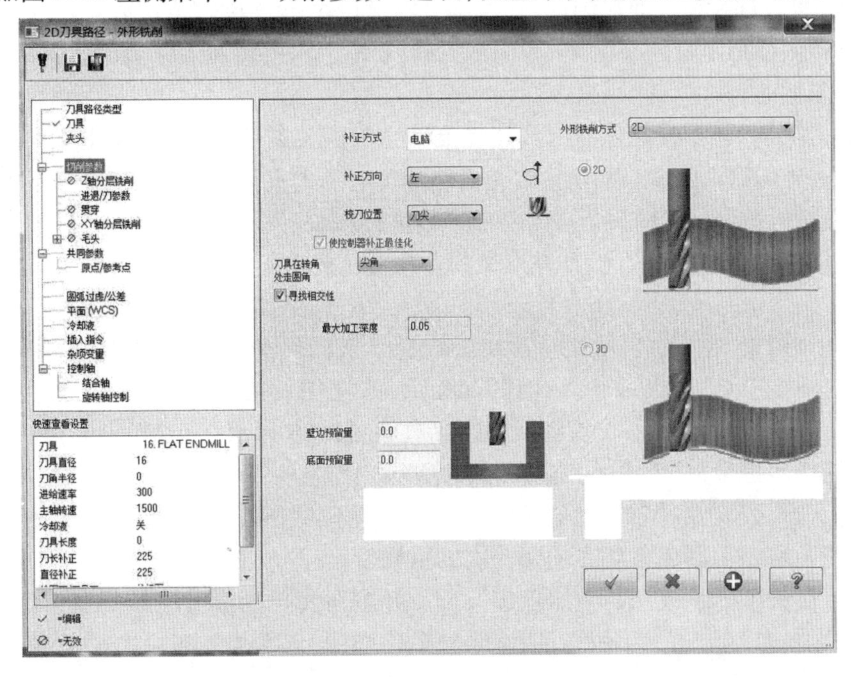

图 5.82　设置切削参数

①“补正形式”:补正形式有五种。

“电脑”:按设定的刀具半径、串联图素的串联方向、补正方向和预留量来计算出半径补正后的刀具路径。选取此项时,直接按照刀具中心轨迹进行编程,此时无须进行左、右补偿,程序中无刀具补偿指令 G41 或 G42。

“控制器”:计算刀具路径是以刀具的中心来计算。选取此项时,在 NC 程序中会出现 G41/G42 指令。机床执行该程序时,根据补偿指令自行计算刀具中心轨迹线。

“磨损”:同时使用电脑和控制器两者进行计算。先经电脑补正计算出刀具路径,再由控制器补正加上 G41 或 G42 补正码。此时在 CNC 控制器输入的补正量就不是刀具半径,应是刀具的磨损量。

“反向磨损”:同时使用电脑和控制器两者进行计算。只是电脑和控制器补正反向相反。

“关”:设定刀具不作补正计算,刀具中心沿串联图素产生刀具路径。选取此项时,“补正方向”的设定无效。

②“补正方向”:补正方向依串联图素时的串联方向来决定。若串联图素的补正方向不对,可以切换补正方法。

“路径最佳化”:用于刀具路径优化,只有在选择补偿控制器时才能采用。它将自动消除在刀具路径中小于刀具半径的圆弧。

③“校刀位置”:设定刀长的补正位置为刀具的中心或是刀具的刀尖。“中心”:设定刀长的补正位置为球心。“刀尖”:设定刀长的补正位置为刀尖。

④“外形铣削类”:有五种加工形式。

“2D”:所选取的串联外形位于空间一平面上时为 2D 加工,工件铣削深度以绝对坐标表示。如果所选取的串联外形不在一平面上时为 3D 加工,铣削深度以相对坐标表示。

“2D 倒角”:串联外形产生倒角的加工路径。在下拉式功能表选择此项时,系统打开 2D 倒角设置对话框。

“斜插”:以螺旋式加工取代 2D 外形铣削。在下拉式功能表选择此项时,系统打开“斜插”对话框。所谓斜插加工指的是在 XY 方向走刀时,Z 轴方向也按照一定的方式进行进给,从而加工出一段斜坡面。

“残料加工”:系统会计算先前刀具路径无法去除的残料区域,并产生外形铣削刀具路径来铣削残料。外形铣削的残料加工主要是对粗加工时的大直径刀具加工所遗留的材料进行再次加工,还包括对前面设置的 3 个方向的预留量进行加工。

“摆线式”:以摆动方式取代 2D 外形铣削。在下拉式功能表选择此项时,进入“摆线式”对话框。

⑤“壁边预留量”指在 XY 方向的精加工余量。“底面预留量”指在 Z 方向的精加工余量。

⑥“Z 轴分层铣削”:如果外形铣削的深度太深,选用此功能,将深度做分层加工。选取“深度切削”按钮前的复选框,设置深度切削参数如图 5.83 所示。

“最大粗切步进量”:每一次切削时的最大 Z 轴进给量。

“精修次数”:设定在 Z 轴方向的精修次数。如果不做精修输入“0”。

“精修量”:设定刀具在 Z 轴方向每一次的精修量。

“深度分层铣削顺序”栏的“依照轮廓”:将一串联外形的所有分层铣削加工后,再提刀到另一串联外形做加工。“依照深度”:依串联外形的顺序,依次加工每一串联外形的同一分层深度,此选项适合加工较薄的工件。

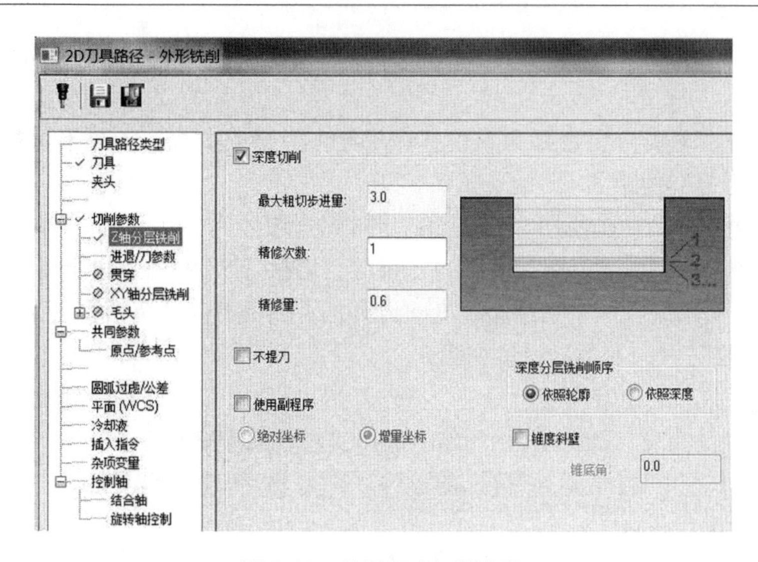

图 5.83　设置深度切削参数

“不提刀”:说明系统在两种深度加工之间刀具是否要提刀。如果有设定螺旋下刀和斜进刀,系统会忽略不提刀的设定。

“使用副程式”:如果没有选取锥度斜壁时可以将外形分层铣削刀具路径以副程式方式输出到 NC 程式,可以选择“绝对坐标”或“相对坐标”方式输出副程式。

“锥度斜壁”:可以依据输入的“锥度角”铣出具有拔模角的侧边。

⑦“进/退刀参数”:在 2D 或 3D 的外形刀具路径的起点和终点放置一直线和(或)圆弧组成的路径,使之与轮廓光滑过渡,作为刀具路径的进/退刀之用。在实际加工中,往往把刀具路径的两端进行一定的延长,这样能获得很好的加工效果。选取“进/退刀参数”进入“进/退刀设置”对话框,设置进/退刀参数。

⑧“XY 轴分层铣削”:选取此项可以设置 *XY* 方向多刀外形铣削,但要注意预留精加工余量。选取“XY 轴分层铣削”,选取“XY 轴分层铣削” 按钮前的复选框,设置 XY 轴分层铣削参数如图 5.84 所示。

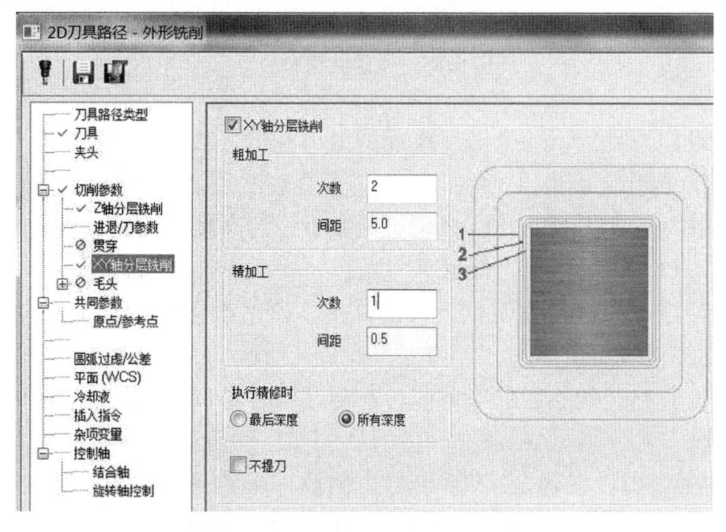

图 5.84　设置 *XY* 轴分层铣削参数

“粗加工”栏的“次数”:设定外形铣削 *XY* 方向的粗加工次数。“间距”:粗铣每刀之间的距离。

“精加工”栏的“次数”:设定外形铣削 *XY* 方向的精加工次数。如果不做精修输入“0”。“间距”: 精修每刀之间的距离。

“执行精修时”栏:只有在使用“分层铣削”时,此选项才有作用。“最后深度”:在最后外形深度时才执行外形精修。“所有深度”:每一层的粗切执行完后,马上执行精修。

“不提刀”:说明系统在两个切削路径之间刀具是否要提刀。系统内设定为“关”。

(3)“共同参数”:共同参数的设置如图 5.85 所示。

“安全高度”:加工的起始高度。每一个操作开始执行时,刀具先移动到此高度,操作结束时刀具也会移动到此高度,只有在开始和结束的操作才使用安全高度。

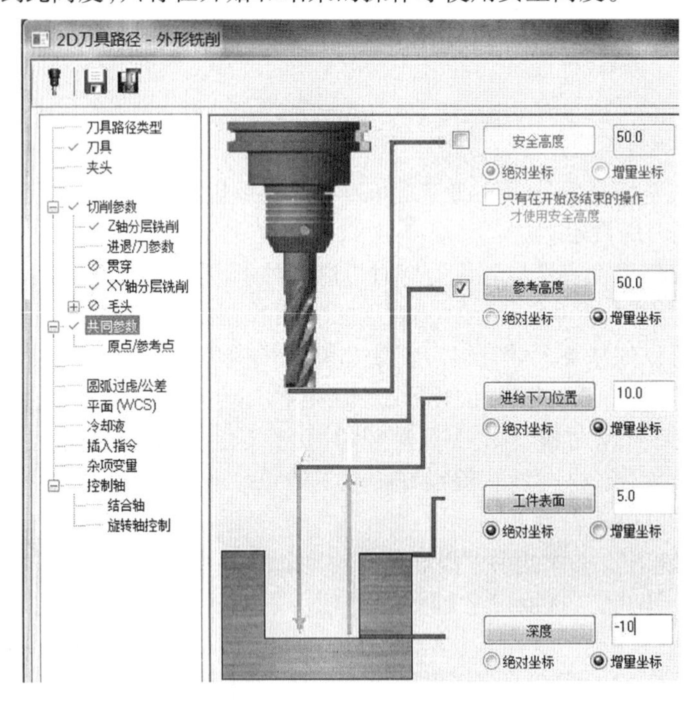

图 5.85 设置共同参数

“参考高度”:设定刀具到下一个切削路径的提刀高度。如果“安全高度”没有设定,系统以参考高度作为两个操作之间的 *Z* 轴移动高度。此高度必须高于“进给下刀位置”才有效。

“进给下刀位置”:设定刀具开始以 *Z* 轴进给率下刀的高度。刀具从安全高度以 G00 快速移动到此高度,变为 G01 进给速度再继续下刀。

“工件表面”:设定工件材料表面在 *Z* 轴的高度。以增量坐标设定工件表面时,系统以串联图素为基准,设定工件表面。

“深度”:设定刀具路径的最后加工深度。若要刀具沿着 3D 外形在空间中移动,一定要以增量坐标设定深度。

外形铣削的各种参数设置确定后,系统将会生成一个刀具路径。在需要时可在“刀具操作管理器”中,选择“刀具路径”选项卡,单击相应操作下的参数按钮,如图 5.86 所示“参数”选项卡,对这些参数进行修改。修改完成后,系统会在相应参数操作上显示

“**刀具路径**”,单击“”重建所有已选择的操作按钮,完成参数设置。其他加工方法的参数设置与外形铣削的各种参数设置基本相同。

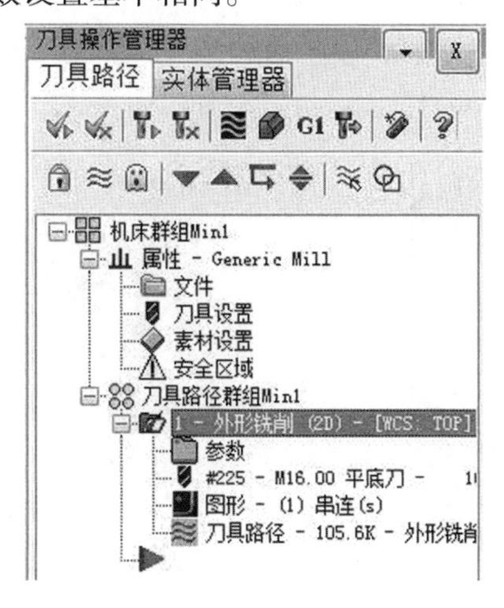

图 5.86　刀具路径

(4)模拟刀具路径。

在“操作管理”区中,选择“刀具操作管理器”选项卡,如图 5.86 所示。单击“”模拟已选择的操作按钮,显示“刀路模拟”对话框,确定刀具模拟功能表的设置,如图 5.87 所示。选取自动模拟,这时在图形区就出现了一条轨迹线,观察时可以选择单步和连续的方式分别进行,效果如图 5.88 所示。结束路径模拟后,按“ESC”键或“”结束,回到“刀具操作管理器”。

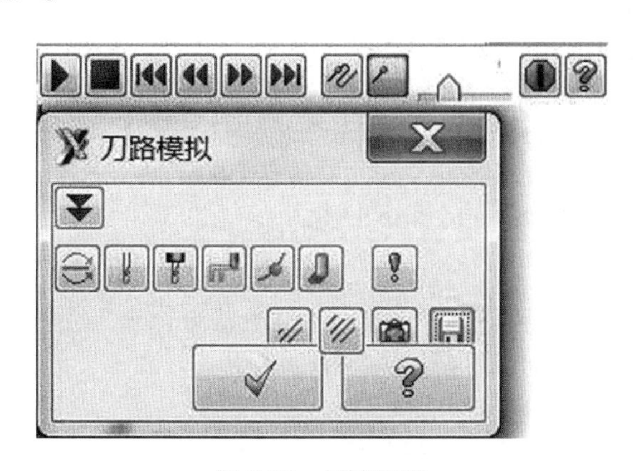

图 5.87　刀路模拟

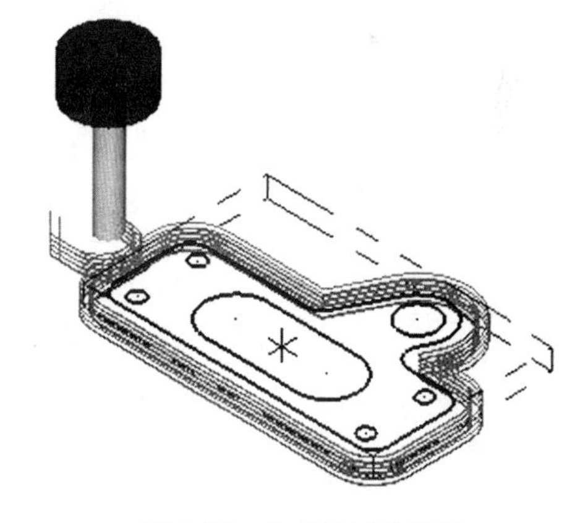

图 5.88　生成的刀具路径

(5)实体验证。

在“刀具操作管理器”选项卡中,单击“”验证已选择的操作按钮,进入实体切削“验证”对话框,确定验证功能表的设置,如图 5.89 所示。选取自动模拟,验证效果如图 5.90 所示。结束路径模拟后,按“”结束,回到“刀具操作管理器”。

图 5.89　实体切削验证

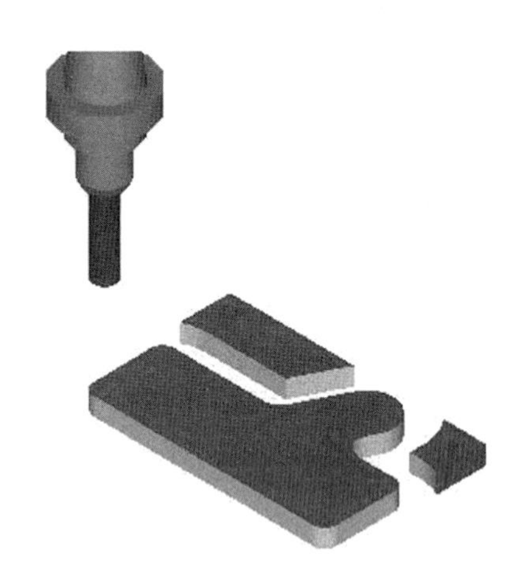

图 5.90　验证效果

(6)后置处理程序。

在“刀具操作管理器”选项卡中,单击“**G1**”后处理已选择的操作按钮,进入“后处理程式”对话框,设置如图 5.91 所示。按确定“✓”结束,系统提示用户选择 NC 文件保存的路径和名称。设定确定后,就生成了本刀具路径的加工程序,如图 5.92 所示。

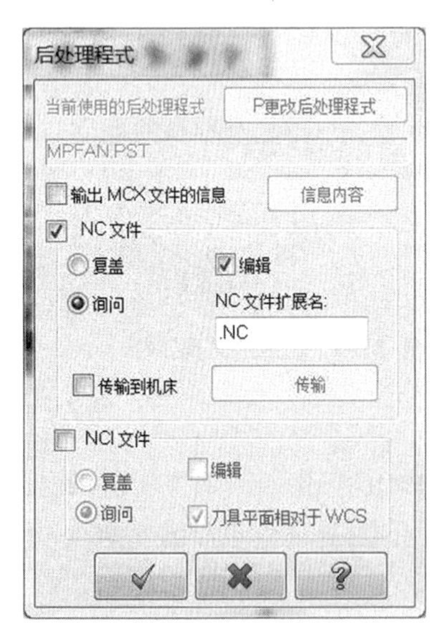

图 5.91　后处理程式对话框

图 5.92　生成的 NC 程序

5.4.2　2D 挖槽加工

1. 建立刀具路径和选择刀具

挖槽加工是应用于零件封闭区域内面积的加工，铣削封闭区域内的材料。零件上的槽和岛屿的图素需位于同一构图面上，不能选取 3D 的串联图素或不在同一平面上的实体面作为挖槽边界进行挖槽。从主菜单选择“刀具路径(T)”→“2D 挖槽(P)”选项，或者在“操作管理”区中，单击鼠标右键，选择“铣床刀具路径” →“挖槽”选项，系统进入挖槽功能。如图 5.93 所示。

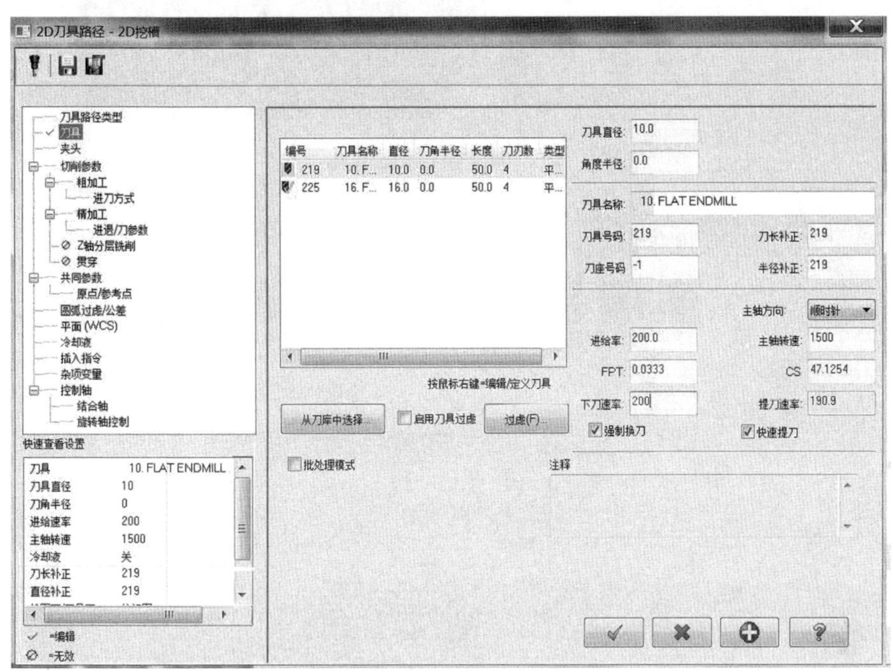

图 5.93　刀具路径参数设置

2. 设置挖槽加工参数

挖槽加工的刀具路径参数和 2D 挖槽参数设置方法与外形铣削加工基本相同，选择如图 5.93 左侧菜单中 “切削参数” 选项，设置挖槽加工参数，如图 5.94 所示。

“挖槽加工方式”提供了 5 种挖槽加工的方法，分别为：“标准”、“平面铣”、“使用岛屿深度”、“残料加工”和“开放式挖槽”模式。其中“开放式挖槽”模式将会把未封闭的区间自动封闭起来。用户通过“挖槽加工方式”后面的下拉列表进行选择即可。

选择如图 5.93 左侧菜单中 “粗加工” 选项，设置挖槽粗加工参数，如图 5.95 所示。挖槽加工提供 8 种切削方式，切削时选取一种。

“切削间距”（直径%）：设定刀具路径 *XY* 方向的间距，以刀具直径百分比表示。

“切削间距(距离)”：设定刀具路径 *XY* 方向的间距，切削间距(距离) = 刀具直径百分比 × 刀具直径。

“粗切角度”：在使用单向或双向时，设定刀具的切削方向。

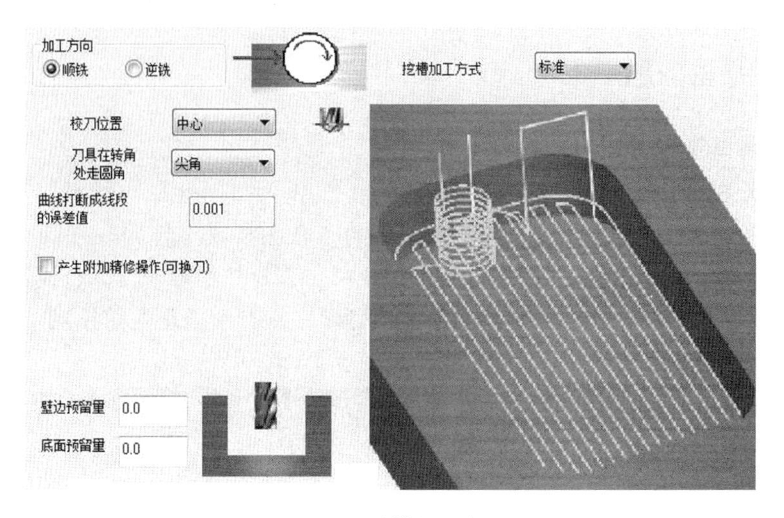

图 5.94　挖槽加工参数

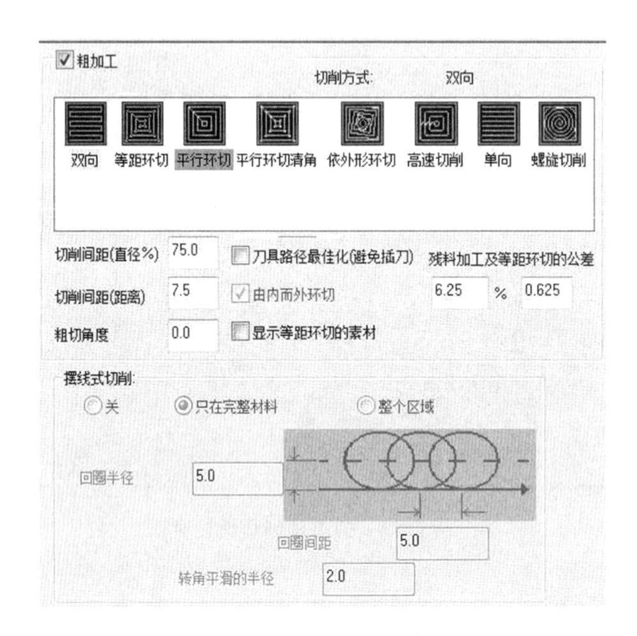

图 5.95　设置粗加工参数

进刀方式：选取“关”时采用直线式下刀，还提供“斜插”和“螺旋式”下刀方式。

选择如图 5.93 左侧菜单中“精加工”选项，设置挖槽精加工参数，如图 5.96 所示。

3. 挖槽加工实例

铣削加工如图 5.38 所示零件的长槽和 $\phi25$ 圆槽。

(1) 设定刀具路径参数。

从主菜单选择“刀具路径(T)”→“2D 挖槽(P)”选项，系统打开“串联选项”对话框，单击 [+] 按钮进行区域选择，选中一个长槽和 $\phi25$ 圆槽轮廓。确定后，系统打开“2D 挖槽”对话框，选择一把直径为 $\phi10$ mm 的平底刀，并设置刀具的加工参数，如图 5.93 所示。

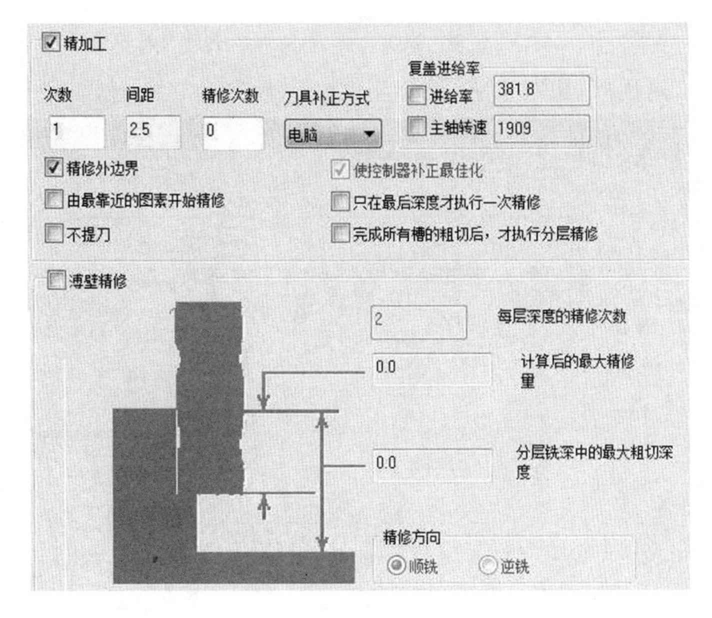

图 5.96　设置精加工参数

(2)设定挖槽参数。

按 2D 挖槽进行加工参数设置,单击“Z 轴分层铣削”菜单,设置挖槽深度参数如图 5.97 所示。粗加工选用斜插下刀方式,设置挖槽共同参数。所有参数设置完成后,按对话框“✓”按钮确定。

(3)实体切削验证。

在“刀具路径管理器”选项卡中,单击“ ”验证已选择的操作按钮,进入实体切削“验证”对话框,选取自动模拟,验证效果如图 5.98 所示。

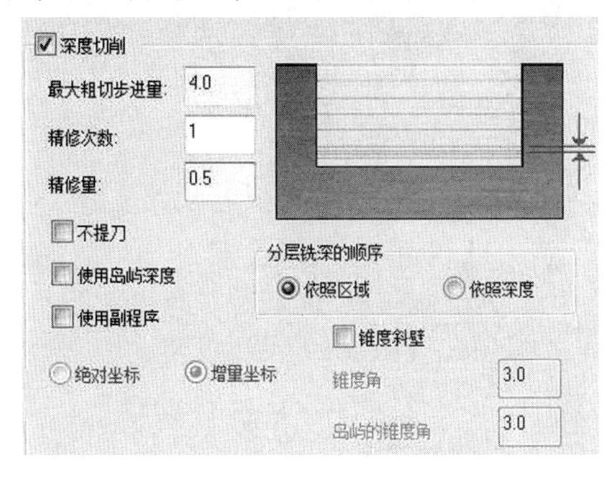

图 5.97　Z 轴分层铣削

图 5.98　挖槽实体验证

5.4.3　平面铣削

1. 建立刀具路径和选择刀具

从主菜单选择“刀具路径(T)”→“平面铣(A)”选项,或者在“操作管理”区中,单击鼠标右键,选择“铣床刀具路径” →“平面铣”选项,系统显示“串联”对话框,按 “✓”按钮确定,系统显示“平面铣削”对话框,如图 5.99 所示。

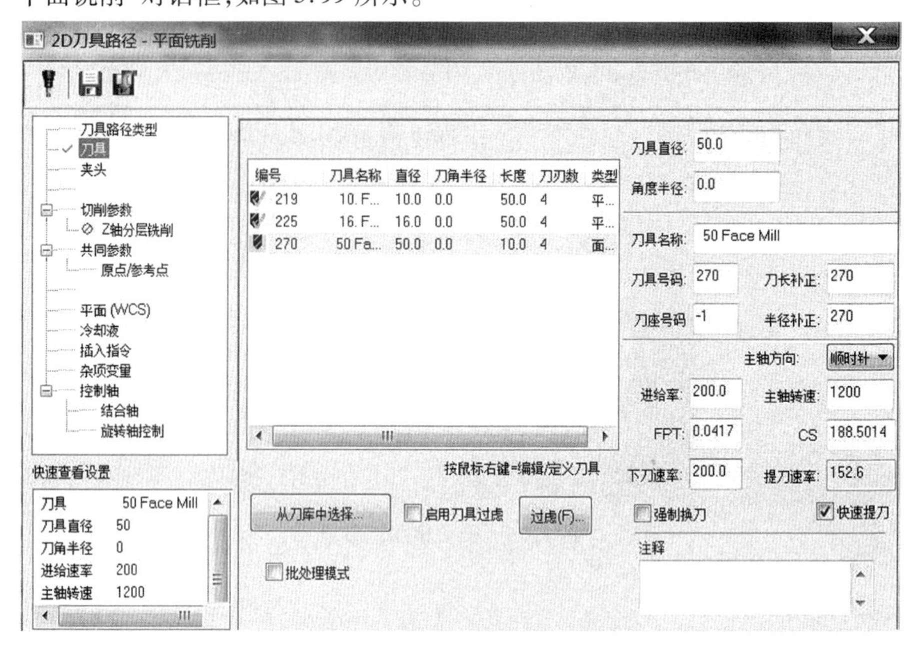

图 5.99 平面铣削对话框

2. 设置平面铣的参数

平面铣的刀具路径参数与外形铣削加工基本相同,选择图 5.99 所示左侧菜单中 “切削参数” 选项,设置平面铣加工参数,如图 5.100 所示。

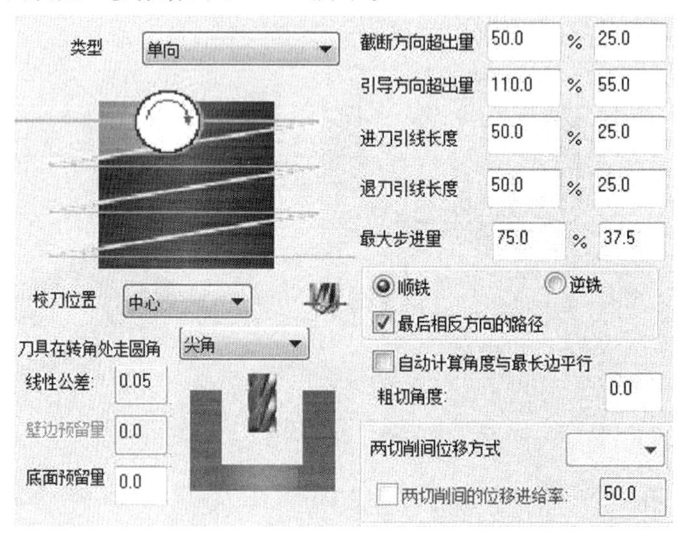

图 5.100 设置平面铣加工参数

“类型”:设定平面铣的加工方式。系统提供四种加工方式。“单向”,刀具以单一方式加工;“双向”,以来回移动刀具的方式加工;“一刀式”,在工件中心产生单一路径,以一刀式方式铣削工件表面,刀具直径必须大于工件直径才能用此选项;“动态”,刀具依控制器设定的方式加工。

“截断方向超出量”:设定刀具垂直于切削角度方向要超出工件边界的量。以刀具直径百分比的方式或以实际距离输入此值。

“引导方向超出量”:设定刀具平行于切削角度方向要超出工件边界的量。以刀具直径百分比的方式或以实际距离输入此值。此数值要大于或等于截断方向的量。

“进刀引线长度”:在这一切削方向起点加上一距离,以保证刀具在工件外下刀。

“退刀引线长度”:在这一切削方向起点加上一距离,以作为刀具退出工件的距离。

“最大步进量”:设定面铣二切削路径之间的距离。左边栏是以刀具路径直径百分比表示,右边栏显示实际距离。当任一边的数值改变时,另一边也会随之改变。

“自动计算角度”:选取时,自动计算加工的角度。此时“粗切角度”关闭。

“粗切角度”:在双向切削和单向切削时,设定刀具移动的角度。

3. 平面铣削实例

铣削加工如图5.38所示零件的平面。

(1)设定刀具路径参数。

从主菜单选择“刀具路径(T)”→“平面铣(A)”选项,按“ ”按钮确定,系统显示“平面铣”对话框,在“刀具路径参数”选项卡下选择一把直径为ϕ50的面铣刀,并设置刀具的加工参数,如图5.99所示。

(2)设定平面铣参数。

设置平面铣加工参数,单击“Z轴分层铣削”菜单,设置平面铣深度参数如图5.101所示。粗加工选用斜插下刀方式。平面铣参数设定完成后,按对话框“ ”按钮确定。

(3)实体切削验证。

在“刀具操作管理器”选项卡中,单击“ ”验证已选择的操作按钮,进入实体切削“验证”对话框,选取自动模拟,验证效果如图5.102所示。

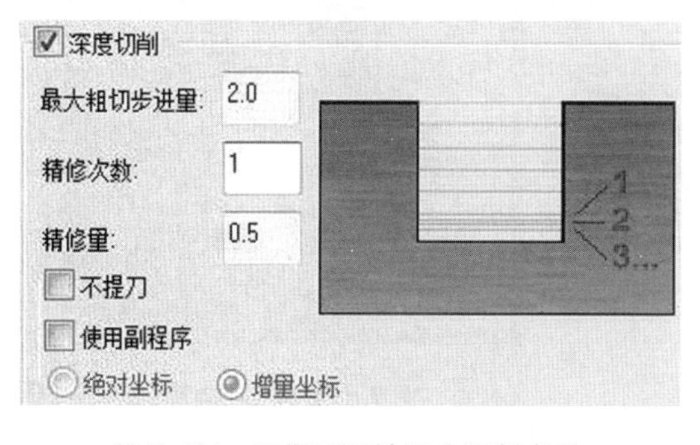

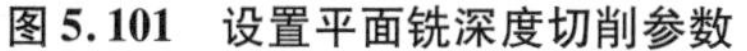

图5.101 设置平面铣深度切削参数

图5.102 平面铣实体验证

5.4.4 钻孔加工

Mastercam提供钻孔、铰孔、镗孔和攻丝等7种孔加工的各种标准固定循环方式,而且允许用户自定义符合自身要求的循环方式。由于孔加工的大小是由刀具直接决定的,只需指定需要钻孔的位置即可,作图时无须将孔画出。孔加工的刀具应选择钻头等专用孔加工刀具。

1. 钻孔位置选取

在主菜单选择“刀具路径(T)” → “钻孔(D)”选项,或者在对象管理区中单击鼠标右键,选择“铣床刀具路径” → “钻孔”选项,系统打开如图 5.103 所示的“选取钻孔的点”对话框,提示用户选择需要加工孔的中心。

:手动。这是该对话框默认的选择方式。

“自动”:选取第一点作为系统搜索的起点,选取第二点作为系统搜索的方向,选取最后一点作为系统搜索的终点,系统会自动选择一系列的点。这种方式多用于位于一条直线上的多个孔产生钻孔路径。

“选择图素(S)”:选择图素以定义钻孔的位置。该方法利用选择图素来定位孔,如直线的端点、圆的中心等。钻孔顺序是以被选取图素产生的先后顺序来钻孔。

“窗选(W)”:以窗选的方式选取窗口内的存在点以产生钻孔刀具路径。

“限定圆弧”:在图形上用一个指定的半径来选择圆弧的中心点,以选取的圆弧产生钻孔刀具路径。这种方式最适用于图中有大量半径相同的圆或弧中心钻孔。

“选择上次”:再次选择上一次的钻孔路径中孔的位置作为此次钻孔的操作路径。

“排序”:可以将已经选取好位置的钻孔调整钻孔顺序。一共有 3 种主要方式,网格矩阵方式、环形方式和旋转轴方式。单击“排序”按钮后,打开如图 5.104 所示的钻孔顺序对话框,其中 3 个选项卡分别对应了 3 种不同的方式。

图 5.103 选取钻孔的点

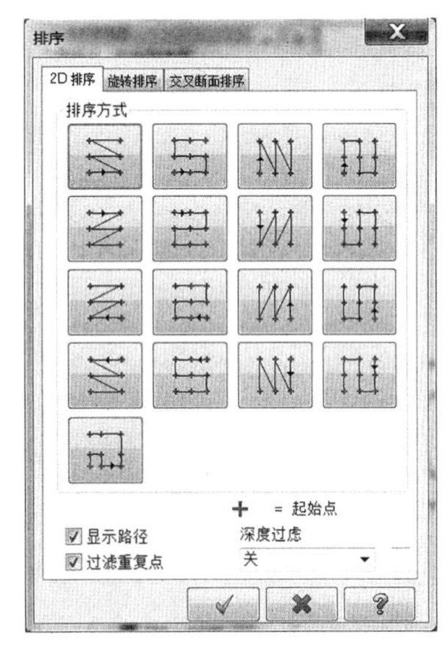

图 5.104 钻孔顺序

2. 选择刀具和设置加工参数

选好点后,系统打开如图 5.105 所示对话框。选择“刀具”选项。设置钻孔刀具和钻孔加工参数。

钻孔循环方式主要有 Drill/Counterbore 钻/镗孔(G81/G82);深孔啄钻(G83);断屑式(G73);攻丝(G84)等。

3. 钻孔实例

铣削加工如图 5.38 所示零件的 4 × ϕ10 孔。

(1)设定刀具路径参数。

选择主菜单“刀具路径(T)”→“钻孔(D)”选项,选取需要加工孔的中心。单击图5.103所示“排序”按钮,选取钻孔顺序,如图 5.104 所示。钻孔位置选取完成后,按对话框“☑”按钮确定。

(2)选择刀具和设置加工参数。

如图 5.105 所示,选取 $\phi 10$ mm 钻头。单击“切削参数”选项,循环方式选择“Drill/Counterbore”钻孔。设置钻孔共同参数,如图 5.106 所示。所有参数设置完成后,按对话框“☑”按钮确定。

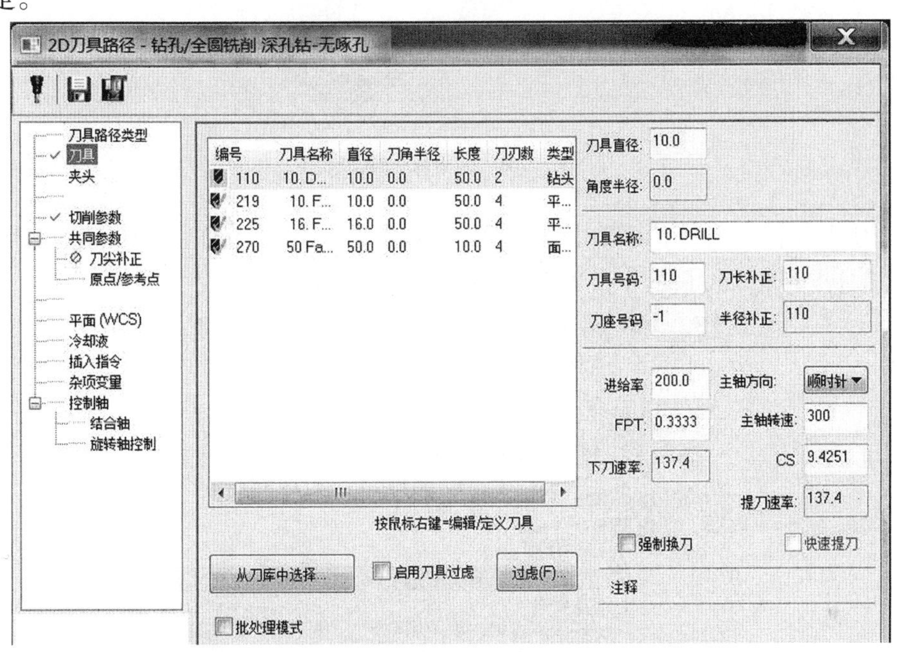

图 5.105　设置钻孔刀具路径参数

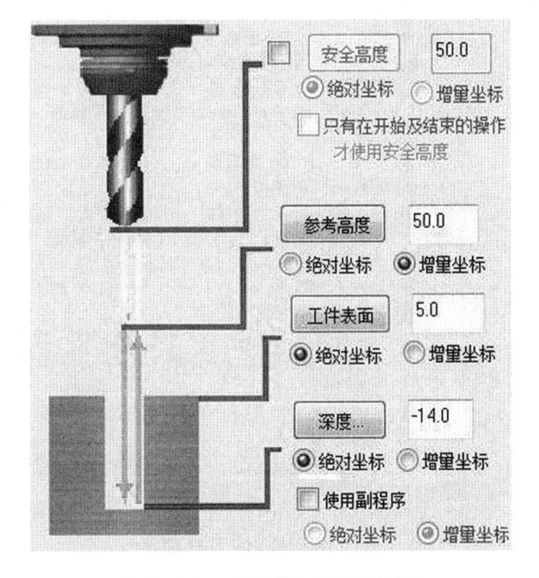

图 5.106　设置钻孔共同参数

(3)实体切削验证及后置处理。

在“刀具操作管理器”选项卡中,单击“”验证已选择的操作按钮,进入实体切削“验证”对话框,选取自动模拟,验证效果如图 5.107 所示。

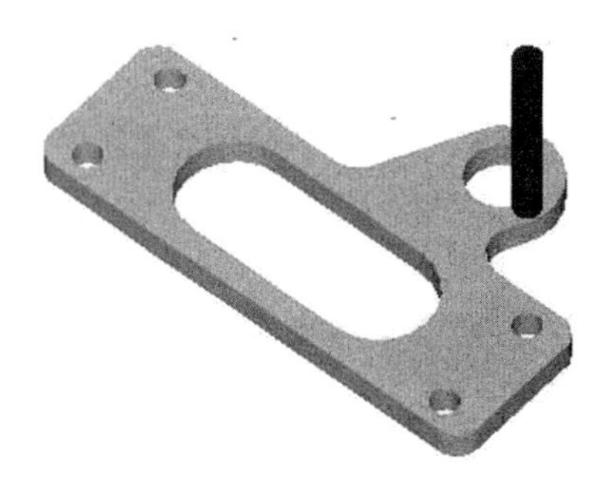

图 5.107 钻孔实体验证

在 “刀具操作管理器”选项卡中,单击选中所有刀具路径,如图 5.108 所示,单击“**G1**”后进入“后处理程式”对话框,生成零件所有刀具路径的加工程序。

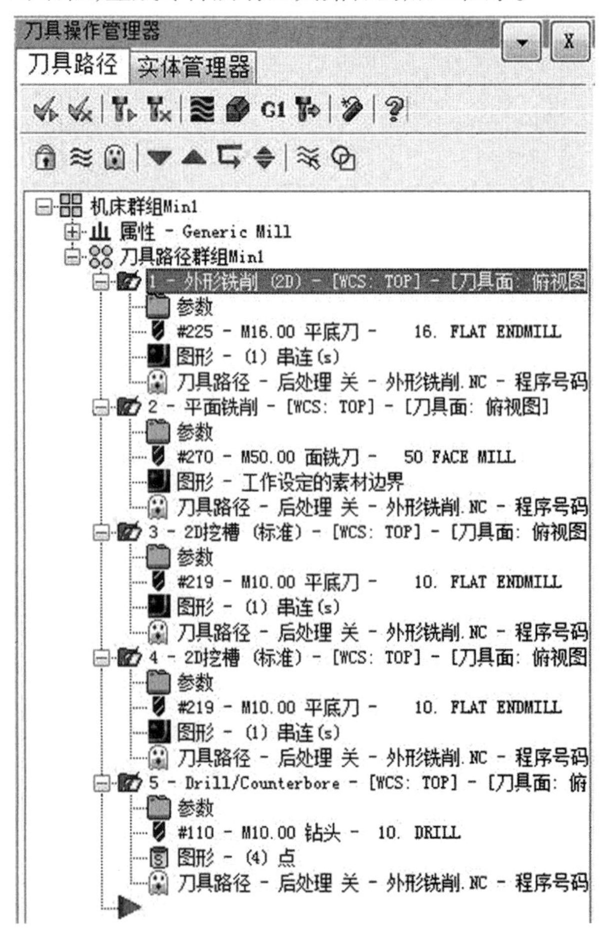

图 5.108 零件刀具路径

习题与思考题

5.1　如图 5.109 所示零件,根据零件形状设定毛坯,并进行外形、平面和挖槽加工。

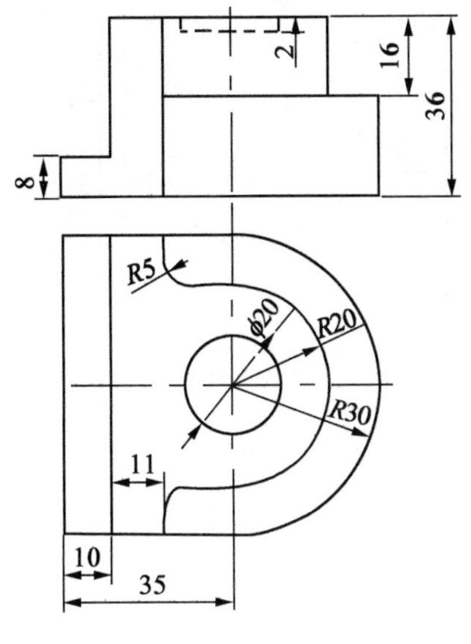

图 5.109　习题 5.1 图

5.2　如图 5.110 所示零件,根据零件形状设定毛坯,并进行外形、平面、挖槽和钻孔加工。

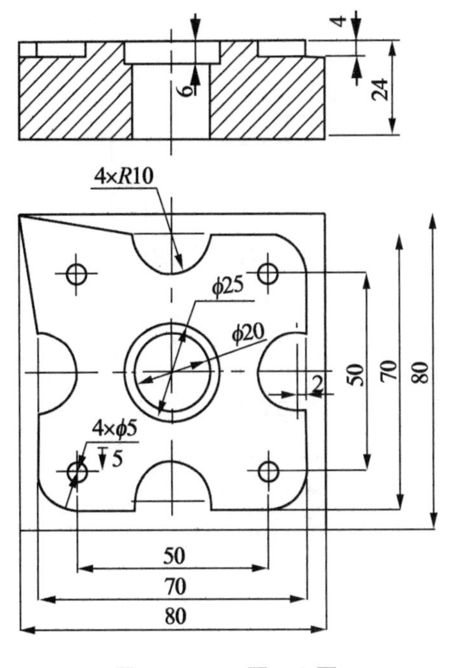

图 5.110　习题 5.2 图

5.3　如图 5.111 所示零件,根据零件形状设定毛坯,并进行外形、平面和挖槽加工。

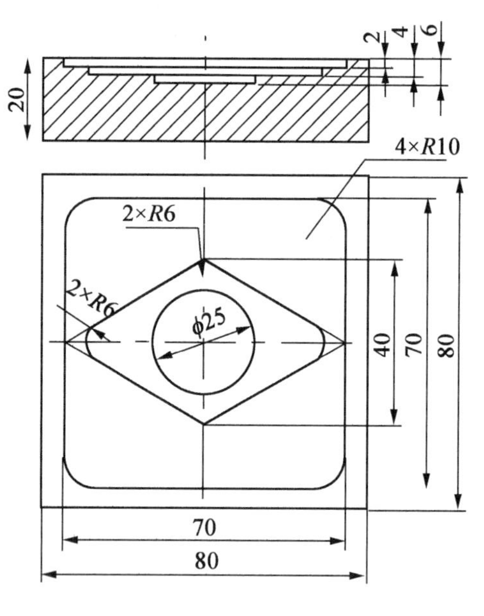

图 5.111　习题 5.3 图

5.4　如图 5.112 所示零件，根据零件形状设定毛坯，并进行外形、平面和挖槽加工。

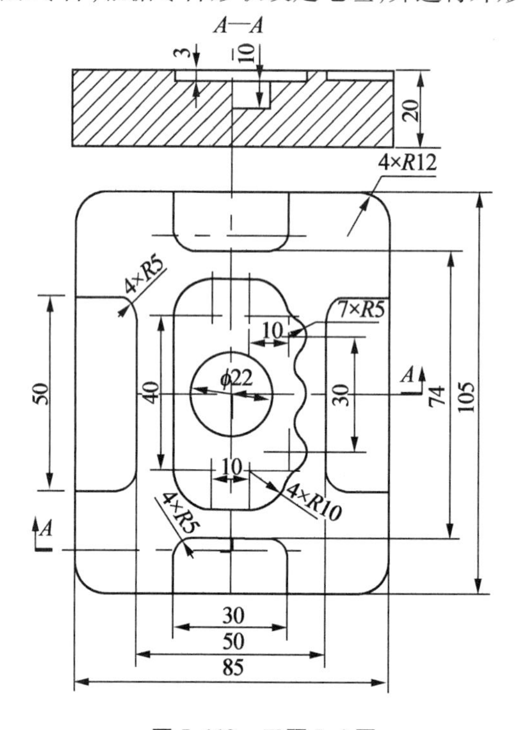

图 5.112　习题 5.4 图

第6章　数控机床操作与加工

航空发动机,现代工业“皇冠上的明珠”,是衡量一个国家综合国力的重要标志之一,全世界只有极少数国家能够自主研制。洪家光是中国航发沈阳黎明航空发动机有限责任公司的数控车工,他的工作是负责飞机“心脏”——发动机叶片的制造。为保证飞机起飞后,在巨大离心力的作用下,发动机叶片紧密牢靠地正常运转,从2009年开始,洪家光一项项改进车床、刀具、夹具,将滚轮精度从0.008 mm提高到0.002 mm,形成了一套“航空发动机叶片滚轮精密磨削技术”。磨削后的发动机叶片不仅更加耐高温,而且使用寿命长,破解了航空发动机叶片长期以来的制造难题,也为我国相关产品研制提供了重要的技术支撑。

多年来,洪家光和团队先后完成技术创新和攻关项目84项,实现成果转化63项,解决生产制造难题564项,挑战了一个又一个难题,成为全国闻名的技术能手,洪家光被称为“中国第一车工”。2018年,39岁的他获得国家科学技术进步二等奖,成为最年轻的获奖者。2022年3月,洪家光获得2021年“大国工匠年度人物”称号。洪家光曾说:“不是有了梦想才坚持,而是在坚持中让梦想变得更加清晰。”

科技进步的殿堂里,从来没有身份区别,只有向创造之力致敬的荣耀,这荣耀属于每一位在平凡岗位上追求卓越、不断进取的中国工匠。一位位高技能人才以坚定的理想信念、不懈的奋斗精神,脚踏实地把每件平凡的事做好,在平凡岗位上干出了不平凡的业绩,共同培育形成的工匠精神,是我们宝贵的精神财富。

6.1　数控车床操作与加工

6.1.1　FANUC 0i 数控车床操作

1. FANUC 0i 车床操作面板形式一

(1)FANUC 0i 车床面板操作。

①车床操作面板。数控车床的操作主要通过操作面板来实现。操作面板由两部分组成:一部分为车床操作面板,如图6.1所示。另一部分为控制系统的操作面板,如图6.2所示。

②数控车床操作面板上操作模式旋钮开关含义。

AUTO:自动加工模式。自动运行一个已存储的程序。

EDIT:用于直接通过操作面板输入数控程序和编辑程序。

MDI:直接运行手动输入的程序。

INC:增量进给。

HND:手轮模式移动台面或刀具。

JOG:手动模式,手动连续移动台面和刀具。

DNC:用232电缆线连接PC机和数控机床,选择程序传输加工。

REF:回参考点。

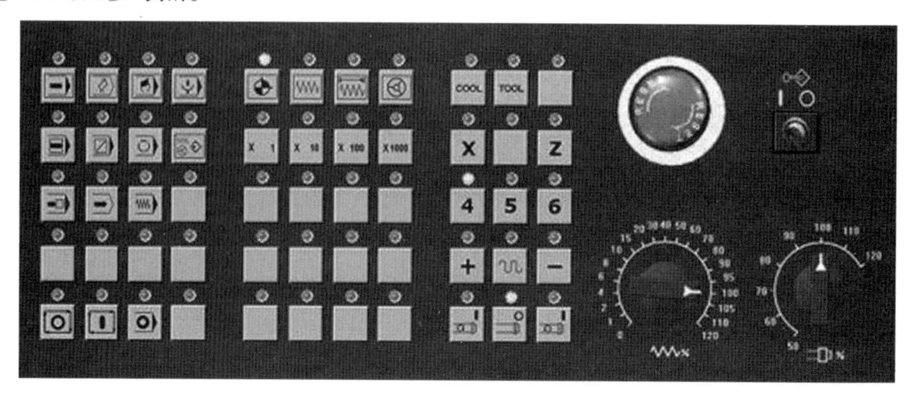

图 6.1 FANUC 0i 车床操作面板

在自动(AUTO)或手动数据输入(MDI)模式中,启动程序运行可以按 CYCLE + START 按钮。在程序运行时,不能切换到其他操作模式,要等程序执行完成或按下 RESET 键终止运行后才能切换到其他操作模式。

在以上提到的操作模式中,都可以通过数控系统控制面板上的六个功能键来选择显示方式。

③数控程序运行控制开关。

程序运行开始;模式选择旋钮在"AUTO"和"MDI"位置时按下有效,其余时间按下无效。

程序运行停止;在程序运行中,按下此按钮停止程序运行。

机床主轴手动控制开关:

手动开机床主轴正转。

手动开机床主轴反转。

手动停止主轴。

进给速度(F)调节旋钮,调节程序运行中的进给速度,调节范围为 0 ~ 120% 。

调节主轴转速,调节范围为 0 ~ 120% 。

在模式下,先选择轴向,手轮顺时针转,相应轴往正方向移动,手轮逆时针转,相应轴往负方向移动。

机床空运行。按下此键, 各轴以固定的速度运动。

手动示教。

TOOL 在刀库中选刀。按下此键,在刀库中选刀。

程序编辑锁定开关。置于" "位置,可编辑或修改程序。

程序重启动。由于刀具破损等原因自动停止后,程序可以从指定的程序段重新启动。

机床锁定开关。按下此键,机床各轴被锁住,只能程序运行。

M00 程序停止。程序运行中,M00 停止。

紧急停止旋钮。

(2)FANUC 0i 数控系统操作。

FANUC 0i 数控系统操作面板由 CRT 显示器和 MDI 键盘两部分组成,如图 6.2 所示。

①CRT 显示器。CRT 显示器可以显示机床的各种参数和功能。如机床参考点坐标、刀具起始点坐标、输入数控系统的指令数据以及刀具补偿值、报警信号、自诊断结果、驱动轴移动速度等数据。

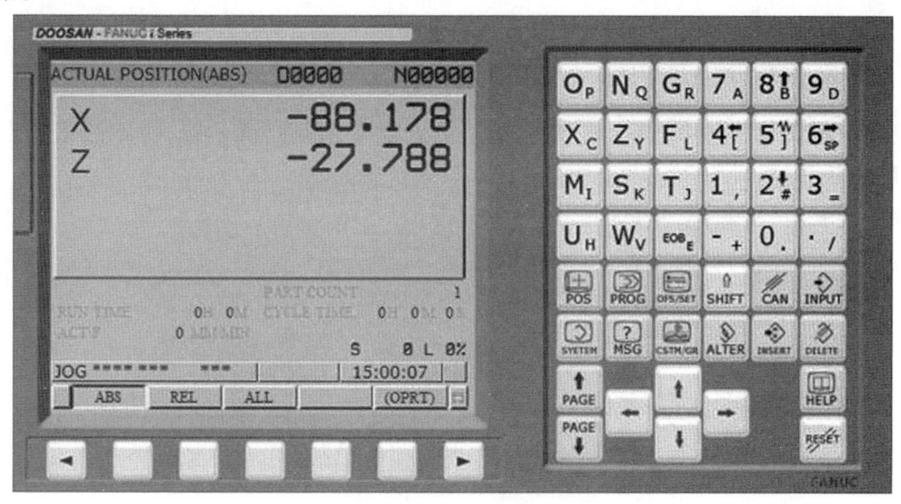

图 6.2　FANUC 0i 车床数控系统面板

②MDI 键盘各键的名称和功能。

a. 程序编辑键。

数字/字母键:

数字/字母键用于输入数据到输入区域,系统自动判别取字母还是取数字。字母和数字键通过 SHIFT 键切换输入。

编辑键:

ALTER 替换键,用输入区内的数据替换光标所在的数据。

DELETE 删除键,删除光标所在的数据;或者删除一个程序或者删除全部程序。

INSERT 插入键,把输入区之中的数据插入到当前光标之后的位置。

CAN 取消键,消除输入区内的数据。

EOB E 回车换行键,结束一行程序的输入并且换行。

SHIFT 上挡键。

页面切换键:

翻页按钮(PAGE):

PAGE↑ 向上翻页。

PAGE↓ 向下翻页。

光标移动(CURSOR):

↑ 向上移动光标。

← 向左移动光标。

↓ 向下移动光标。

→ 向右移动光标。

输入键：

INPUT 输入键，把输入区（输入缓冲器）内的数据拷贝到寄存器。

HELP 系统帮助页面。

RESET 复位键。

当机床自动运行中按下此键，机床可紧急停止，若要恢复自动运行，机床需重新返回机床原点，程序将从头执行。

在编辑模式时，按此键，光标回到程序的最前面。

某些情况下发生的警告状态，可按此键解除。

b. 功能键。

POS 显示位置。

PROG 程序键，程序显示与编辑。

OFS/SET 显示刀偏/设定画面。用于刀具长度补偿和半径补偿、工件坐标系平移值设置、宏变量设置、刀具寿命管理设置以及其他数据设置等操作。

SYSTEM 显示系统参数设置。

MESSAGE 信息键，显示报警信息。

CSTM/GRPH 图形键，显示仿真、加工图形画面或用户宏画面（会话式宏画面）。

（3）FANUC 数控车床的操作方法及步骤。

①开机、关机和回参考点。

开机：打开机床电源开关，置 ON 位置，系统启动稳定后，旋起急停按钮，置“JOG”模式，机床手动状态，刀架移动到换刀合适位置。

关机：置“JOG”模式，机床手动状态，刀架移动到靠近导轨尾座位置，按下急停按钮，系统停止，关闭机床电源开关，置 OFF 位置。

回参考点：

a. 置模式旋钮在 ⊕ 位置。

b. 选择各轴 X Y Z，点按或按住按钮，即回参考点。

②移动。手动移动机床轴的方法有三种。

方法一：快速移动 ᔐ，这种方法用于较长距离的工作台移动。

a. 置“JOG”模式位置。

b. 选择各轴，按住方向键 + −，机床各轴移动，松开后停止移动。

c. 按 ᔐ 键，各轴快速移动。

方法二：增量移动 ⩩，这种方法用于微量调整，如用在对基准操作中。

a. 置模式在 位置：选择 步进量。

b. 选择各轴，每按一次，机床各轴移动一步。

方法三：操纵“手动”，这种方法用于微量调整。在实际生产中，使用手动可以让操作者容易控制和观察机床移动。

③开、关主轴。

a. 置模式旋钮在“JOG”位置 。

b. 按 机床主轴正反转，按 主轴停转。

④启动程序加工零件。

a. 置模式旋钮在“AUTO”位置 。

b. 选择一个程序。

c. 按程序启动按钮 。

⑤仿真运行程序。

仿真运行程序时，机床和刀具不切削零件，仅运行程序。

a. 置在 模式。

b. 选择一个程序如 O0001 后按 ↓ 调出程序。

c. 按程序启动按钮 。

⑥单步运行。

a. 置单步开关 于“ON”位置。

b. 程序运行过程中，每按一次 执行一条指令。

⑦选择一个程序。

a. 选择模式放在“EDIT”。

b. 按程序键 键，DIR 软键，显示所有 NC 程序。

c. 输入程序号 O4567。

d. 按[O检索]，开始搜索，找到后，“O4567”显示在屏幕右上角程序号位置，“O4567”NC 程序显示在屏幕上。

⑧搜索程序段。

选择模式 AUTO ：

a. 按 键入字母“O4567”。

b. 按 操作 → [O检索] “O4567”显示在屏幕上。

c. 可输入程序段号“N30”，按 [N检索] 搜索程序段。

⑨删除一个程序。

a. 选择模式在“EDIT”。

b. 按 键，输入要删除的程序号“O4567”。

c. 按 “O4567”NC 程序被删除。

⑩删除全部程序。

a. 选择模式在“EDIT”。

b. 按 PROG 键,输入,“O－9999”。

c. 按 DELETE 全部程序被删除。

⑪编辑 NC 程序(删除、插入、替换操作)。

a. 模式置于 “EDIT”。

b. 选择 PROG,输入被编辑的 NC 程序名如“O1234”,按 INSERT 即可编辑。

c. 移动光标,按 PAGE: PAGE↑ 或 PAGE↓ 翻页,按 CURSOR: ↑ 或 ↓ 移动光标。

d. 输入数据,将数据输入到输入域。 CAN 键用于删除输入域内的数据。

e. 自动生成程序段号输入,按 →[SETING] 如图 6.3 所示,在参数页面顺序号中输入“1”,所编程序自动生成程序段号。

⑫删除、插入、替代。

a. 按 DELETE 键,删除光标所在的代码。

b. 按 INSERT 键,把输入区的内容插入到光标所在代码后面。

c. 按 ALTER 键,把输入区的内容替代光标所在的代码。

⑬通过操作面板手工输入 NC 程序。

a. 置模式开关在“EDIT” 。

b. 按 PROG 键,再按 DIR 进入程序页面。

c. 按 EOB E → INSERT 键,开始程序输入。

d. 按 EOB E → INSERT 键换行后再继续输入。

⑭输入零件原点参数。

a. 按 OFS/SET 键进入参数设定页面,按“坐标系”。

b. 用 PAGE↑ PAGE↓ 或 ↓ ↑ 选择坐标系。

c. 输入地址字(X/Y/Z)和数值到输入域。

d. 按 INSERT 键,把输入域中间的内容输入到所指定的位置。如图 6.4 所示。

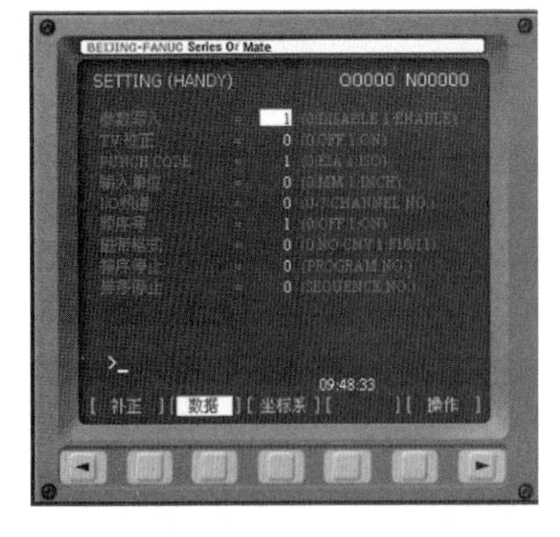

图 6.3 自动生成程序段号的参数设置

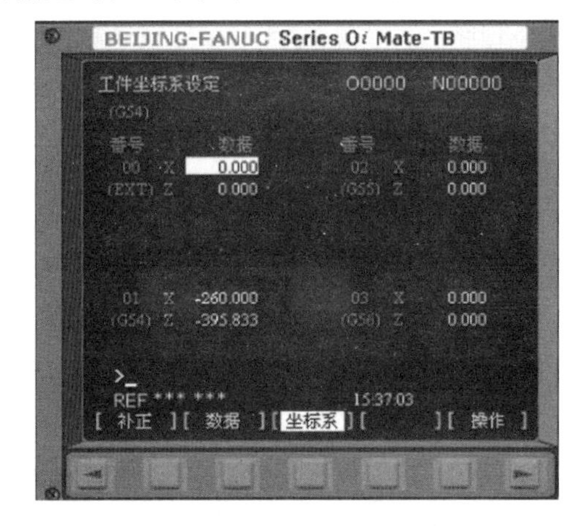

图 6.4 坐标系设置

⑮输入刀具补偿参数。

a. 按 OFS/SET 键进入参数设定页面，按“[补正]”。

b. 用 ↑PAGE 和 PAGE↓ 键选择长度补偿，半径补偿用 CURSOR：↓ 和 ↑ 键选择补偿参数编号。

c. 输入补偿值到长度补偿 H 或半径补偿 D。

d. 按 INPUT 键，把输入的补偿值输入到所指定的位置。如图 6.5 所示。

e. 按 POS 键切换到位置显示页面。用 ↑PAGE 和 PAGE↓ 键或者软键切换。

⑯MDI 手动数据输入。

a. 按 MDI 键，切换到“MDI”模式。

b. 按 PROG 键，再按 [MDI] → EOB 分程序段号“N10”，输入程序如：G0X50。

c. 按 INSERT “N10G0X50” 程序被输入。

d. 按 [ ] 程序启动按钮。

⑰镜像功能。

按 OFS/SET → [SETING] → PAGE↓，如图 6.6 所示。

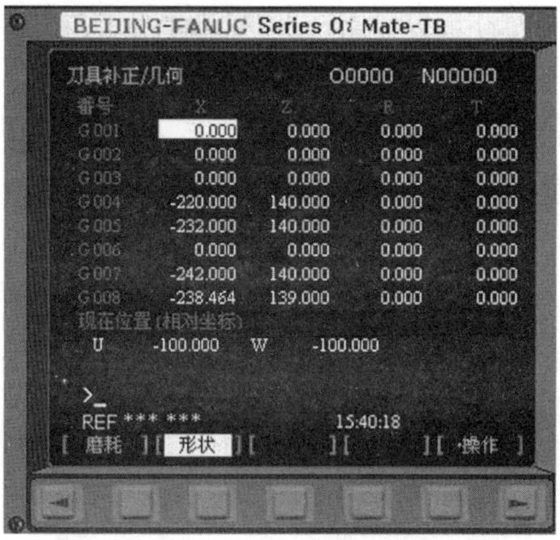

图 6.5　FANUC 0i－T 车床刀具补正

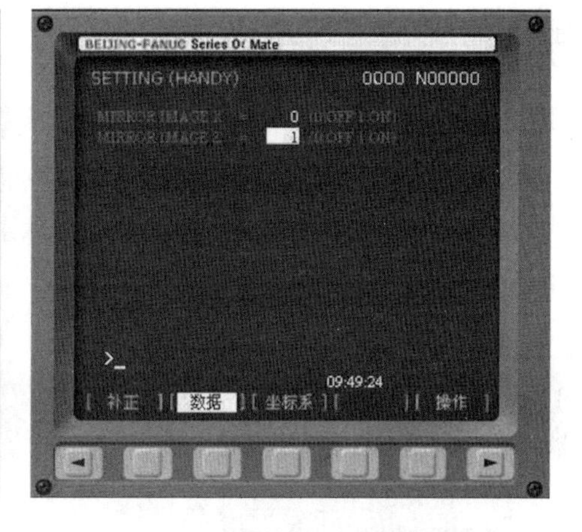

图 6.6　FANUC 0i－T 镜像功能

在参数页面中 MIRROR IMAGE X、MIRROR IMAGE Y、MIRROR IMAGE Z 分别表示 *X* 轴、*Y* 轴和 *Z* 轴镜像功能。输入“1”镜像启动。

(4)车床对刀操作步骤。

①直接用刀具试切对刀。

a. 用外圆车刀先试切一外圆，测量外圆直径后，选择 OFS/SET 模式→按 DIR 软键“偏置”→“形状”，输入外圆直径值，例如：输入“X29.5”，按“测量”键，刀具“X”补偿值即自动输入到几何形状里。

b. 用外圆车刀再试切外圆端面，选择 OFS/SET 模式→按 DIR 软键“偏置”→“形状”，输入 *Z* 坐标值，例如：输入“Z0”，按“测量”键，刀具“Z”补偿值即自动输入到几何形状里。

②用 G50 设置工件零点。

a. 用外圆车刀先试切一段外圆，选择“相对”按 SHIFT → X_U，这时“U”坐标在闪烁。按“ORIGIN”键，置“零”，测量工件外圆后，选择 MDI “MDI”模式，输入 G01 U－××(××为测量直径)F0.3,切端面到中心。

b. 选择 MDI 模式,输入 G50 X0 Z0,启动键,把当前点设为零点。

c. 选择 MDI 模式,输入 G0 X100 Z160,使刀具离开工件。

d. 这时程序开头:G50 X100 Z160 ……。

e. 用 G50 X100 Z160,程序起点和终点必须一致即 X100 Z160,这样才能保证重复加工不乱刀。

f. 如用第二参考点 G30,即能保证重复加工不乱刀,这时程序开头为:

```
G30 U0 W0
G50 X100 Z160
```

③工件零点设置。

a. 在 FANUC0i 系统的里,有一工件零点设置界面,可输入零点偏移值。

b. 用外圆车刀先试切工件端面,这时 X、Z 坐标的位置如:X－250 Z－365,直接输入到偏移值里。

c. 选择回参考点方式,按 X、Z 轴回参考点,这时工件零点坐标系即建立。

d. 这个零点一直保持,只有重新设置偏移值 Z0,才清除。

④G54～G59 设置工件零点。

a. 用外圆车刀先试切一外圆,选择模式,再按 DIR 软键,“坐标系”,如选择 G55,输入 X0、Z0,按“测量”工件零点坐标即存入 G55 里,程序直接调用如:G55 X30 Z100……。

b. 可用 G53 指令清除 G54～G59 工件坐标系。

2. FANUC 0i **机床操作面板形式二**

操作面板如图 6.7 所示。

图 6.7 CKA6140 数控车床操作面板

(1)FANUC 数控车床的操作方法。

①开机和关机。

a. 开机:打开机床电源开关,置 ON 位置,系统启动稳定后,旋起急停按钮,置“JOG”模式,机床手动状态,刀架移动到换刀合适位置。不需回参考点。

b. 关机:置“JOG”模式,机床手动状态,刀架移动到靠近导轨尾坐位置,按下急停按钮,系统停止,关闭机床电源开关,置 OFF 位置。

②选择程序。

a. 按 PROG 键。置模式为“编辑”状态,再按 DIR 软键“列表”,显示所有 NC 程序。

b. 输入已有程序名,如“O0001”。

c. 按“O 检索”,“O0001”NC 程序打开,显示在屏幕上。

③输入新程序。

a. 按 PROG 键。置模式为“编辑”状态,再按 DIR 软键“列表”。

b. 输入新程序名,如“O0050”。

c. 按 INSERT 键,打开一个新程序,输入程序内容。

如:N10 T0101 M03 S800→EOB E→ INSERT

N20 G00 X100 Z150→EOB E→ INSERT

④MDI 方式运行。

机床面板置模式开关在“MDI”,再按 DIR 软键 “MDI”,输入单段程序如“T0202→EOB E→ INSERT”, 按循环启动键,单段程序运行。

⑤仿真运行程序。

a. 按 PROG 键。再按 DIR 软键“列表”。

b. 输入已有程序名,选择一个程序如 O0001 后,按 “O 检索”调出程序。

c. 选择“自动”模式。

d. 按“空运行” +“锁住”键。

e. 再按循环启动键,程序启动开始仿真加工。按图形键,显示仿真加工图形画面。

⑥自动单段运行程序。

a. 选择“自动”模式和“ 单段 ”模式。

b. 程序运行过程中,每按一次循环启动键,执行一段数控程序。

⑦自动连续运行程序。

a. 选择要运行的程序。

b. 选择“自动 ”模式,按循环启动键,开始加工。

(2)其他操作参考 FANUC 0i 机床操作面板形式一。

6.1.2　SIEMENS 802D 车床操作与加工

1. SIEMENS 802D 操作面板

机床的操作面板包括数控系统操作面板和机床控制面板,分别如图 6.8 和图 6.9 所示。

数控系统操作面板包括 CRT 显示器和 MDI 键盘两部分。用操作键盘结合显示屏可以进行数控系统操作。

机床控制面板主要用于控制机床的运动和选择机床运行状态,由模式选择按钮、数控程序运行控制开关等多个部分组成。各键的功能见表 6.1。

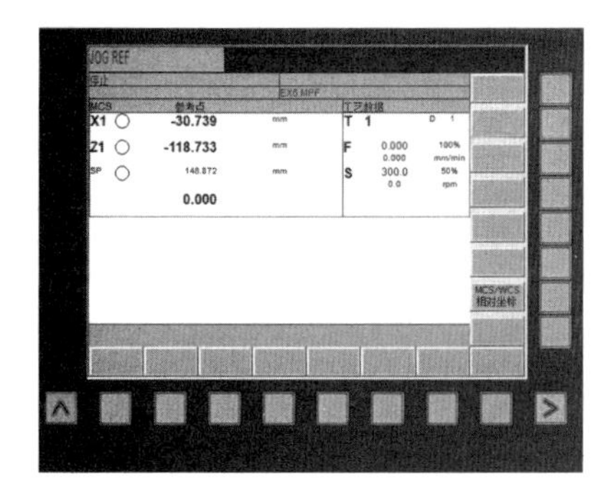

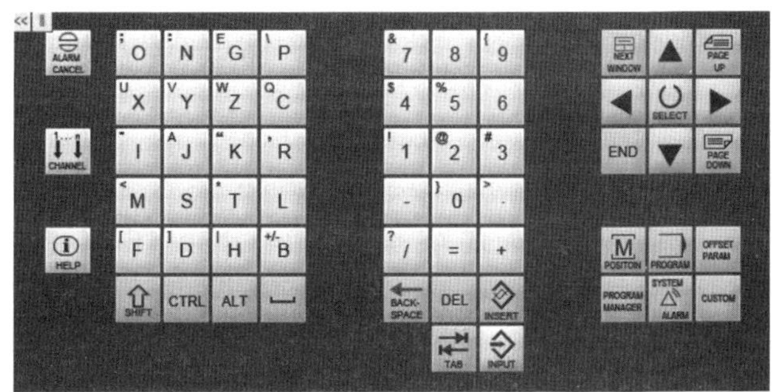

图 6.8　802D 数控系统操作面板

图 6.9　机床控制面板

表 6.1　SIEMENS 802D 数控车床系统操作面板各键含义

键	含义	键	含义
	软菜单键	U A	字母键
INSERT	插入键	* 9	数字键
∧	返回键	SHIFT	上挡键
>	菜单扩展键	DEL	删除键
SELECT	选择/转换键	BACK-SPACE	删除键(退格键)
	区域转换键	INPUT	回车/输入键
ALARM CANCEL	报警/系统操作区域键	PROGRAM MANAGER	程序管理操作区域键
PAGE UP	光标向上翻页键	ALARM CANCEL	报警应答键
PAGE DOWN	光标向下翻页键	PROGRAM	程序操作区域键
▼ ◀ ▶ ▲	光标向上、下、左、右键	OFFSET PARAM	参数操作区域键
REF POT	手动方式回参考点	JOG	手动方式

续表 6.1

键	含义	键	含义
MDI	手动数据输入键	RAPID	快速运行叠加键
AUTO	自动加工模式	SINGLE BLOCK	单段运行
RESET	复位键	SPIN START	主轴正转
CYCLE STOP	循环停止	SPIN STOP	主轴停止
CYCLE START	循环启动	SPIN START	主轴反转
[VAR]	增量选择	POSITION	加工操作区域键
	紧急停止旋钮	+X -Z +Z -X	移动轴选择
	进给速度(F)调节旋钮		主轴速度调节旋钮

2. 数控车床的操作方法及步骤

(1)开机和回参考点。

①开机:开机的操作步骤为,检查机床各部分初始状态正常后,接通 CNC 和机床电源。系统引导进入“加工”操作区 JOG 运行方式,出现“回参考点”窗口。

②回参考点:开机后必须确定机床零点,用回参考点来完成。回参考点只有在 JOG 方式下才能进行。操作步骤如下:

a. 机床控制面板上参考点 REFPOT 键。

b. 接坐标轴方向键“+X、+Z”,点动或长按使每个坐标轴逐一回参考点。如果选错了回参考点方向,则不会产生运动。回参考点后工作窗口坐标轴应显示“◕”,表示坐标轴已到达参考点。如图 6.10 所示。

c. 通过选择另一种运行方式 MDA、AUTO、JOG 可以结束该功能。

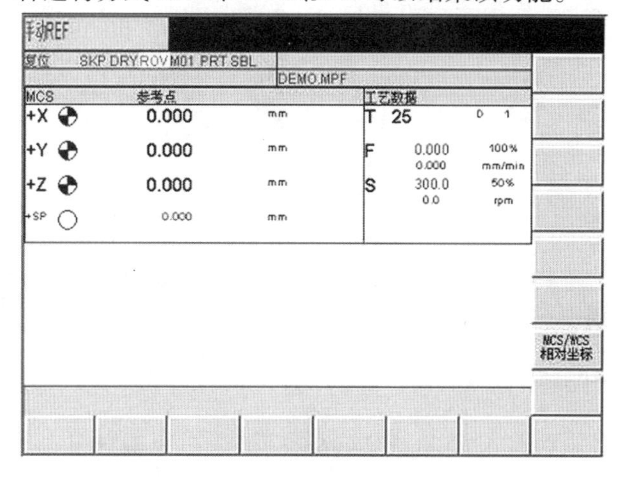

图 6.10　回参考点结束

(2)零件程序编辑。

①输入新程序。选择“程序”操作区,显示 NC 中已经存在的程序目录。如图 6.11 所示。按“新程序”键,出现一对话窗口,在此输入新的主程序和子程序名称。在名称后输入文

件类型。按“确定”键确认输入,生成新程序。用中断键结束程序的编制,并关闭此窗口。如图6.12所示。

②零件程序的修改。零件程序不处于执行状态时,可以进行编辑。在零件程序中进行的任何修改均立即被存储。

(3)JOG运行方式。

在JOG运行方式中,可以使坐标轴点动运行。如图6.13所示。

操作步骤:通过机床面板上的“JOG”键,选择JOG运行方式,操作相应的方向键可以使坐标轴运行。在选择“增量选择”以步进增量方式运行时,坐标轴以增量运行,步进量在屏幕上显示。

①“手轮”运行方式。可以使坐标轴点动运行。

操作步骤:按“手轮”键,用光标键选择X或Z轴,然后按相应坐标轴的软键。如图6.14所示。

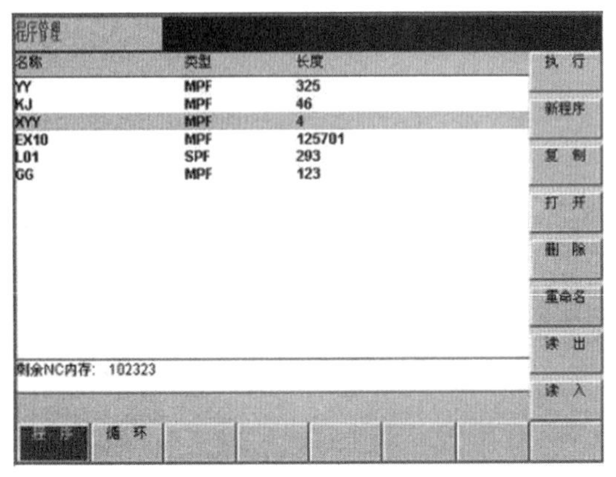

图6.11 程序管理操作

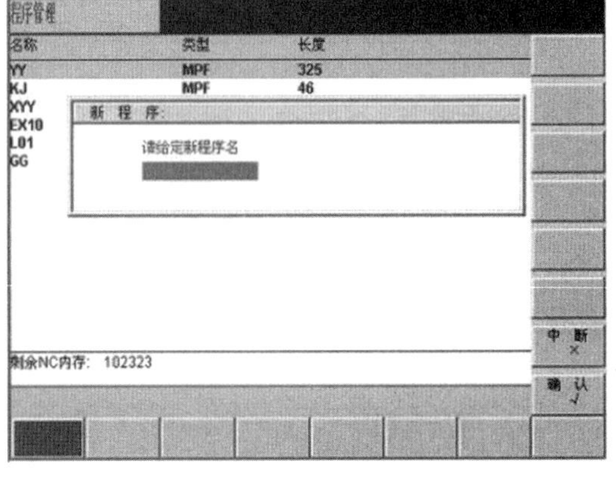

图6.12 生成新程序

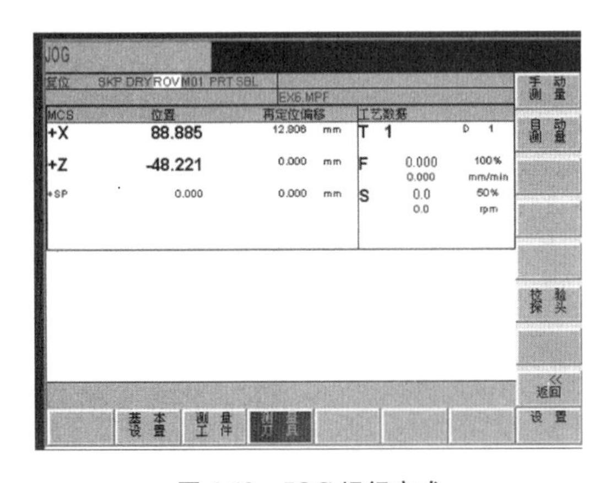

图6.13 JOG运行方式

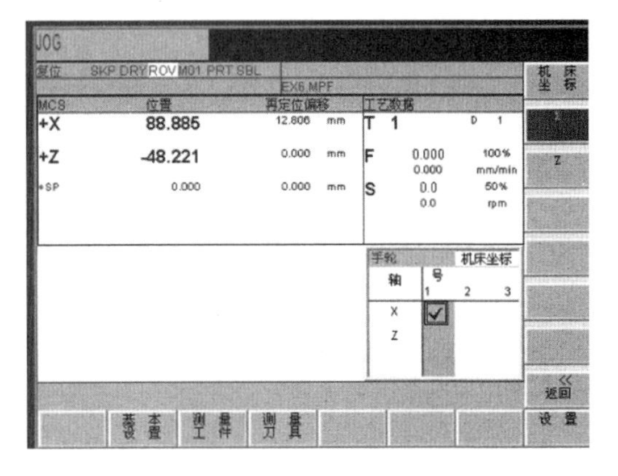

图6.14 手轮运行方式

②MDA运行方式(手动输入)。在MDA运行方式下可以编制一个不超过6行的零件程序段加以执行。

操作步骤:选择机床操作面板上的MDA键。通过操作面板输入程序段。按动数控启动键。执行输入的程序段。

(4)参数设定。

在CNC进行工作之前,必须通过参数的输入和修改来对机床、刀具等进行调整。

输入刀具参数及刀具补偿参数功能：刀具参数包括刀具几何参数、磨损量参数和刀具型号参数。

①建立新刀具。操作步骤：按参数操作区域键，“新刀具”“车刀”软键，显示对话窗口，填入相应的刀具号和刀沿数。按确认键确认输入。在刀具清单中自动生成数据组零。如图6.15所示。

②确定刀具补偿(手动)。利用此功能可以计算刀具 T 未知的几何长度。前提条件是换入该刀具，在 JOG 方式下移动该刀具，使刀尖到达一个已知坐标值的机床位置，这可能是一个已知位置的工件。

操作步骤：用此键打开测量刀具的手动测量键，出现对刀的窗口。在 X0 或 Z0 处登记一个刀具当前所在位置的数值，该值可以是当前的机床坐标值，也可以是一个零点偏移值。如果使用了其他数值，则补偿值以此位置为准。按软键“设置长度 1”或者“设置长度 2”，系统根据所选择的坐标轴计算出它们相应的几何长度 1 或 2，所计算出的补偿值被存储。如图 6.16 所示。

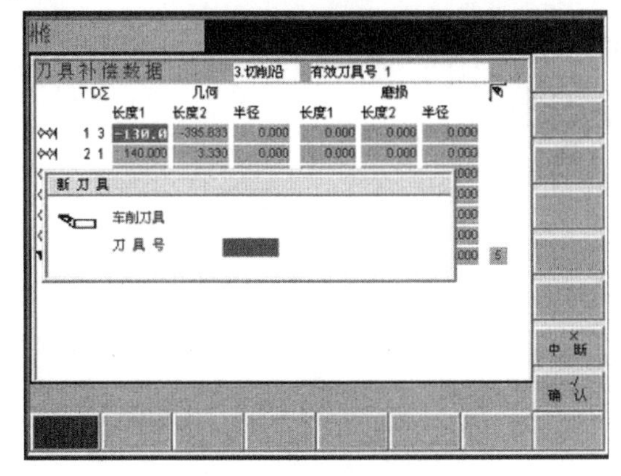

图 6.15　建立新刀具

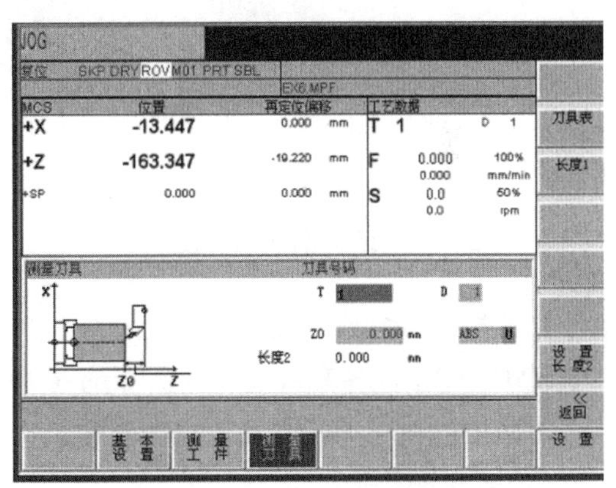

图 6.16　刀具长度设置

输入/修改零点偏置值：

在回参考点之后实际值存储器以及实际值的显示均以机床的零点为基准，而工件的加工程序则以工件零点为基准，这之间的差值就作为可设定的零点偏移量输入。

操作步骤：通过操作软键“参数”和“零点偏移”可以选择零点偏置，屏幕上显示可设定零点偏置的情况。把光标移到待修改的范围输入数值，按“向下翻页”键，屏幕上显示下一页零点偏置窗：G55 和 G56；按返回键不确认零点偏置值，直接返回上一级菜单。如图 6.17 所示。

计算零点偏置值：

操作步骤：按软键“测量工件”。控制系统转换到“加工”操作区，出现对话框用于测量零点偏置。刀尖运行到工件处。在对话框“设置位置到”中输入工件边沿在坐标系位置。按此键计算偏移量，在偏移一栏中显示结果。按中断键退出窗口。

(5)自动运行方式。

在自动运行方式下零件程序可以自动加工执行，这是零件加工中正常使用的方式。启动程序之前必须要调整好系统和机床，保证安全。

操作步骤：按自动方式键选自动运行方式，打开“程序目录窗口”。把光标定位到所选的程序上。用执行软键选择待加工的程序。被选择的程序名称“JX06”显示在屏幕区“程序名”下。

操作步骤：按循环启动键，启动加工程序。按单步循环键，选择单步循环加工。

程序控制,按此键显示所有用于选择程序控制方式的软键(如有条件停止、跳过、ROV 有效等)。G 功能,打开窗口,显示所有有效的 G 功能。

程序修改,零件程序不处于执行状态时,可以进行编辑。

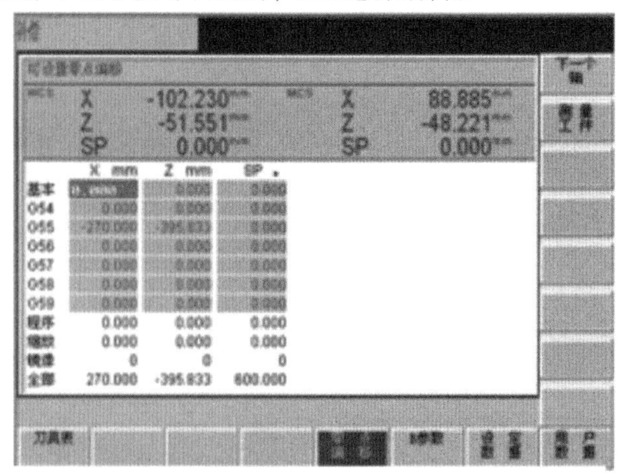

图 6.17 坐标系偏置

6.1.3 华中数控车床操作

1. 数控车床操作界面

HNC - 21T 数控车床操作界面如图 6.18 所示。

2. 华中数控车床操作

(1)开机操作。

打开空气开关→打开钥匙开关→打开计算机电源→进入数控车床软件操作界面。

(2)回参考点操作。

(3)超程解除。

手动方式→超程解除→ - X/ - Z。

(4)MDI 操作。

F4/MDI→键盘输入单段程序→单段/自动→循环启动。

(5)程序编辑。

F1/自动加工→F5/零件程序→F3/程序编辑→F4/打开程序→输入文件名 O × ×→输入程序。

(6)程序模拟运行及加工运行。

F1/自动加工→F7/程序→Page Up/Page Down→选所需文件→模拟加工/自动加工→机床锁住/循环启动。

(7)窗口调整。

自动/手动/单段/步进→F1/自动加工→F3/数据设定→F4/图形参数→定义加工窗口的上下左右的坐标值,并使刀具在合适的位置。

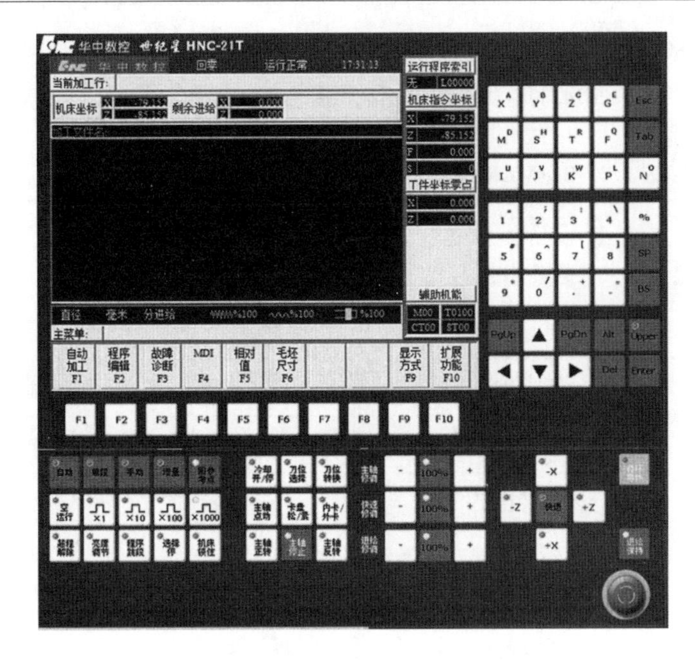

图 6.18　HNC－21T 数控车床操作界面

6.2　数控铣床操作与加工

6.2.1　SIEMENS 802S/C 数控铣床操作与加工

1. 数控系统面板

(1) 系统操作面板。

系统操作面板如图 6.19 所示。

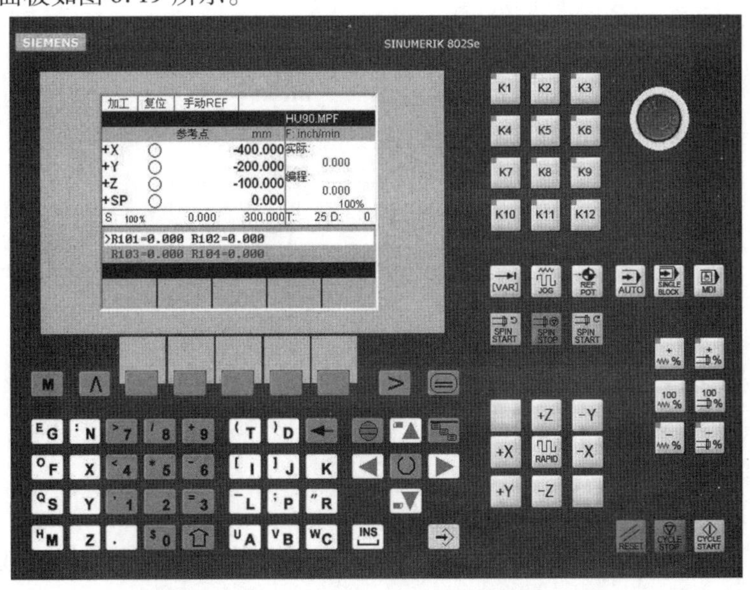

图 6.19　SIEMENS 802S/C 数控铣床系统操作面板

(2)SIEMENS 802S/C 数控铣床系统操作面板。

SIEMENS 802S/C 数控铣床系统操作面板各键含义,见表 6.2。

表 6.2 SIEMENS 802S/C 数控铣床系统操作面板各键含义

键	含义	键	含义
	软菜单键	←	删除键
M	加工显示键	* 9	数字键
∧	返回键		垂直菜单键
>	菜单扩展键		选择/转换键
	区域转换键		回车/输入键
▲	光标向上键 上挡:向上翻页键	▼	光标向下键 上挡:向下翻页键
	报警应答键	◀ ▶	光标向左键、向右键
INS	空格键(插入键)	U A	字母键
CYCLE STOP	循环停止	AUTO	自动方式
JOG	点动	⇧	上挡键
+X -X	*X* 轴点动	U A	字母键
+Y -Y	*Y* 轴点动	SPIN START	主轴正转
+Z -Z	*Z* 轴点动	SPIN STOP	主轴停
SPIN START	主轴反转		
K1 K2 K3 K4 K5 K6 K7 K8 K9 K10 K11 K12	使能键	+ % + % 100 % 100 % − % − %	主轴速度修调
			应急开关

(3)屏幕显示区。

显示屏下方的蓝色方块为菜单软键,按下软键,可以进入软键上方对应的菜单。如图6.20所示。

2. 开机和回参考点

(1)开机。

接通 CNC 和机床电源,系统启动后进入“加工”操作区,JOG 运行方式,出现“回参考点窗口”。

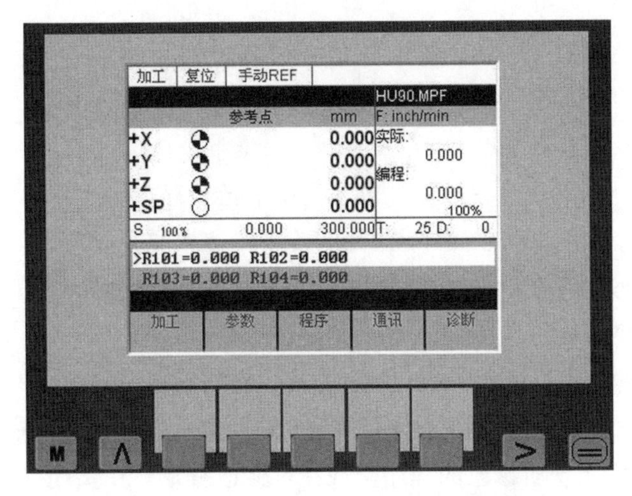

图 6.20　SIEMENS 802S/C 数控铣床屏幕显示区

(2)回参考点(“加工”操作区)。

进入系统后,旋转急停键,使之抬起,取消急停状态,系统提示需回参考点。

按下 REF POT 键,启动“回参考点”,顺次按下 +Z 、+X 、+Y 键,Z、X、Y 轴等逐一回参考点。如图 6.21、图 6.22 所示。

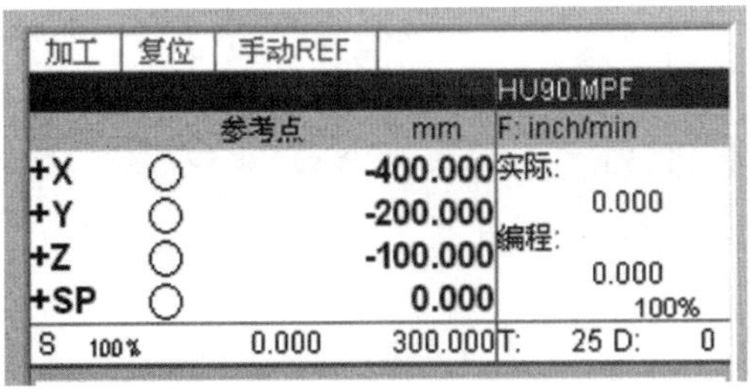

图 6.21　坐标轴未回参考点

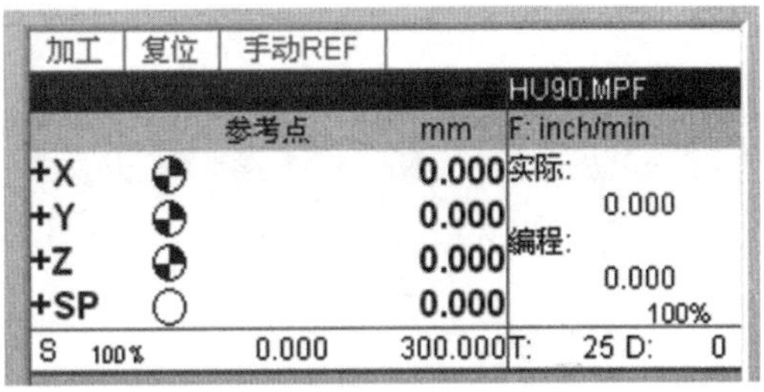

图 6.22　坐标轴已到达参考点

3. 手动操作

(1)JOG 运行方式。

单击机床操作面板上的 JOG 键,选择手动运行方式。

按下坐标轴方向键,机床在相应的轴上发生运动。只要按住坐标轴键不放,机床就会以设定的速度连续移动。

如果同时按下“快速运行” RAPID 键及坐标轴键,则坐标轴将进行快速移动。

如果按下 “增量选择” VAR 键,则坐标轴以选择的步进增量运行,步进量的大小显示在屏幕上方。再按一次点动键,可以去除步进方式。

(2)MDA 运行方式。

在机床操作面板上,单击 MDI 键,选择 MDA 运行方式。

使用操作面板上的数字键 1 … 9 ,输入程序段。

单击[CYCLE START]键,执行输入的程序段。

4. **程序编辑**

(1)程序编辑。

①输入新程序。选择“程序”操作区,显示NC中已经存在的程序目录。按“新程序”键,出现一对话窗口,在此输入新的主程序和子程序名称。在名称后输入文件类型。按“确定”键确认输入,生成新程序。现在可以对新程序进行编辑。用关闭键结束程序的编制,返回到程序目录管理层。如图6.23所示。

②程序修改。零件程序不处于执行状态时,可以进行编辑。如图6.24所示。

在主菜单下选择“程序”键,出现程序目录窗口。用光标键选择待修改的程序。按“选择”键→“打开”键,屏幕上出现所修改的程序。现在可修改程序。用关闭键结束程序的修改,返回到程序目录管理层。

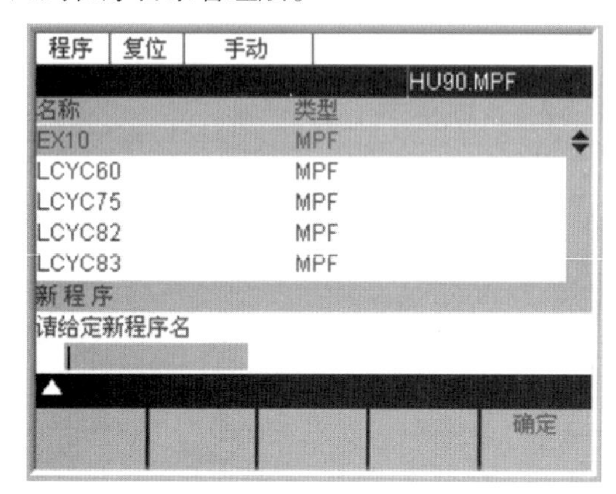

图6.23 输入新程序

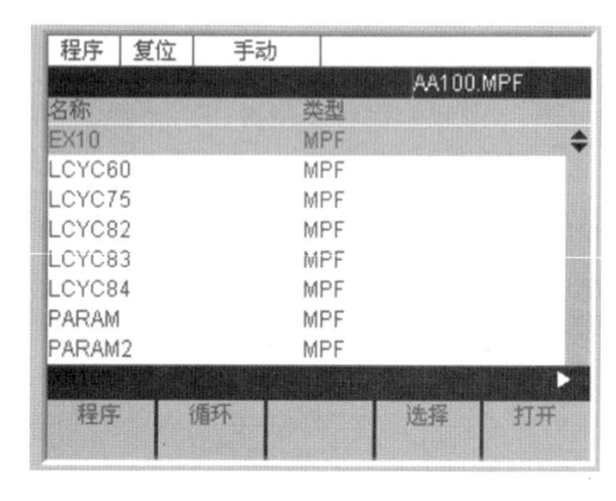

图6.24 选择程序进行修改

(2)自动运行操作。

①选择和启动零件程序。按自动方式键[AUTO]选自动运行方式,打开“程序目录窗口”,在第一次选择“程序”操作区时会自动显示“零件程序目录”。如图6.25所示。把光标定位到所选的程序上。用“选择”键选择待加工的程序,被选择的程序名称显示在屏幕区“程序名”下。

②自动运行方式。按自动方式键[AUTO]选择自动运行方式。如图6.26所示。

按“仿真”→循环启动键[CYCLE START]选择仿真加工。按循环启动键[CYCLE START]选择自动加工。

5. **参数设定**

(1)刀具参数及刀具补偿参数设定。

①建立新刀具。按“新刀具”键,建立一个新刀具。出现输入窗口,显示所有给定的刀具号。输入新的T号,并定义刀具类型,按确认键输入,刀具补偿参数窗口打开。

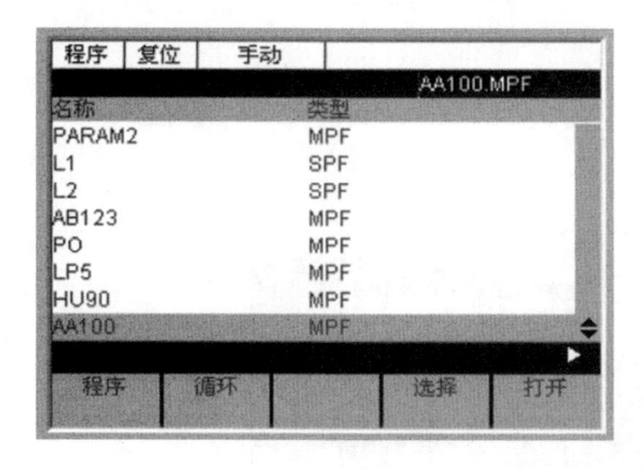

图 6.25　选择程序进行加工

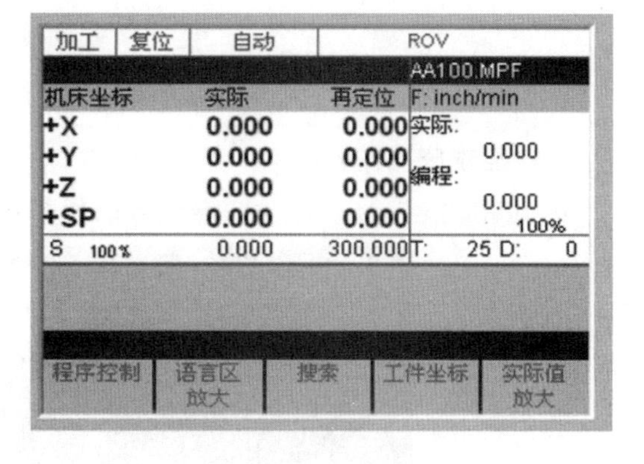

图 6.26　自动加工界面

②刀具补偿参数。刀具补偿分为刀具长度补偿及刀具半径补偿，参数表结构因刀具类型不同而不同。输入刀补参数，移动光标到要修改的区域，输入数值，按输入键确认。如图 6.27 所示。

③确定刀具补偿值。按“参数”→“刀具补偿”→“测量”→“确认”→“计算”→“确认”键，刀具补偿被存储。

(2)输入/修改零点偏置值。

操作软键“参数”和“零点偏移”可以选择零点偏置。屏幕上显示可设定零点偏置的情况。如图 6.27 所示。把光标移到待修改的范围，输入数值，按“向下翻页”键，屏幕上显示下一页零点偏置窗口：G55 和 G56。按返回键不确认零点偏置值，直接返回上一级菜单。

(3)计算零点偏置值。

选择零点偏置(如 G54 窗口)：按“参数”→ “零点偏移” → “测量”→ “确认” →“计算”→“确认”键，完成 X 坐标偏置值设置，移动光标再分别选择 Y、Z 坐标，完成 Y、Z 坐标偏置值设置。如图 6.28 所示。

参数　复位　手动

PARAM2.MPF

刀具补偿数据　T-型：100

刀沿数：1　T-号：1

D——号：1

mm	几何尺寸	磨损
长度 1	0.000	0.000
长度 2	0.000	0.000
长度 3	0.000	0.000
半径	5.000	0.000

L1

复位刀沿　新刀沿　删除刀具　新刀具　对刀

图 6.27　刀具补偿参数设定

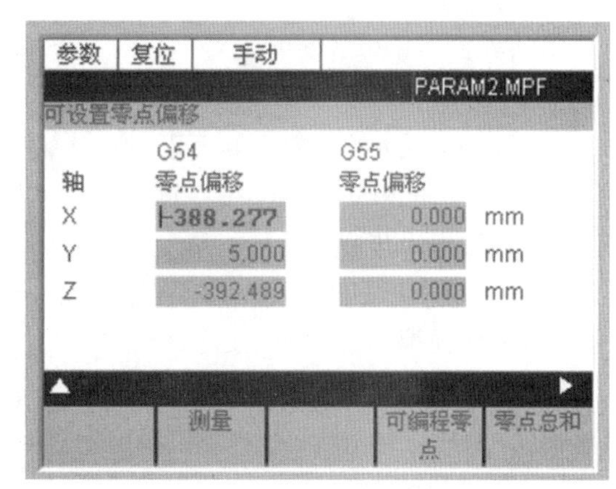

图 6.28　设定零点偏置

6.2.2 华中数控铣床操作

1.数控铣床操作界面

华中 HNC－21M 数控铣床操作界面如图 6.29 所示。

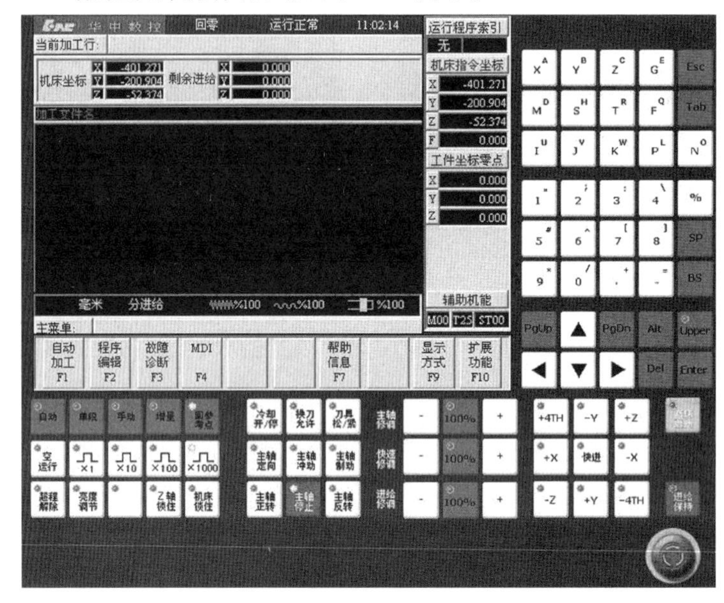

图 6.29 华中 HNC－21M 数控铣床操作界面

2.华中数控铣床操作

(1)开机操作。

打开空气开关→旋起急停按钮→数控铣床操作界面。

(2)回参考点操作。

(3)超程解除。

手动方式→超程解除→－X/－Z。

(4)MDI 操作。

在图 6.30 所示的主操作界面下,按 F4 键即可进入如图 6.30 所示的 MDI 子菜单。

F4/MDI→进入 MDI 子菜单→输入单段程序→单段/自动→循环启动。

(5)程序编辑步骤。

F1/自动→F5/零件程序→F3/程序编辑→F4/打开程序→输入文件名 O××→输入程序。

(6)程序模拟运行及加工运行步骤。

F1/自动→F7/程序→Page Up/Page Down→选所需文件→F1/自动→模拟加工/自动加工→机床锁住/循环启动。

(7)窗口调整步骤。

自动/手动/单段/步进→F1/自动→F3/数据设定→F4/图形参数→定义加工窗口的上下左右的坐标值,并使刀具在合适的位置。

(8)坐标系参数输入。

如果在加工程序中,用 G54～G59 指令设置坐标系,必须进行坐标系设置。

F3/坐标系→显示 G54 坐标系参数,如图 6.31 所示→PageDown→G55/G56/G57/G58/G59→输入工件坐标系原点的机床坐标值。

(9)故障诊断。

①报警显示。F4/MDI→F6/报警显示→↑/↓/←/→/PageUp/PageDown,查看报警信息。

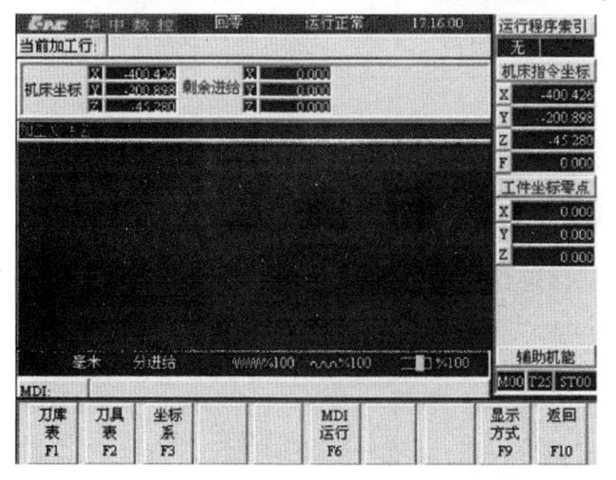

图 6.30　MDI 子菜单

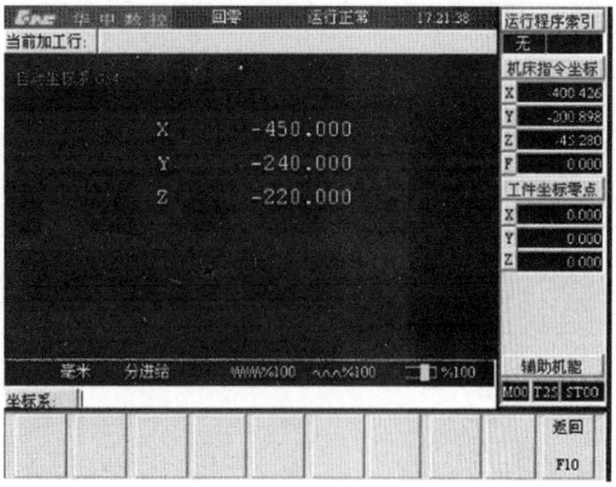

图 6.31　坐标系参数

②错误历史。F4/MDI→F6/错误历史→↑/↓/←/→/PageUp/PageDown,查看出错的历史。

③清除报警信息。F4/MDI→F2/清除报警,询问是否清除报警信息。

④故障显示清单。该反馈信息为伺服系统传送主机的报警信息。信号形式为 61XXXXYYH,其中 6 表示反馈信号为报警信息,XXXX 为 4 位十六进制报警信息分类,YYH 为详细的报警信息类型。

6.3　加工中心操作与加工

本节介绍 SIEMENS 810D 数控系统。

6.3.1　数控系统面板

1. 系统操作面板

SIEMENS 810D 加工中心控制面板如图 6.32 所示。

图 6.32　SIEMENS 810D 加工中心控制面板

操作面板功能键及含义见表6.3。

表6.3　操作面板功能键及含义

键	含义	键	含义
Reset	复位	AUTO	自动方式
Cycle Start	循环停止	MDA	手动
CYCLE START	循环启动	Spindle Start	主轴正转
[VAR]	增量选择	SpinStar	主轴反转
JOG	点动	Spindle Stop	主轴停
Ref Point	回参考点	RAPID	快速移动
+X -X	X 轴点动	+Z -Z	Z 轴点动
+Y -Y	Y 轴点动	SINGLE BLOCK	单段运行
	紧急停止旋钮		进给速度调节旋钮
	主轴速度修调		

2. 数控系统操作

SIEMENS 810D加工中心工作区如图6.33所示，SIEMENS 810D加工中心编辑面板如图6.34所示。编辑面板功能键及含义见表6.4。

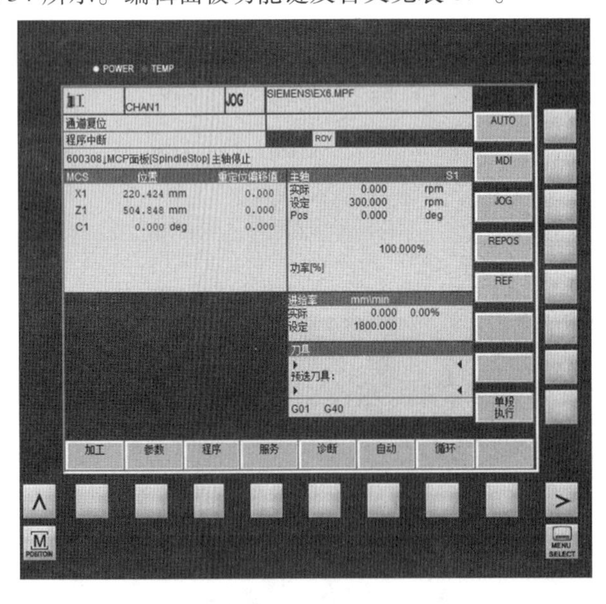

图6.33　SIEMENS 810D加工中心工作区

图6.34　SIEMENS 810D加工中心编辑面板

表 6.4　编辑面板功能键及含义

键	含义	键	含义
^	返回键	CTRL	控制键
ALARM CANCEL	报警应答键		空格键
HELP	信息键	DEL	删除键
>	菜单扩展键	TAB	制表键
CHANNEL	通道转换键	M POSITION	加工操作区域键
SHIFT	上挡键	OFFSET PARAM	参数操作区域键
PAGE UP　PAGE DOWN	翻页键	0　9	数字键，上挡键转换对应字符
PROGRAM MANAGER	程序管理操作区域键		光标键
SYSTEM ALARM	报警 / 系统操作区域键	INPUT	回车 / 输入键
SELECT	选择 / 转换键	PROGRAM	程序操作区域键
BACKSPACE	删除键(退格键)	J　Z	字母键,上挡键转换对应字符
INSERT	插入键	NEXT WINDOW	未使用

6.3.2　开机和回参考点

1. 开机

接通 CNC 和机床电源系统启动以后进入“加工”操作区 JOG 运行方式,出现“回参考点窗口”。

2. 回参考点

(1)进入系统后,显示屏上方显示文字“30000 急停”。旋起急停开关,取消急停状态。

(2)在 JOG 方式进行“回参考点”。

(3)按下 Ref Point 键,启动“回参考点”。

(4)按“坐标轴方向键” +Z、+X、+Y,如果选择了错误的回参考点方向,则不会产生运动。三个坐标轴逐一回参考点。

3. 手动操作

JOG 运行方式及 MDA 运行方式与 802S/C 系统类似。

4. 程序编辑

(1)输入新程序。主程序与子程序分别在相应区域编写。如图 6.35 所示。

(2)程序调用及修改与 802S/C 系统相似。

①输入新程序。选择“程序”→“新程序”,出现一对话窗口,在此输入新的主程序或子程序名称。按“确定”键确认输入,现在可以对新程序进行编辑。按“关闭”键结束程序的编制。

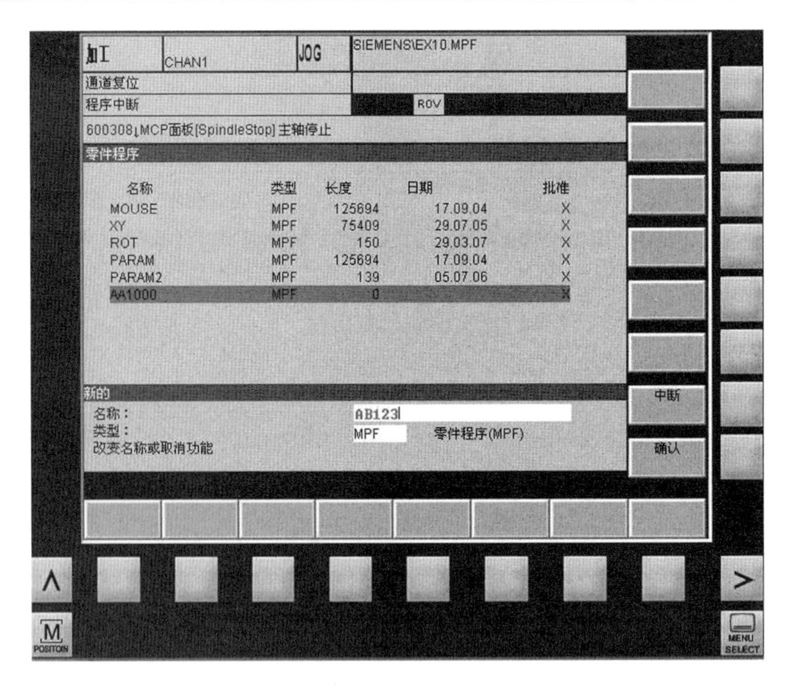

图 6.35 SIEMENS 810D 加工中心输入新程序

②零件程序的修改。零件程序不处于执行状态时,可以进行编辑。

选择"程序"键,出现程序目录窗口。用光标键选择待修改的程序。如图 6.36 所示。按"打开"键,屏幕上出现所修改的程序。现在可修改程序。用关闭键结束程序的修改,程序自动保存。

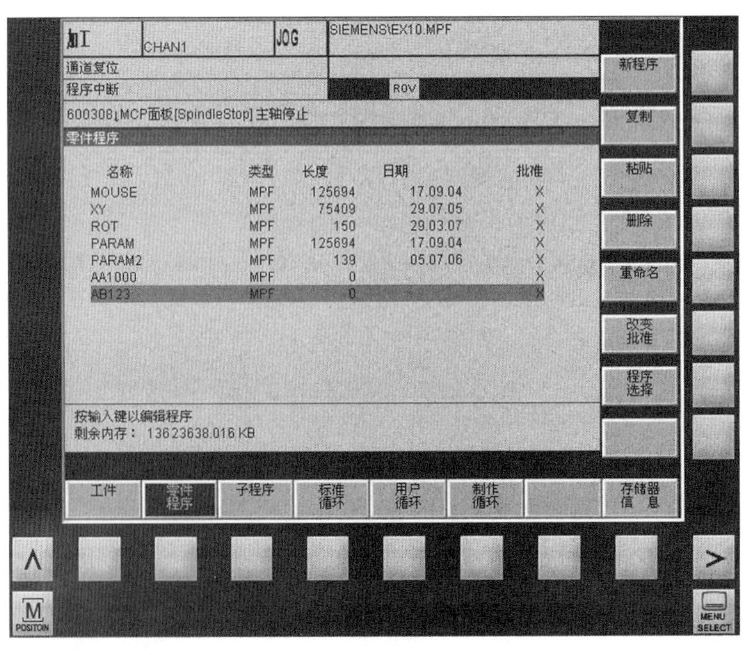

图 6.36 SIEMENS 810D 加工中心程序选择

5. **自动运行操作**

选择和启动零件程序：

按键→“程序”，把光标移动到所选的程序上，按“选择”键选择待加工的程序，被选择的程序名称显示在屏幕区“程序名”处，按 → ，进行仿真加工，直接按键，进行数控加工。

6.3.3　参数设定

刀具参数及刀具补偿参数设定：

1. **建立新刀具**

按“新刀具”键，建立一个新刀具。输入新的刀号，并定义刀具类型。如图 6.37 所示。按“确认”键输入。

图 6.37　SIEMENS 810D 加工中心建立新刀具

2. **刀具补偿参数**

刀具补偿分为刀具长度补偿、刀具半径补偿，参数表结构因刀具类型不同而不同。

移动光标到要修改的区域，输入刀补参数数值，按“确认” 键输入。如图 6.38 所示。

3. **输入/修改零点偏置值**

通过操作软键“参数”→“零点偏移”可以选择零点偏置。屏幕上显示可设定零点偏置的情况。把光标移到待修改的范围，输入数值，按“向下翻页”键，屏幕上显示下一页零点偏置窗：G55 和 G56。

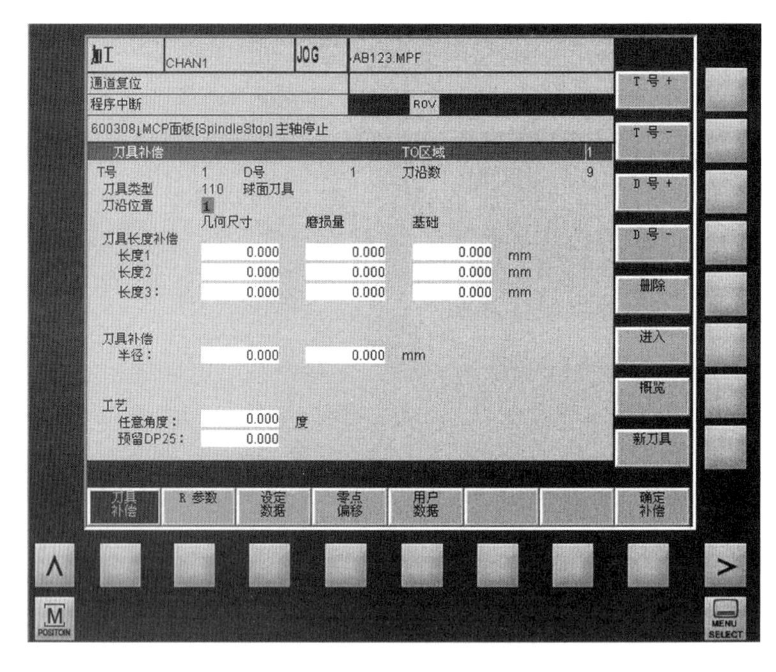

图 6.38　SIEMENS 810D 加工中心刀具补偿参数设定

习题与思考题

6.1　数控加工中零件的找正和普通机床加工中的找正有何异同?

6.2　试进行数控车床和数控铣床的试切对刀,并比较有何区别。

6.3　试进行开机操作、回参考点操作、手动换刀操作、超程解除操作。

6.4　数控机床回参考点操作的目的是什么? 回参考点操作过程中有哪些注意事项?

6.5　试比较手动操作与步进操作的异同。

6.6　用手动方式回参考点操作,建立机床坐标系,分别用手动、步进方式将刀具移动到点 $P(-100,-120,100)$。

6.7　试用 MDI 功能,编写单段直线插补程序,并运行,观察其结果。

第 7 章　数控机床维护与保养

数控机床是企业生产中重要的加工设备。能否达到加工精度高、产品质量稳定、提高生产质量的目标,不仅取决于数控机床本身的精度和性能,而且很大程度上与机床维护人员能否正确地对数控机床进行维护保养密切相关。

张永生是中钢集团邢台机械轧辊有限公司设备维修工。每天他到单位的第一件事就是到车间里检测一下电机烫不烫、看看风道是不是堵了、检查液压的压力正不正常。在张永生负责维修保障的 80 余台加工设备中,轧辊车床达到近 50 台。而轧辊车床加工过程中,最怕的就是突然“掉辊”,一旦发生这种状况,将对操作人员和加工设备带来无法估量的后果。为确保这些设备安全高效运转,彻底消除这种加工风险和设备隐患,张永生带领维修团队通过大量摸排和反复研究,最终确定出机床尾座套筒顶尖磨损可能是引发“掉辊”的最大诱因。为此,张永生参与研发出“车床顶尖旋转实时监控装置”,成功地破解了这个难题。

参加工作以来,张永生累计解决大型设备重点难题 80 余项,完成设备创新改造近 200 项,并在 2021 年参加“河北省职工职业技能大赛数控机床装调维修工决赛”时,获得个人第一名的好成绩。

张永生用自己的实际行动展现了设备维护人员要具备的职业道德和工程素养,体现了工程技术人员在专业技术领域锲而不舍、精益求精的追求,诠释了新时代青年工匠的责任和担当。

数控机床集微电子技术、计算机技术、自动控制技术、伺服驱动技术、精密机械技术于一体,是技术密集度及自动化程度高、典型的机电一体化产品。数控机床体现了当前世界机床进步的主流,是衡量机械制造加工水平的重要指标,在柔性生产线和计算机集成制造等先进制造技术中发挥着重要的作用。与普通机床相比,数控机床不仅具有零件加工精度高、生产效率高、产品质量稳定、自动化程度高的特点,而且还可以完成普通机床难以完成或根本不能加工的复杂曲面零件的加工,因此数控机床在制造业中的地位越来越重要。

数控机床的使用寿命、运行可靠性和效率高低,不仅取决于机床本身的精度和性能,很大程度上也取决于它的正确使用及维护。正确的使用和精心的维护能防止设备非正常磨损,可使设备保持良好的技术状态,避免突发故障;可以延长机床使用寿命,防止恶性事故的发生,从而保障机床长期稳定安全地运行,因此相关工作人员必须重视数控机床的维护及保养工作。

7.1　数控车床维护与保养

相对于传统的车床,数控车床结构更为精密,包含了刀架进给系统、主轴箱、液压系统、冷却系统、数控系统等众多组成系统。数控车床维护与保养工作不仅是增加机床使用率并减少机床故障的有效措施,更是帮助操作人员及时准确发现故障隐患并减少损失的重要方法,维护与保养工作可以有效提升数控设备的加工精度,降低失误率。

7.1.1 数控车床安全操作规程及注意事项

为了正确、合理地使用和操作数控车床,保证数控车床的正常运行,操作者必须仔细阅读数控车床的操作和使用说明书,熟悉数控车床的操作规程和操作过程中的注意事项,才能使数控车床处于良好的工作状态。下面介绍数控车床安全操作规程及一些注意事项。

(1)操作机床前,必须经过安全文明生产和数控车床操作培训。

(2)开机前检查机床导轨以及各主要运动面,如有障碍物、工具、切屑、杂物等,必须清理、擦拭干净;检查润滑油是否充裕、冷却是否充足,发现不足应及时补充。

(3)确认数控系统急停按钮按下,打开数控车床电器柜上的电器总开关,按下系统启动按钮,系统正常启动后,旋起急停按钮启动数控机床。

(4)车刀安装不宜伸出过长,车刀垫片要平整,宽度与车刀底面宽度一致。

(5)对刀操作时应选取合适的主轴转速、背吃刀量及进给速度。

(6)在自动运行程序前,必须认真检查程序,确保程序的正确性。在操作过程中必须集中注意力,谨慎操作,运行前关闭防护门。运行过程中,一旦发生问题,及时按下复位、进给保持或紧急停止按钮。

(7)出现报警时,系统应自动进入信息诊断界面,根据报警号和提示文本,查找原因,及时排除警报。严禁热插拔计算机与机床的通信电缆。

(8)加工完毕后,把刀架停放在远离工件的换刀位置。

(9)关机前,先关闭计算机,刀架应移动到远离主轴靠近尾座处,将进给速度置零,先按下急停按钮,再按下系统关闭按钮,最后关闭电器柜上的电器总开关。

(10)下班前将工具放入工具箱内,清除切屑,清扫工作现场;认真填写使用管理记录本。

7.1.2 数控车床的维护和保养

从合理应用出发,数控车床使用过程中必须结合科学的维护保养工作,需要相关工作人员利用保养最大限度地降低数控车床的故障发生率,使数控车床的各个零部件长期处于最佳的工作状态。下面介绍一些数控车床部件常用的维护和保养方法。

1. 数控系统的维护与保养

严格制定并且执行 CNC 系统的日常维护的规章制度。应尽量少开数控柜门和强电柜的门,在机械加工车间的空气中往往含有油雾、尘埃,它们一旦落入数控系统的印刷线路板或者电气元件上,则易引起元器件的绝缘电阻下降,甚至导致线路板或者电气元件的损坏。定时清理数控装置的散热通风系统,以防止数控装置过热。散热通风系统是防止数控装置过热的重要装置,为此,应每天检查数控柜上各个冷却风扇运转是否正常,每半年或者一季度检查一次风道过滤器是否有堵塞现象,如有则应及时清理。注意 CNC 系统的输入/输出装置的定期维护,如 CNC 系统的输入装置中磁头的清洗。经常监视 CNC 装置用的电网电压,CNC 系统对工作电网电压有严格的要求。例如 FANUC 公司生产的 CNC 系统,允许电网电压在额定值的 85% ~110% 范围内波动,否则会造成 CNC 系统不能正常工作,甚至会引起 CNC 系统内部电子元件的损坏。存储器用电池的定期检查和更换,CNC 系统中部分 CMOS 存储器中的存储内容在断电时靠电池供电保持,一般采用锂电池或者可充电的镍镉电池,当电池电压下降到一定值时,就会造成数据丢失,因此要定期检查电池电压。软件控制系统日常维护一定要做到,不能随意更改机床参数,若需要修改参数必须做好修改记录。

2. 机械结构的日常维护与保养

数控车床机械结构日常维护主要包括机床本体、主轴部件、滚珠丝杠螺母副、导轨副等维护。

(1)外观保养。每天做好机床清扫卫生,清扫铁屑,擦干净导轨部位的冷却液。下班时在所有的加工面抹上机油防锈防止导轨生锈。每天注意检查导轨、机床防护罩是否齐全有效。每天检查机床内外有无磕、碰、拉伤现象。定期清除各部件切屑、油垢,做到无死角,保持内外清洁,无锈蚀。

(2)主轴的维护。在数控车床中,主轴是最关键的部件,对机床的加工精度起着决定性作用。它的回转精度影响到工件的加工精度,功率大小和回转速度影响到加工效率。主轴部件机械结构的维护主要包括主轴支撑、传动、润滑等。定期检查主轴支撑轴承,轴承预紧力不够,或预紧螺钉松动,游隙过大,会使主轴产生轴向窜动,应及时调整;轴承拉毛或损坏应及时更换。定期检查主轴润滑恒温油箱,及时清洗过滤器,更换润滑油等,保证主轴有良好的润滑。定期检查齿轮轮对,若有严重损坏,或齿轮啮合间隙过大,应及时更换齿轮和调整啮合间隙。定期检查主轴驱动皮带,应及时调整皮带松紧程度或更换皮带。

(3)滚珠丝杠螺母副的维护。滚珠丝杠传动由于其有传动效率高、传动精度高、运动平稳、寿命长以及可预紧消隙等优点,因此在数控车床使用广泛。定期检查滚珠丝杠螺母副的轴向间隙:一般情况下可以用控制系统自动补偿来消除间隙;当间隙过大,可以通过调整滚珠丝杠螺母副来保证,数控车床滚珠丝杠螺母副多数采用双螺母结构,可以通过双螺母预紧消除间隙。定期检查丝杠防护罩以防止尘埃和磨粒黏结在丝杠表面,影响丝杠使用寿命和精度,发现丝杠防护罩破损应及时维修和更换。定期检查滚珠丝杠螺母副的润滑:滚珠丝杠螺母副润滑剂可以分为润滑脂和润滑油两种。润滑脂每半年更换一次,清洗丝杠上的旧润滑脂,涂上新的润滑脂;用润滑油的滚轴丝杠螺母副,可在每次机床工作前加油一次。定期检查丝杠支撑轴承与机床连接是否有松动,以及支撑轴承是否损坏等,如有损坏要及时紧固松动部位并更换支撑轴承。定期检查伺服电动机与滚珠丝杠之间的连接,伺服电动机与滚珠丝杠之间的连接必须保证无间隙。

(4)导轨副的维护。导轨副是数控车床的重要执行部件,常见的有滑动导轨和滚动导轨。导轨副的维护一般是不定期,检查各轴导轨上镶条、压紧滚轮,保证导轨面之间有合理间隙。根据机床说明书调整松紧状态,间隙调整方法有压板间隙调整间隙、镶条调整间隙和压板镶条调整间隙等。注意导轨副的润滑,导轨面上进行润滑后,可以降低摩擦,减少磨损,并且可以防止导轨生锈。根据导轨润滑状况及时调整导轨润滑油量,保证润滑油压力,保证导轨润滑良好。经常检查导轨防护罩,以防止切屑、磨粒或冷却液散落在导轨面上引起的磨损、擦伤和锈蚀。发现防护罩破损应及时维修和更换。

3. 电气控制系统的日常维护与保养

数控车床电气控制系统是机床的关键部分,主要包括伺服与检测装置、PLC、电源和电气部件等。

(1)主轴电机的维护与保养。每年检查一次伺服电机和主轴电机,着重检查其运行噪声、温升,若噪声过大,应查明原因,是轴承等机械问题还是与其相配的放大器的参数设置问题,采取相应措施加以解决。对于直流电机,应对其电刷、换向器等进行检查、调整、维修或更换,使其工作状态良好。检查电机端部的冷却风扇运转是否正常并清扫灰尘;检查电机各连接插头是否松动。

(2)进给伺服电机的维护与保养。10～12个月进行一次维护保养,加速或者减速变化频繁的机床要在2个月进行一次维护保养。用干燥的压缩空气吹除电刷的粉尘,检查电刷的磨损情况,如需更换,需选用规格相同的电刷,更换后要空载运行一定时间使其与换向器表面吻合;检查清扫电枢整流子以防止短路;如装有测速电机和脉冲编码器时,也要进行检查和清扫。数控车床中的直流伺服电机应至少每年检查一次,一般应在数控系统断电的情况下,并且电动机已完全冷却的情况下进行检查;取下橡胶刷帽,用螺钉旋具刀拧下刷盖取出电刷;测量电刷长度,如FANUC直流伺服电动机的电刷由10 mm磨损到小于5 mm时,必须更换同一型号的电刷;仔细检查电刷的弧形接触面是否有深沟和裂痕,以及电刷弹簧上是否有打火痕迹。如有上述现象,则要考虑电动机的工作条件是否过分恶劣或电动机本身是否有问题。用不含金属粉末及水分的压缩空气导入装电刷的刷孔,吹净粘在刷孔壁上的电刷粉末。如果难以吹净,可用螺钉旋具尖轻轻清理,直至孔壁全部干净为止,但要注意不要碰到换向器表面。要新装上电刷,拧紧刷盖。如果更换了新电刷,应使电动机空运行跑合一段时间,以使电刷表面和换向器表面相吻合。

(3)电气部件的维护与保养。定期检查各插头、插座、电缆、各继电器触点是否出现接触不良,短路层故障;检查各印制电路板是否干净;检查主电源变压器、各电机绝缘电阻是否在1 MΩ以上。平时尽量少开电气柜门,保持电气柜内清洁。

(4)测量反馈元件的维护与保养。检测元件采用编码器、光栅尺的较多,也有使用感应同步器、磁尺、旋转变压器等。维修电工每周应检查一次检测元件连接是否松动,是否被油液或灰尘污染。

(5)驱动器维护与保养。驱动器一般1～3年维护一次,其维护方法是:打开机器用工业酒精把电路板全部清洗干净,随后用电吹风把电路板绝对要吹干燥,然后观察电路板上的元件,看是否有变形短路,功率器件是否接触氧化,电容是否有鼓包,一步一步要细心处理好,最后就是更换风扇,但要注意风扇的风速和稳定性,不要把事情搞砸。

(6)直流电源维护与保养。直流电源一般1～3年维护一次,其维护方法是:先找个大灯泡放电,打开机器先清洗,后烘干,然后观察电路板线路是否有污染氧化,因电压电流都比较大,要确定线路之间没有虚短路和干扰,然后观察电路板上的元件,是否有变形和直接损坏的,因工业产品综合性能比较好,选的量程比较大,并不见得能用元器件就是好的,就拿电容来说,一个两个漏电,有时照样能用,但是使用时间肯定会缩短,并且有可能造成整机报废,所以一定要做好维护保养,最后就是保证风扇良好,风道畅通。

(7) PLC维护与保养。PLC一般3年维护一次,其维护方法是:程序备份好,打开机器先清洗,后烘干,主要观察各模块电源部分和输入输出部分,看是否有性能不好的元件,CPU模块要先洗手减小静电,然后再操作,最后就是确定电池容量正常,如果容量减小,最好通电更换掉。

(8)人机界面维护与保养。人机界面一般3年维护一次,其维护方法是:去除手上静电,电路板清洗干净,然后烘干,观察电源部分,如有电容性能不好的更换掉,如果液晶屏背光不好,更换灯管,特别要注意接插件之间接触良好,最后就是要处理好人机与前端盖之间密封,减少灰尘进入。

4. 液压系统的维护与保养

液压传动系统在数控车床的机械控制和系统调整中占很重要的位置,如液压卡盘、主轴箱齿轮的换挡、主轴轴承的润滑、机床尾座等结构中，所以对其进行有效的日常维护才能保证数控车床的正常工作。

(1)保持液压油清洁。液压油污染不仅是引起液压系统故障的主要因素，而且还会加速液压元件的磨损，所以控制液压油污染，是保证数控车床正常工作的重要工作之一。

(2)严格执行日常点检制度。液压系统故障存在隐蔽性、可变性和难以判断性，因此，应对液压系统做好点检工作，并加强日常点检记录，保证正常工作。液压系统点检包括以下内容:油箱内游标是否在游标刻度范围内;油液的温度是否在容许的范围内。各液压阀、液压缸和管接头处是否有泄漏;液压系统各测压点压力是否在规定范围内，压力是否稳定。液压泵或液压电动机运转是否有异常现象;液压缸移动是否正常平稳;液压系统手动或自动工作循环是否有异常现象;电气控制或撞块控制的换向阀工作是否灵活可靠。定期检查清洗油箱和管道;定期检查清洗或更换滤芯;定期检查清洗或更换液压元件。定期检查更换密封件;定期检查和紧固重要部位的螺钉、螺母、接头和法兰;定期检查行程开关或限位挡块位置是否松动。定期检查冷却器和加热器的工作性能。定期检查蓄能器的工作性能。

5. 气动系统的维护与保养

气动系统的日常使用必须保证车床周边环境空气清洁，不可在湿度过大或粉尘过多的环境使用气动系统，若空气质量不佳，可能导致气动系统的气缸或管路发生腐蚀或磨损问题，还可能造成开关阀门或管路的堵塞，因此，必须要为气动系统创造良好的使用环境。

日常保养还要注意及时清除空气滤清器内部的杂质，确保空气的顺利供给，并验证气泵工作压力，查看压力表的有效性与灵敏度，确保气压处于科学参数范围;此外，还要注意检查各个管路接头、线路有无破损或漏气问题，发现漏气及时修复或更换密封件。气动系统的常见故障包括压力不足、密封管路泄漏、执行气缸老化、气控开关老化等，对于气动系统的故障维修应在确保气动系统内部密封性的前提下进行，对于漏气位置及时修补或更换密封件，对于老化的气缸可进行更换或镀覆修复，对于气泵失效、气控开关失效应及时进行优质零部件的替换。

表 7.1 所列内容可供数控车床日常维护与保养进行参考。

表 7.1　数控车床日常维护与保养内容

序号	检查周期	检查部位	维护与保养内容
1	每天	机床外观	检查机床外表，擦去灰尘、油污、切屑保持车床清洁
2	每天	导轨润滑油箱	油标、油量、润滑泵，及时添加润滑油，润滑泵能及时启动打油及停止
3	每天	导轨面	清除切屑及脏物，检查润滑油是否充实，导轨面有无划伤损坏
4	每天	主轴润滑油箱	检查油量、油质、油温及有无泄漏
5	每天	液压系统	油箱、油泵无异常噪声，压力表指示正常，管路及各接头无泄漏，工作油面高度正常
6	每天	电气柜散热通风装置	电气柜冷却风扇工作正常，风道过滤网无堵塞
7	每周	各种防护装置	检查各类防护装置有无损坏和松动，并及时整修更换
8	每周	电气柜过滤网	每周清洗各电气柜过滤网一次，保持无尘、畅通，发现损坏及时更换

续表 7.1

序号	检查周期	检查部位	维护与保养内容
9	每月	主轴机构	检查主轴机构,主轴径向、轴向间隙要适当,变速需平稳
10	每月	润滑油路	检查油路是否顺畅,有无漏油、堵塞现象
11	每月	各种行程开关	检查行程开关及刀架定位开关,检查调整限位位置
12	每月	冷却液管路	检查冷却液管路是否通畅,有无漏液、堵塞现象
13	每月	切削液箱	清洗切削液箱
14	每季	机床精度	调整反向间隙从而调整机床精度
15	每半年	滚珠丝杠	清洗丝杠上旧的润滑脂,更换新油脂
16	每半年	液压油路	清洗溢流阀、减压阀、滤油器、油箱,更换或过滤液压油
17	每年	主轴润滑油箱	清洗过滤器、更换润滑油
18	每年	直流伺服电机电刷	检查换向器表面,吹净炭粉,去除毛刺,更换长度过短的电刷
19	每年	润滑系统	清理润滑油池底,更换滤油器
20	不定期	冷却油箱、水箱	随时检查液面高度,及时添加油或水,太脏时需要更换清洗油箱、水箱和过滤器
21	不定期	主轴驱动皮带	检查跳动情况,调整主轴传动 V 带和同步带张力
22	不定期	排屑器	清理切屑,检查有无卡住现象
23	不定期	主轴电动机	检查主轴电动机冷却风扇,除尘、清理异物
24	不定期	电源	供电网络大修、停电后检查电源电压,检查各接头、触点、插座接触情况,清理灰尘

7.2 数控铣床维护与保养

数控铣床是一种加工精度高、自动化程度高、结构复杂的先进加工设备,适用于中等批量生产各种平面、阶梯面、沟槽、圆弧面、孔等各种形状组成的零件,广泛应用于机械行业及其他行业的机械加工、机械维修部门,具有很强的实用性。

为充分发挥数控铣床的功能,延长数控铣床使用寿命,提高数控铣床加工效率,减少加工过程的故障,加强日常的维护与保养非常重要。

7.2.1 数控铣床安全操作规程及注意事项

对于不同的数控机床有不同的操作流程,相关工作人员在使用数控铣床时,应该严格重视设备的使用说明书,在此基础上制定相关安全操作规程,以减少设备运行过程中的故障,保证机床加工过程稳定。下面介绍数控铣床一般的操作规程及操作注意事项。

(1)操作机床前,必须经过安全文明生产和数控铣床操作规程的培训。

(2)开机前检查主轴箱润滑油是否充裕、冷却液是否充足,发现不足应及时补充,确认两个急停按钮是否按下。

(3)打开数控铣床电器柜上的电器总开关,系统上电;等系统自检完毕后,拔起手轮、旋起打开急停按钮,按“K1”键启动伺服。

(4)手动返回数控铣床参考点后,手动注油3~5次。

(5)严禁热插拔计算机与机床的通信电缆。

(6)数控铣床出现报警时,要根据报警号,查找原因,及时排除警报。

(7)更换刀具时应注意操作安全,在装入刀具时应将刀柄和刀具擦拭干净。

(8)在自动运行程序前,必须认真检查程序,确保程序的正确性,并核实刀具及零点偏置参数,重点检查Z坐标值。

(9)在操作过程中必须集中注意力,谨慎操作,运行过程中,一旦发生问题,及时按下进给停止、复位按钮或紧急停止按钮。

(10)严禁任意修改、删除机床参数,机床操作者应能够处理一般性报警故障,若出现严重故障,应迅速按下急停并保护现场,及时上报,并做好记录。

(11)关机前,先关闭计算机,应使三轴居中,把工作台上的切屑清理干净、机床擦拭干净。

(12)关机时,先按下两急停按钮,再关闭数控铣床电器柜上的电器总开关,最后认真填写使用管理记录本。

7.2.2 数控铣床的维护和保养

为保证数控铣床安全正确使用,防止机床发生故障,延长机床的使用寿命,保证加工过程的稳定性,必须对数控铣床进行日常和定期的维护与保养。

1. 按照数控铣床的检查周期维护和保养数控铣床

(1)每日维护和保养。

①清扫、擦除工作台、防护罩等处的切屑。

②擦净机床表面的油、冷却液等。

③清理、检查所有限位开关、接近开关及其周围表面。

④检查各润滑油箱及主轴润滑油箱的油面,使其保持在合适的油面位置。

⑤确保空气滤杯内的水完全排除。

⑥检查液压泵的压力是否足够,机床液压系统是否漏油。

⑦检查冷却液软管及液面,清理管内及冷却渣槽内的切屑等污物。

⑧操作面板上所有指示灯显示是否正常。

⑨检查主轴端面、刀夹及其他配件是否有毛刺、破裂或损坏现象,主轴锥孔必须保持清洁,加工完毕后用主轴锥孔清洁器擦拭,并将主轴周围清理干净。

(2)每周维护和保养。

①对机床各部位进行全面的清理。

②各导轨面和滑动面及各丝杠加注润滑油。

③检查滤油器是否干净,若较脏,必须洗净。

④检查各电气柜过滤网,清洗黏附的尘土。

⑤检测刀具拉栓是否松动,刀把是否清洁。

⑥检查主轴内孔是否清洁,锥度研磨面是否有刮痕。

(3)每月维护和保养。

①清洁操作面板,电气箱散热网。

②工作台、床身水平检查,主轴中心与工作台面垂直度检查。

③检查继电器、限位开关是否可靠。

④检查电线的接线端子是否松动。

⑤清出冷却箱中冷却液,清洗冷却箱,换入新冷却液。

⑥检查数控装置动作的正确性。

⑦检查冷却液软管及液面,清理管内及冷却渣槽内的切屑等污物。

⑧检查操作面板上所有指示灯显示是否正常。

⑨检查主轴端面、刀夹及其他配件是否有毛刺、破裂或损坏现象,主轴锥孔必须保持清洁,加工完毕后用主轴锥孔清洁器擦拭,并将主轴周围清理干净。

(4)每半年维护和保养。

①对数控装置、电气柜、机床进行全面清扫。

②检查所有伺服电机与机床连接部位是否可靠,并及时维修或更换。

③测量各进给坐标轴的反向间隙,必要时予以调整并进行补偿。

④检查所有的电器部件、继电器及配电盘。

⑤检查所有电源表应指示的位置是否正确,否则进行调整和更换。

⑥更换液压装置内的液压油及润滑装置内的润滑油,清洗油滤及油箱内部。

⑦检查各电机轴承是否有噪声,必要时予以更换。

⑧清洁所有发动机,测试所有发动机启动时是否有异常声音。

⑨检查各伺服电机的电刷及换向器的表面,必要时予以修整或更换。

(5)每年维护和保养。

①检查操作面板按键是否灵敏正常。

②将电器箱、操作箱内所有继电器接点上的积炭用抹布沾酒精擦拭。

③检查平衡锤的链条是否保持正常状态,并需上润滑油。

④清洗各类阀、过滤器,清洗油箱底,按规定换油。

2. 按照数控铣床各组成部分相关系统进行维护和保养

数控铣床由数控系统,机械部件,液压、气压系统等部分组成,下面按照数控铣床的各组成部分,简单介绍数控铣床的维护和保养要点,也可参照前述数控车床各组成部分相关系统的维护和保养方法进行。

(1)数控系统的维护和保养。

①严格遵守机床的操作规程。

②应尽量少开数控柜和强电柜的门。在机加工车间的空气中一般都会有油雾、灰尘甚至金属粉末,一旦它们落在数控系统内的电路板或电子器件上,容易引起元器件间绝缘电阻下降,甚至导致元器件及电路板损坏。

③定时清扫数控柜的散热通风系统,应该检查数控柜上的各个冷却风扇工作是否正常。每半年或每季度检查一次风道过滤器是否有堵塞现象,若过滤网上灰尘积聚过多,不及时清理,会引起数控柜内温度过高。

④直流电动机电刷应定期检查和更换。直流电动机电刷的过渡磨损,会影响电动机的性能,甚至造成电动机损坏。为此,应对电动机电刷进行定期检查和更换。

⑤定期更换存储用电池。一般数控系统内对 CMOS RAM 存储器件设有可充电电池维护电路,以保证系统不通电期间能保持其存储器的内容。在一般情况下,即使尚未失效,也应每

年更换一次,以确保系统正常工作。电池的更换应在数控系统供电状态下进行,以防更换时RAM 内信息丢失。

(2)机械部件的维护与保养。

①主传动链的维护。定期调整主轴驱动带的松紧程度,防止因带打滑造成的丢转现象;检查主轴润滑的恒温油箱、调节温度范围,及时补充油量,并清洗过滤器;主轴中刀具夹紧装置长时间使用后,会产生间隙,影响刀具的夹紧,需及时调整液压缸活塞的位移量。

②滚珠丝杠螺纹副的维护。定期检查、调整丝杠螺纹副的轴向间隙,保证反向传动精度和轴向刚度;定期检查丝杠与床身的连接是否有松动;丝杠防护装置有损坏要及时更换,以防灰尘或切屑进入。

(3)液压、气压系统的维护与保养。

①定期对各润滑、液压、气压系统的过滤器或分滤网进行清洗或更换。

②定期对液压系统进行油质化验检查、添加和更换液压油。

③定期对气压系统分滤气器放水。

④定期检查各液压阀、液压缸及管子接头是否有外漏。

⑤定期检查液压泵或液压马达运转时是否有异常噪声等现象。

⑥检查液压缸移动时工作是否正常平稳;液压系统的各测压点压力是否在规定的范围内,压力是否稳定。

⑦保证供给洁净的压缩空气。压缩空气中通常都含有水分、油分和粉尘等杂质,水分会使管道、阀和气缸腐蚀;油液会使橡胶、塑料和密封材料变质;粉尘会造成阀体动作失灵。选用合适的过滤器可以清除压缩空气中的杂质,使用过滤器时应及时排除和清理积存的液体,否则,当积存液体接近挡水板时,气流仍可将积存物卷起。

⑧保证空气中含有适量的润滑油,大多数气动执行元件和控制元件都有要求适度的润滑。

(4)机床精度的维护。

①定期进行机床水平和机械精度检查并校正。机械精度的校正方法有软硬两种。软校正,主要是通过系统参数补偿,如丝杠反向间隙补偿、各坐标定位精度定点补偿、机床回参考点位置校正等;硬校正,一般要在机床大修时进行,如进行导轨修刮、滚珠丝杠螺母副预紧调整反向间隙等。

②长期不用数控铣床的维护与保养。在数控铣床闲置不用时,应经常经数控系统通电,在机床锁住情况下,使其空运行。在空气湿度较大的梅雨季节应该天天通电,利用电气元件本身发热驱走数控柜内的潮气,以保证电子部件的性能稳定可靠。

7.3　加工中心维护与保养

加工中心是一种自动化程度高、结构复杂且价格昂贵的先进加工设备,在现代工业生产中发挥着巨大的作用。加工中心的使用寿命和效率不仅取决于机床本身的精度和性能,很大程度上也取决于对它的正确使用及维护。正确的使用能防止设备非正常磨损,避免突发故障;精心的维护可使设备保持良好的技术状态,延迟老化进程,及时发现和消灭故障,防患于未然,防止恶性事故发生,从而保障加工中心安全稳定地运行。

7.3.1 加工中心安全操作规程及注意事项

由于加工中心的科技含量高,在操作上比普通机床要复杂得多。因此,必须严格按照操作规程操作,才能保证机床正常运行。作为加工中心的操作人员,必须在了解加工零件的要求、工艺路线、机床特性后,方可操作机床完成各项加工任务。为了正确合理地使用加工中心,保证加工中心正常运转,必须制定比较完整的加工中心操作规程。下面介绍加工中心的一般操作规程及注意事项。

(1)必须遵守普通机床操作一般安全操作规程。

(2)检查电压、气压、油压是否正常。机床通电后,检查各开关、按钮和键是否正常、灵活及机床是否有异常情况。

(3)机床各坐标轴回零,空运转 15 min 以上,方可操作。

(4)在手动及手动进给时,一定要确认正负方向,认准按键,方可操作。

(5)自动换刀前,首先检查显示器显示的主轴上的刀位号,刀库对应的刀座上不能安装有刀,其次检查刀库是否乱刀(即刀库上的标号与控制器内的刀号不对应),避免主轴与刀柄相撞。

(6)依工艺卡对应安装刀具到刀库上,检查是否定位好,并检查主轴孔上的刀是否在主轴孔内拉紧。

(7)自动换刀过程中,须自始至终地监控全过程,发现有异常情况,立即按下急停按钮并处理。

(8)在运行任何程序之前,皆应对刀,使工件零点、编程零点重合,设置好刀补,并使刀具在工件的上表面以上。

(9)在执行操作指令和程序自动运行之前,预先判断操作指令和程序的正确性和运行结果,做到心中有数,然后再操作。加工程序应经过严格审验后方可上机操作,以尽量避免事故的发生。

(10)加工中,应自始至终地监控机床的运行,发现异常情况及时按下急停按钮,弄清异常原因,排除故障后方可重新运行加工。

(11)测量工件、清除切屑、调整工件、装卸刀具等必须在停机状态进行。

(12)导轨面、工作台严禁放置重物,如毛坯、手锤、扳手等,并严禁敲击。

(13)不准戴手套、戒指操作,严禁用气枪对人吹气及玩耍等。

(14)工作结束后,必须将刀柄从主轴卸下,所有功能键应处在复位位置,工作台处于机床正中,按照关机步骤正确关机。

(15)清洁保养机床,认真填写使用管理记录本。

7.3.2 加工中心的维护和保养

加工中心是典型的机电一体化设备,优良的维护保养工作可使加工中心长久持续常规的技术情况,以保障工件的加工质量,提升工作效率,降低歇工亏损及保养费用,因此要科学地制定加工中心的维护保养内容与周期。下面介绍加工中心一般的维护和保养内容。

1. 日常点检

操作者在每日操作加工中心时,应随时注意以下现象,保持警戒心,如发现异常,应查找原因排除异常。

(1)加工中心启动前。

①检查电源线及各线路，管路接头是否有破损或接触不良。

②检查齿轮箱、换刀臂单元及润滑油表是否正常。

③检查切削液储液槽的液面高度是否需要再添加切削液。

④气压是否正常。

⑤是否有漏油现象。

⑥各安全防护装置是否正常，危险区域内有无人员。

(2)加工中心启动后。

①主轴温升是否过高或异响。

②电动注油机是否符合以下情况：给油压力是否正常；油品消耗是否正常，若有异常检查管路及接头是否损坏；运作及停止时间是否正确。

③检查加工程序是否完整。

④检查加工刀具是否缺失或不足。

⑤检查夹具是否能正常工作。

⑥保持操作面板按键干燥清洁。

⑦主轴吹气是否正常。

⑧变压器是否有温度过高的情况。

(3)加工作业结束后。

①主轴锥度孔每日用清洁棒清洁干净。

②三轴盖板上的积存切屑和水槽上面的切屑，每日清扫。

③刀把上的杂质和切屑至少每 8 h 清扫 1 次。

④各轴马达每日清洁。

⑤下班或交班前，将机床外部清洁干净。

⑥将三轴移至行程中间位置，以保持工作台的平衡精度。

⑦检查各安全门是否关好。

⑧检查电源开关、动力源开关是否关闭。

2. 每日维护和保养

(1)擦拭清洁工作台、机体内，三轴伸缩护罩上的切削油及细小铁屑，并喷上防锈油。

(2)主轴锥孔必须保持清洁，加工完毕后用主轴锥孔清洁器擦拭。

(3)清洁刀库与刀库座及连杆组，并喷上一些润滑油。

(4)检查三点组合油杯内油量是否充足，并释放三点组合空气过滤水分油杯内的水分。

(5)检查三轴自动润滑泵浦是否当电源投入时即开始动作。

(6)检视三轴自动润滑油量，必要时适量添加。

(7)检视油压单元油管是否有渗漏现象。

(8)检查切削液油量，必要时添加，检视切屑液管路是否有渗漏现象。

(9)检视全部信号灯，异常警示灯是否正常工作。

3. 每周维护和保养

(1)检测刀具拉栓是否松动，刀把是否清洁。

(2)检查主轴内孔是否清洁，锥度研磨面是否有刮痕。

(3)检查油压箱油量。

(4)检测三轴机械原点是否偏移。

(5)检视刀具换刀臂的动作是否滑顺。

(6)检视所有散热风扇是否作用。

(7)检视刀库刀盘回转是否滑顺。

4. 每月维护和保养

(1)清洁操作面板,电气箱热交换器网。

(2)检测工作台水准,确认水准调整螺丝,固定螺帽是否松动。

(3)检测主轴中心与工作台面垂直度。

(4)检测三轴极限,原点微动开关是否正常。

(5)检查电气箱内部是否有油污、灰尘进入,必要时清洁,并查明原因。

5. 每半年维护和保养

(1)清洁 CNC 控制单元,操作面板。

(2)拆开三轴防屑护罩,清洁三轴油管接头,三轴极限开关,原点微动开关,并检测其作用是否良好。

(3)清洁所有发动机,测试所有发动机启动时是否有异常声音。

(4)更换油压单元液压油,ATC 减速机构用油。

(5)测试所有电子零件、单元和继电器是否正常。

(6)清洁润滑油泵和油箱,并检测内部接点。

(7)测试所有各轴背隙,必要时可调整补正量,调整各轴斜间隙。

(8)检查和清洁所有散热风扇,检测作用是否良好。

(9)电器箱内部、操作箱内部清洁。

(10)编写测试程式,检测机器各相关功能是否正常。

(11)检视各滑轨润滑脂是否不足。

(12)检视螺栓或螺帽是否松动。

(13)全面检视各接点、接头、插座、开关是否正常。

6. 每年维护和保养

(1)检查操作面板按键是否灵敏正常。

(2)将电器箱、操作箱内所有继电器接点上的积炭用抹布沾酒精擦拭。

(3)检查平衡锤的链条是否保持正常状态,并涂上润滑油。

(4)清洗切削液水箱并换同性质切削油。

(5)清洗油压装置,并更换新油,同时检测所有设定的调整压力是否正常。

习题与思考题

7.1 简述数控机床维护与保养的意义。

7.2 数控车床电气控制系统的维护与保养主要包括哪些内容?

7.3 简述数控铣床数控系统的维护与保养。

7.4 如何进行数控铣床的日常维护与保养?

7.5 简述加工中心日常点检的主要内容。

第 8 章　工程项目管理

2016 年 3 月 29 日，中国质量领域最高政府性荣誉“中国质量奖”颁奖仪式在人民大会堂举行，华为公司获得了该奖项制造领域第一名的殊荣。华为能够获此殊荣，是对其长期坚持以“质量为生命”的肯定和褒奖。

品质为先、质量为本是华为迅速成长和取得傲人成绩的重要原因，华为将工程项目管理贯穿到产品的整个制造过程，以确保产品质量。据报道，华为的每一款手机产品在上市前，仅测试样机就要消耗 2 万余台，为的就是保证每一部手机的出色品质，以便为用户带来更好的用户体验。央视记者在华为的实验室中，不仅亲眼见证荣耀某手机在经历多项极端暴力测试后仍能正常运行的状态，还体会到华为自主研发的芯片所带来的超乎苹果手机的卓越体验，无一不展现国产手机的实力和底气，彰显了新时代中国制造的荣耀。

企业以质量为生命，是渗透到华为每个员工骨子里的态度和观念，更是在产品全生命周期项目管理过程中付诸的行动和实践。2015 年华为集中销毁 1 万多台、总价值达 2 000 万元的手机。而销毁的原因并不是手机出厂质量不过关，而是在运输过程中轮胎起火，导致集装箱内的部分手机遭受高温烘烤。华为毅然决定将这批手机全部销毁。这是华为对产品品质极致苛求的一个事例。

“零缺陷，追求极致”，华为将质量变成一种文化，深入到每一个细节之处，是所有员工对质量达成的共同认识。“创新驱动、质量为先”，在中国制造业发展的道路上，华为为企业的发展树立了标杆和典范。

8.1　概　　述

8.1.1　项目的定义及特征

项目是指在一定的约束条件下（主要指时间、资源、环境等），具有明确目标的一次性任务或努力。

最常见的项目包括：科学研究项目，如我国新冠疫苗研制项目、天问一号火星探测器研制发射项目等；开发项目，如新产品开发项目、新工艺开发项目等；建设项目，如港珠澳大桥建设项目、三峡水利工程项目等。当然，数控实习也可以看作是一个项目。

项目通常具有如下基本特征：

1. 项目的独特性

项目的独特性也可称为单件性或一次性，是项目最主要的特性，也是项目与日常运作最大的区别。任何项目从总体上来说是一次性的、不重复的。项目在此之前从未发生过，将来也不会在同样的条件下再次发生。每一个项目都将创造一项特殊的、有别于其他项目的产品或服务。

2. 项目具有明确的目标

每个项目都有其明确的目标，即在一定的约束条件下所预期达到的目标。项目目标应描述达到的要求，能用时间、成本、产品特性来表示。

3. 项目的资源制约性

每个项目都在一定程度上受到项目所处的客观环境和各种资源的制约，如时间制约、成本制约、人力资源制约等，项目的资源制约也是决定项目成败的关键特征之一。

4. 项目具有风险性

项目按照一定的程序进行，其过程不可逆转，必须一次成功，失败了就不可挽回，因而项目具有风险性。项目的风险性是指由于各种条件和环境的发展变化，以及人们认识的有限性，使项目结果出现非预期的损失或收益的可能性。

8.1.2 项目生命期

每个项目都有明确的开始时间和结束时间，为了管理的方便，习惯于把项目从开始到结束划分为若干个阶段，这些阶段便构成了项目生命期。PMI 把项目生命期定义为："项目是分阶段完成的一项独特任务，一个组织在完成一个项目时会将项目划分为一系列的项目阶段，以便更好地管理和控制项目，更好地将组织运作与项目管理结合在一起，项目各阶段的叠加就构成了一个项目的生命期。"

不同的项目，阶段的划分也不尽相同，项目各阶段的划分原则是以该阶段的某种交付成果的完成为标志。典型的项目生命期可以划分为四个阶段。

1. 项目启动阶段

项目的发起是为了满足某种特定的需求，这一阶段的主要工作任务是对需求进行识别确认、项目立项等工作，其形成的文字资料主要有项目建议书或可行性研究报告、项目章程或合同。

2. 项目规划阶段

这一阶段主要是提出满足特定需求的解决方案。项目规划阶段的可交付成果是项目计划文件，项目计划文件是项目执行的蓝本。这一阶段的主要工作是回答何时、由谁如何来完成项目的目标等问题，即制订项目计划书。具体包括确定项目目标、范围界定、工作分解、工作排序、成本估算、人员安排、风险评估等。

3. 项目执行阶段

这一阶段的主要任务是具体实施项目计划，简单来说，就是项目从无到有的实现过程。该阶段的主要工作包括：制订详细的项目计划、执行项目计划、招标采购、进度跟踪、变更控制等。由此可见，项目执行阶段才是项目真正意义上的开始，是顺利实现项目目标的过程。

4. 项目收尾阶段

当项目的目标已经实现，或者项目的目标不可能实现时，项目就进入了收尾阶段。收尾阶段的管理重点是项目的交接，对项目结果进行检验、测试，确保项目的产品或服务满足客户的要求，还要进行绩效评估和总结经验，为以后执行相似的项目管理积累经验。

数控实习作为一个项目，整个实习过程也可以按照以上四个阶段进行划分，见表 8.1。

表 8.1　数控实习的项目生命期

阶段名称	主要内容
项目启动阶段	制订数控实习教学大纲,确定实习教学目标、教学内容、教学要求、考核方式等
项目规划阶段	制订数控实习计划,明确实习内容、实习进度安排、考核内容及方式、实习经费预算等
项目执行阶段	学生按计划分组进行实习,教师进行指导和控制等
项目收尾阶段	学生提交实习成果,教师进行评价和总结,提交实习材料等

8.1.3　项目管理的含义、特征及要素

1. 项目管理的含义

项目管理是指为了实现项目目标,对项目进行的规划、组织、控制、协调、监督的活动过程的总称。

(1)项目管理是一种管理方法体系。项目管理需要按照科学的理论、方法和手段进行,特别是要用系统工程的观念、理论和方法进行管理。

(2)项目管理的对象、目的。项目管理是针对项目的特点形成的一种管理方式,因而它的适用对象是项目。其目的是通过运用项目管理技术,保证顺利实现项目的预期目标。

(3)项目管理的职能、任务。项目管理的职能与其他管理的职能一致,即对组织的资源进行计划、组织、协调和控制。项目管理的任务是对项目及其资源进行管理。

(4)项目管理的职能是由项目经理执行的。项目经理被授权在一定的时间、资金、人员等约束情况下完成项目目标,有权独立进行计划、资源调配、协调和控制,他通过高效地运用这些职能来实现项目的目标。

2. 项目管理的特征

与日常管理相比,项目管理有如下特征:

(1)项目管理具有创造性。项目的一次性特征,决定了项目管理既要承担风险又要发挥创造性,这也是项目管理与日常管理的主要区别。项目管理的创造性包括两个方面:一方面是项目管理是对于项目所包含的创新活动的管理;另一方面是项目管理必须通过管理创新来实现对项目的有效管理,因为项目的管理工作没有一成不变的模式和方法可以直接利用。项目管理的创造性依赖于科学技术的发展和支持。

(2)项目管理是一项复杂的工作,具有较强的不确定性。项目一般由多部分组成,工作跨越多个组织,需要运用多种学科的知识、技术来解决问题。项目管理通常没有或很少有以往的经验可以借鉴,执行中有许多未知因素,每个因素又往往具有不确定性。这些因素决定了项目管理是一项很复杂的工作。

(3)项目管理需要专门的组织和团队。项目的复杂性随其范围不同变化很大,项目越大越复杂,其所涉及的学科、技术也越多。项目进行过程中可能出现的各种问题通常要跨越部门的界限,在工作中将会遇到许多不同部门的人员,因此,需要建立一个由不同部门专业人员组成的项目组织。

(4)项目经理的作用非常重要。项目管理的主要特点之一是把一个时间有限、成本预算有限的任务委托给一个人,即项目经理。项目经理有权独立进行计划、资源分配、协调和控制。因此,项目经理对项目的成败起着非常重要的作用。

本章结合数控实习内容,主要介绍项目范围管理、项目成本管理、项目人力资源管理、项目沟通管理等内容。

8.2 项目范围管理

为了实现项目目标,项目组织必须开展一系列工作和活动,这些工作和活动就构成了项目的工作范围。因此,项目范围管理就是为了实现项目的目标,确定和控制项目应该做什么、不应该做什么,从而定义项目的范畴。

8.2.1 项目范围管理

1. 项目范围管理的含义

(1)项目范围的含义。项目范围是指为了实现项目目标,完成项目可交付成果所必需且仅需完成的工作。该定义有以下两层含义:

①必需的工作——实现该项目目标所进行的全部工作,任何工作都不能缺少,否则将无法完成满足客户需要的产品或服务。

②仅需的工作——完成该项目目标所规定的最少的工作,不包括超出项目可交付成果需求的多余工作,否则将导致项目范围的扩大。

例如,数控实习项目的目标是"在一周的时间内,学生掌握数控车床、数控铣床的操作,完成数控程序的编制、零件加工",这个目标是一个较为笼统的描述,项目组织还需要根据该项目目标来确定项目的具体工作,即界定项目的范围。该项的范围或许可以这样描述:在一周内,3 ~4 人组成一个小组,每组加工车、铣零件各 1 个;同时每人自主设计加工车、铣各 1 个零件。在实际的实习过程中,该项目的范围还要更加具体详细一些。

项目范围的界定是通过项目描述实现的,主要包括可交付成果说明、里程碑、约束和假设前提。其中可交付成果说明是对项目所要完成的产品或服务的特征和功能进行说明的文件。里程碑是项目在某一时间点上可能发生的一项重要事件。项目的约束和假设前提应加以明确定义,否则会导致错误的预期和资源分配。

(2)项目范围管理的含义。项目范围管理是指为了确保项目目标的实现而开展的对项目所要完成的工作进行管理和控制的过程和活动。一个项目开始的首要工作就是对项目进行范围管理,确保项目能够按照项目要求的范围完成所涉及的所有工作,包括描述一个新项目、定义项目范围、编制项目范围计划、由项目干系人确认项目范围、对项目范围变更进行控制等内容。

项目范围管理是项目能否成功的决定性因素,项目经理在与客户及在组织内界定项目范围时,还必须同时确定项目的假设、限制条件以及排除事项,也就是通常所说的"是什么,不是什么"的问题。项目范围管理的具体作用如下:

①项目范围是所有项目管理工作的平台和基础。项目范围管理最重要的作用就是为项目实施提供了一个项目工作范畴的边界和框架,并通过该边界和框架去规范项目组织的行动。

②项目的范围是确定项目的成本、时间和资源计划的前提条件和基础。范围管理对成本管理、时间管理、质量管理、人力资源管理等都有规定。所以,项目的具体工作内容明确以后,就可以较为准确地对整体和各项工作的需求进行估计。

③确定进度测量和控制的基准。项目范围是项目计划的基础,项目范围确定了,也就为项目进度计划的执行和控制确定了基准,便于实施有效的控制。

④有助于清楚地划分责任,为项目任务的承担者进行考核和评价。

2. 项目范围管理工作过程

项目范围管理工作过程的具体内容如下:

(1)收集需求。收集需求是将满足客户需求和预期的项目或产品的特征及功能确定并记录下来的过程。

(2)项目范围定义。项目团队根据收集的客户对项目产品或服务的需求,编制项目范围说明书及项目范围管理计划的过程。它是制定详细项目和产品描述的过程。

(3)创建工作分解结构。为完成项目目标和生成项目可交付成果,由项目团队进行的一种对项目工作有层次的分解,它是将项目全部工作分解成更小的、更具体的工作单元的过程。

(4)项目范围确认。项目范围确认是最终认可和接受项目可交付成果的过程。这也是确保项目范围能得到很好的管理和控制的有效措施。

(5)项目范围控制。项目范围控制是监督项目状况和项目范围,当发生变更时采取相应措施的过程。

8.2.2　工作分解结构

工作分解结构(Work Breakdown Structure,WBS)是一种层次化的树状结构,是制订项目进度计划、项目成本计划等多项计划的基础。它是以项目可交付成果为中心,将项目按照内在结构或实施过程的顺序进行逐层分解而形成的结构图。它可以将项目分解到相对独立的、内容单一的、易于成本核算和检查的工作单元,并能够把各工作单元在项目中的地位与构成关系直观地表达出来。

工作分解结构可以与项目组织结构有机地结合在一起,有助于项目经理根据各个项目单元的技术要求,赋予项目各部门和各成员相应的职责。WBS 主要是将一个项目分解成易于管理的若干个部分子项目,以便于确保找出完成项目工作范围所需的所有工作要素。层次越往下则组成部分的定义越详细。

在工作分解结构中有相应的构成因子与其对应:

1. WBS 元素

WBS 元素实际上就是 WBS 结构上的一个个"节点",通俗的理解就是 WBS 上的一个个"方框",这些方框代表了独立的、具有隶属关系或汇总关系的"可交付成果"。

2. 工作包

工作包(Work Package)是 WBS 的最底层元素。工作包是完成一项具体的工作任务所要求的一个特定的、可交付的、独立的基本工作单元,这些可交付成果很容易识别出完成它的活动、成本和组织以及资源信息。项目团队必须借助于具体的工作包来估算项目所需要的。

3. 编码

编码是最显著和最关键的 WBS 构成因子,用于将 WBS 彻底结构化。通过编码体系,可以很容易识别 WBS 元素的层级关系,分组类别和特性。WBS 通常以编码形式表示以便于简化信息传递、识别活动。WBS 编码规则是由上层向下层用多位码编排,要求每项工作有唯一的编码。最常见的编码方法是利用数字进行编码。

4. WBS **字典**

WBS 字典是用于对工作分解结构中的每项工作下定义,具体描述该工作任务所包含的全部工作内容的文档。它包含的主要内容有工作任务编码、任务名称、活动描述、负责人、进度计划、成本预算等。

根据数控实习具体内容和要求,建立工作分解结构如图 8.1 所示。

图 8.1 中实习总任务是指数控实习中每组要完成的全部任务,子任务 1、2 是指每组在数控车床、数控铣床需要完成的任务,而任务包是指各组中每位学生在数控实习中应该完成的具体工作。实习结束时,教师可以依据工作分解结构评价每组及每位学生的实习效果。图中每个元素下面的数字就是该元素的编码。

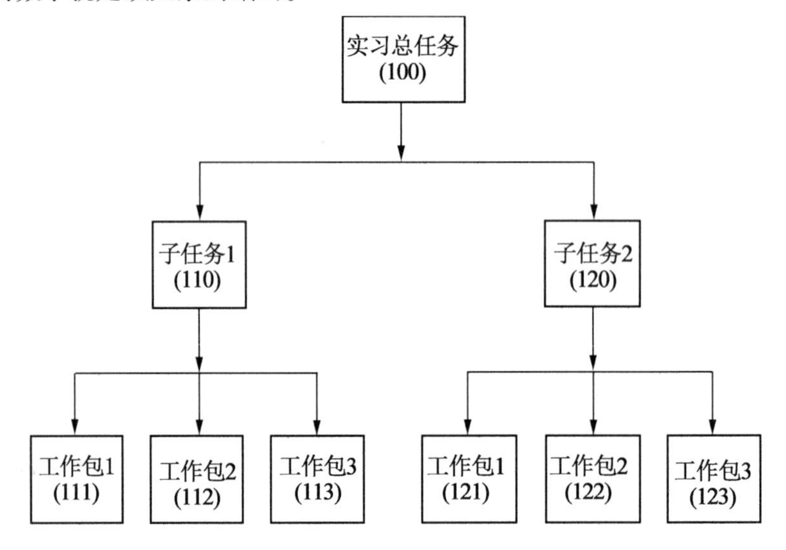

图 8.1 数控实习项目的工作分解结构编码图

表 8.2 是工作分解结构字典的模板。

表 8.2 数控实习的工作分解结构字典模板

项目名称		数控实习		项目负责人		
单位名称				制表日期		
任务编码	任务名称	活动描述	负责人	进度结合	成本预算	质量标准
100						
110						
120						
111						
……						
123						
项目负责人审核意见: 签名: 日期:						

8.3　项目成本管理

8.3.1　项目成本

项目成本也称项目费用或项目造价，是指项目在实施过程中所发生的全部费用的总和，其中包括工人的工资、材料费用、设备费用、管理费用等。

1. 项目成本分类

按照不同的划分标准，项目成本可以分成不同的种类。

(1)按照与项目的形成关系划分。

①直接成本。直接成本是指直接用于项目生产第一线，能够方便地进行追踪的费用，主要包括以下两方面：直接人工成本，如项目实施过程中工人的工资、职工的福利等；直接材料成本，如在项目实施过程中直接消耗的各种材料、零部件的实际成本等。

②间接成本。间接成本是指一个项目中不能以一种经济的方式进行追踪的费用，主要包括项目管理成本、固定资产使用费、办公费、工程保修费等。

(2)按照成本的变动性划分。

①固定成本。固定成本是指不随项目的规模发生变化的费用，如设备费用、场地租赁费用等。

②可变成本。可变成本是指直接随着项目活动的规模变动而变动的费用，如项目人员工资、项目材料费用等。

(3)按照成本发生的频率划分。

①经常性成本。经常性成本是指在项目生命期中重复发生的费用，如工人的工资、材料费用、物流费用等。

②一次性成本。一次性成本是指只在项目开始或收尾阶段发生一次的费用，如市场调研、人员培训等。

2. 影响项目成本的因素

影响项目成本的因素有以下几点：

(1)项目消耗和占用资源的数量和价格。项目成本与项目所耗和占用资源的数量和单价成正比例关系。

(2)项目工期。项目成本与项目工期直接相关，随着工期的变化而相应地发生变化。

(3)项目质量。项目成本与项目质量成正比例关系。项目质量要求越高，项目成本也就越多。

(4)项目范围。一般来讲，项目需要完成的活动越多越复杂，项目成本就越高。

在数控实训中，利用数控车床加工如图 8.2 所示的零件，需要考虑的主要项目成本如图 8.3 所示。

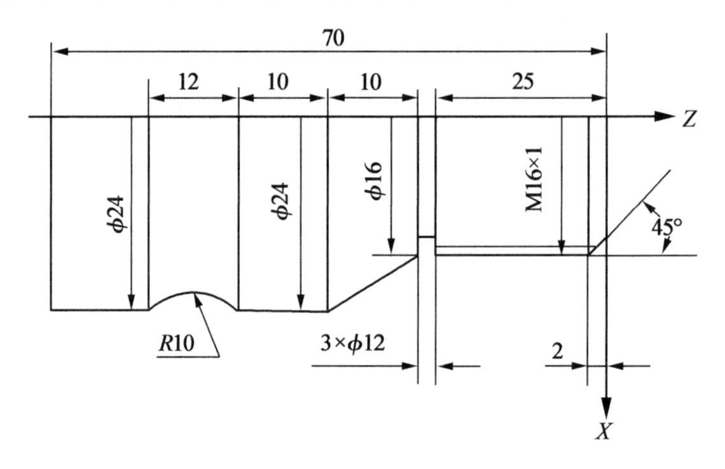

图 8.2　数控车床加工零件图

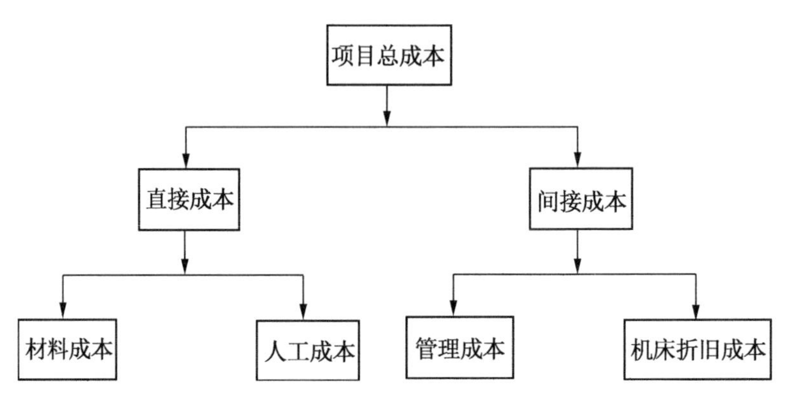

图 8.3　数控车床加工成本构成图

8.3.2　项目成本管理

1. 项目成本管理工作过程

项目成本管理是指为保证在批准的项目预算范围内完成项目目标所进行的管理过程和活动。项目成本管理主要包括资源计划编制、项目成本估算、项目成本预算、项目成本控制四个工作过程：

(1)资源计划编制。资源计划编制是预测为完成项目目标需要资源(人员、材料、设备等),确定资源的种类、数量和时间,制订科学、可行的资源计划。

(2)项目成本估算。项目成本估算是根据项目资源预测,估算完成项目所需的全部成本。常用的方法有自上而下估算法、自下而上估算法、参数模型估算法等。

(3)项目成本预算。项目成本预算是将整体成本估算配置到项目的各项工作中,并制订一个衡量绩效的基准。它是把项目进度计划与项目成本结合起来,分析项目周期内的成本支出。

(4)项目成本控制。项目成本控制是按照成本预算制订的基准,在项目执行过程中,为确保实际成本不超过预算成本所进行的管理活动。其主要目的是分析、发现实际成本与计划成本的偏差,采取相应措施,保证顺利实现项目目标。

2. 项目成本控制方法

项目成本控制中常用的方法是偏差分析技术。偏差分析技术也叫挣值分析,是通过计算已完成工作预算成本、已完成工作实际成本和计划工作预算成本,从而得到项目成本和进度执行情况。

在利用偏差分析技术进行分析计算时,需要用到三个参数:

(1)计划值(Planned Value,PV),指到某一时间点,计划完成工作量的预算值。

(2)实际成本(Actual Cost,AC),指到某一时间点,已完成工作量的实际支出。

(3)挣值(Earned Value,EV),指到某一时间点,已完成工作量的预算成本。

在偏差分析技术中,成本与进度偏差、绩效的度量指标有:

(1)成本偏差(CV):$CV = EV - AC$,当 $CV > 0$ 时,表明项目成本少于计划;当 $CV < 0$ 时,项目成本超过计划;当 $CV = 0$ 时,项目成本与计划一致。

(2)进度偏差(SV):$SV = EV - PV$,当 $SV > 0$ 时,表明项目进度超过计划;当 $SV < 0$ 时,项目进度落后计划;当 $SV = 0$ 时,项目进度与计划一致。

(3)成本执行指数(CPI):$CPI = EV/AC$,当 $CPI > 1$ 时,表明项目成本处于节约状态;当 $CPI < 1$ 时,项目成本处于超支状态;当 $CPI = 1$ 时,项目成本与计划一致。

(4)进度执行指数(SPI):$SPI = EV/PV$,当 $SPV > 1$ 时,表明项目进度处于提前状态;当 $SPI < 1$ 时,项目进度处于落后状态;当 $SPI = 1$ 时,项目进度与计划一致。

【例 1】 某项目计划工期为三年,项目经理针对该项目编制项目成本计划,计划总成本为 100 万元(其中第一年计划预算成本为 30 万元,第二年计划预算成本为 30 万元,第三年计划预算成本为 40 万元)。在该项目实施过程中,通过成本核算和有关成本与进度的记录得知,该项目实施后第二年末花费的实际成本为 50 万元,经查阅项目成本计划,第二年末所完成项目工作内容的预算成本为 45 万元。

试用偏差分析技术对该项目进行计算分析:

(1)计算成本偏差(CV)和进度偏差(SV)并分析其说明了什么?

(2)计算成本执行指数(CPI)和进度执行指数(SPI)并分析其说明了什么?

解　该项目进行到第二年末时,使用偏差分析技术所需的基本参数分别为:

计划值(PV)60 万元;

挣值(EV)45 万元;

实际成本(AC)50 万元。

(1)成本偏差 $CV = EV - AC = 45 - 50 = -5$(万元)

分析:成本偏差为负值,说明该项目第二年末处于超支状态。

进度偏差 $SV = EV - PV = 45 - 60 = -15$(万元)

分析:进度偏差为负值,说明该项目第二年末项目实际进度落后于计划进度。

(2)成本执行指数 $CPI = EV/AC = 45/50 = 0.9$

分析:成本执行指数小于 1,说明该项目成本超支。

进度执行指数 $SPI = EV/PV = 45/60 = 0.75$

分析:进度执行指数小于 1,说明该项目实施进度落后。

8.4 项目人力资源管理

8.4.1 项目人力资源管理的含义

项目人力资源管理是指对项目的全部人力资源进行计划、获取和激励的管理活动,以达到人力资源最有效的利用。

项目人力资源管理的目的通过确保项目组织获取具有相应技能和良好素质的员工,从而形成项目团队,通过管理项目团队来保证项目目标的实现。

项目人力资源管理具有以下特点:

(1)适应性。项目人力资源因素要与项目需求相适应。

(2)团队性。项目是以团队的形式开展工作的。项目团队成员要默契配合、相互支持、团结一致。

(3)时效性。项目依合同书的要求,按照时间的长短分为短期项目、中期新项目和长期项目。项目的时效性也决定了项目团队的时效性。

(4)节点性。节点是项目执行过程中时间管理和进度管理中的关键时间点。项目人力资源在不同节点的需求不同。

8.4.2 项目经理的职责、权限和能力

项目经理作为项目最高责任者和组织者,负责项目的组织、计划、实施全过程。项目经理在整个项目活动中具有重要的地位,直接影响着项目的成败。

1. 项目经理的职责

项目经理应履行的职责主要有以下几点:

(1)对整个项目负完全责任。

(2)确保全部工作在预算范围内按时优质地完成,使客户满意。

(3)领导项目的计划、组织和控制工作,以实现项目目标。

(4)严格执行公司对项目管理的规范。

(5)负责整个项目干系人(客户、上级领导、团队成员等)之间关系的协调与管理。

2. 项目经理的权限

项目经理具有的权限主要有以下几点:

(1)外部沟通。参与项目招标、投标和合同签订;在授权范围内与项目相关方进行直接沟通。

(2)组织管理。参与组建项目管理机构;在组织制度的框架下制定项目管理机构管理制度;主持项目管理机构工作。

(3)资源采购。参与选择并直接管理具有相应资质的分包人;参与选择大宗资源的供应单位;决定授权范围内的项目资源使用。

(4)决策。参与组织对项目各阶段的重大决策;法定代表人和组织授予的其他权利。

(5)薪酬制定。制定内部计薪办法。

3. 项目经理的能力

项目经理必须具备的基本能力有以下几点：

(1)领导能力。项目经理作为项目的负责人，必须具备一定的领导能力，能够从整个项目的需要出发，带领团队执行项目的所有任务。

(2)组织能力。项目经理必须具备能够组织项目计划、日程和资源的能力。

(3)协调能力。项目经理在项目管理中的主要工作是对项目团队成员进行协调，协调各成员使之明确任务，掌握执行方法，与其他成员团结协作。

(4)决策能力。项目管理过程存在很多不确定因素，需要项目团队在突发的事故面前，果断决策，从而避免项目出现更大的偏差。进行决策主要依靠项目经理，因此要求项目经理能够根据科学分析和已有经验，做出正确决策。

另外，项目经理必须具备合格的技术能力、沟通能力、把握重点的能力等。

8.4.3　项目人力资源管理的工作过程

项目人力资源管理的工作过程包括编制人力资源计划、组建项目团队、建设项目团队和管理项目团队 4 个方面。

1. 编制人力资源计划

编制人力资源计划是指识别项目中角色、职责和回报关系，形成文档，包含人员配备管理计划。这一过程需要注意的是：

(1)本过程主要是确定项目中角色、职责和回报关系，并编制人员配备管理计划。

(2)本过程的结果应当在项目的整个生命周期中进行经常性的核查，以确保它的持续适用性。

(3)如果最初的项目人力资源计划不再有效，则应立即修正。

(4)项目团队要有备选人员。

2. 组建项目团队

组建项目团队是指为项目工作找到所需的人员，并将其分配到项目工作中。组建项目团队的方法主要有：

(1)事先分派。在某些情况下，可以预先将人员分派到项目中。

(2)谈判。为将所需人员从原来的工作岗位抽调到项目中，项目经理需要与相应的职能经理进行谈判。

(3)招募。当组织内部缺少项目所需人员时，需要从外部进行招聘。

(4)虚拟团队。不同于集中办公，虚拟团队是地理位置离散、组织边界宽泛的一群人，具有共同目标，完成各自项目任务。

(5)多维决策分析。通过多维决策分析，制定出选择标准，并据此对候选团队成员进行定级和打分。

3. 建设项目团队

通过增强项目团队成员的个人能力和相互作用，提高团队的能力，从而提高项目绩效。

根据塔克曼的团队发展阶段模型，项目团队的发展通常经过 5 个阶段：

(1)形成阶段。一个个独立的个体成员转变为团队成员，对团队的未来往往有美好的期待。

(2)震荡阶段。团队成员开始执行分配的任务,一般会遇到困难,个体之间出现争执、相互指责,并开始怀疑项目经理的能力。

(3)规范阶段。经过一段时间磨合,相互了解熟悉,矛盾基本解决,项目经理得到团队成员的认可。

(4)发展阶段。随着相互之间的配合默契和对项目经理的信任,团队成员积极工作,努力实现目标,有很强的集体荣誉感。

(5)结束阶段。随着项目的结束,团队也被解散了。

4. 管理项目团队

跟踪个人和团队绩效、提供反馈、解决问题、协调各种变更,以提高项目绩效。

在项目团队管理过程中,冲突是不可避免的。冲突就是计划与现实之间的矛盾,或人与人之间不同期望或利益之间的矛盾。最主要的冲突有7种:进度、项目优先级、资源、技术、管理过程、成本和个人冲突。

项目经理管理冲突的能力,往往在很大程度上决定着其管理项目团队的成败。常用的冲突管理的方法有:

(1)问题解决。问题解决就是冲突各方一起积极地定义问题、收集问题的信息、制定解决方案,直到最后选择一个最合适的方案来解决冲突。

(2)合作。集合多方的观点和意见,得出一个多数人接受和承诺的冲突解决方案。

(3)强制。强制就是以牺牲其他各方的观点为代价,强制采纳一方的观点,一般只适用于赢—输的情景里。

(4)妥协。妥协就是冲突的各方协商并且寻找一种能够使冲突各方都有一定程度满意的方案,是一种各方都做出一些让步的解决方法。

(5)求同存异。求同存异就是冲突各方都关注他们一致的方面,而淡化不一致的方面,为维持和谐的关系而退让一步。

(6)撤退。把眼前的或潜在的冲突搁置起来,从冲突中撤退。

数控实训一般也是分组进行的,按照事先分派的方式,由教师确定分组原则,3~5位学生组成一组,即构成一个项目团队,在团队成员中选择一位学生作为组长,也就是项目经理,在整个实训过程中,由项目经理负责项目团队的组织、任务分配、协调、管理等工作,灵活运用上述各种管理方法,使项目团队成员团结一致、共同努力,完成项目任务,实现项目目标。表3.8所示为数控实训的责任分配矩阵,以表格的形式一目了然地表示了实训项目中各项工作任务与每位项目成员之间的联系。教师也可以根据责任分配矩阵对团队及成员进行绩效评价。

表8.3 数控实训的责任分配矩阵

任务	成员甲	成员乙	成员丙	成员丁
数控车床编程	P		S	
数控车床加工		P		S
数控铣床编程		S		P
数控铣床加工	S		P	

注:P(President)—主要负责人,S(Service)—次要负责人。

8.5　项目沟通管理

8.5.1　项目沟通

项目管理过程是一个通过发挥各项项目管理功能,调动人的积极性,提高项目实施效能,实现项目目标的过程。而沟通从一定意义上讲,是项目管理的基础,渗透于项目管理的各个方面。所谓的沟通,就是为了设定的目标,把信息、思想和情感在个人或群体间传递,并达成共同协议的过程。

1. 沟通的四要素

(1)沟通主体——发送者和接收者。

(2)沟通内容——信息(知识、态度、思想、情感等)。

(3)沟通目的——达成一致的理解。

(4)沟通媒介——语言、非语言、噪声。

项目沟通就是项目团队成员之间、项目干系人之间所进行的有效的、顺畅的沟通,以确保项目顺利运行的过程。

2. 项目沟通的重要性

(1)项目沟通是决策和计划的基础。项目团队要想做出正确的决策,必须以准确、完整、及时的信息作为基础。

(2)项目沟通是组织和控制管理过程的手段。只有通过信息沟通,掌握项目团队内的各方面情况,才能为科学管理提供依据。

(3)项目沟通是建立和改善人际关系必不可少的条件。畅通的信息沟通,可以减少人与人的冲突,改善人与人、人与团队之间的关系。

(4)项目沟通是项目经理成功领导的重要手段。项目经理通过各种途径将意图传递给下级,并使下级理解和执行。如果沟通不畅,下级就不能正确理解和执行项目经理的意图,项目就不能按项目经理的意图进行,最终导致项目混乱,甚至失败。

8.5.2　项目沟通管理

项目沟通管理是指为了确保项目信息及时且恰当地生成、收集、发表、存储、调用并最终处置所需的各个过程。项目沟通管理的目标是保证有关项目的信息能够适时、以合理的方式产生、收集、处理、储存和交流。

1. 项目沟通管理原则

在项目管理中,要进行有效的沟通,需要掌握两条关键原则:

(1)尽早沟通。尽早沟通要求项目经理要有前瞻性,定期和项目成员建立沟通,不仅容易发现当前存在的问题,很多潜在问题也能暴露出来。

(2)主动沟通。主动沟通是对沟通的一种态度。在项目中,极力提倡主动沟通,尤其是当已经明确了必须要去沟通的时候。主动沟通不仅能建立紧密的联系,更能表明对项目的重视和参与。

2. 项目沟通管理的工作过程

项目沟通管理的工作过程包括沟通计划编制、信息发送、绩效报告和管理收尾四个方面。

(1)沟通计划编制。针对项目干系人的信息需求和沟通需求进行分析,从而确定何时、采用何种方式将信息发送给他们。

(2)信息发送。使需要的信息及时发送给项目干系人。

(3)绩效报告。收集和发布项目执行情况的信息,从而向项目干系人提供所需的信息,包括状态报告、进展报告和预测。

(4)管理收尾。产生、收集和发布项目或项目阶段完工信息的过程。

8.5.3 项目沟通方式

项目沟通有很多方式,根据角度的不同,项目沟通方式可做如下划分:

1. 正式沟通和非正式沟通

正式沟通是指按项目运行期间正式规定的渠道及方式进行信息的传递和交流。如定期的汇报、远程电话会议、各种例会及客户间正式往来的信函。其优点是信息准确且具备强制力,缺点是沟通迅速及形式局限性较大。

非正式沟通是指在正式沟通渠道之外的信息传递和交流,如雇员之间的私下交流,小道消息等。其优点是信息流通迅速、形式灵活方便,缺点是真实性难以确定。

2. 上行沟通、下行沟通和平行沟通

上行沟通是指下级向上级汇报情况,即自下而上的沟通。如向上级陈述意见、抱怨、批评及反映问题等。上行沟通的顺畅是项目工作开展的前提,也是项目经理掌握项目执行情况做出各种决策的基础。

下行沟通是指团队领导对员工进行自上而下的信息传达。如传达政策、整体规划、业务指导、重大里程碑、激励诱导等。下行沟通的顺畅则对项目的整体进程有较大的宏观推动作用。

平行沟通是指团队内部成员间的沟通及涉及项目运行的各平行部门间的信息交流。如交流经验、看法、意见、误会等。平行沟通对减少矛盾冲突及保证信息的流畅尤为重要。

3. 单向沟通和双向沟通

单向沟通是指信息发出者与接收者之间不存在信息反馈,只是单方面的信息传递,多为做报告、发布通知、指令等。这种沟通的特点是信息量大、传递迅速,但因两者之间没有互动,因此信息难以深入理解消化。

双向沟通是指信息发出者与接收者相互协商讨论的进行沟通,并经过多次探讨最终取得一致意见。这种沟通具有较大的互动性,易于双方建立感情,就是信息传递理解的速度较慢。

4. 书面沟通和口头沟通

书面沟通是指用书面形式进行的沟通,多为较正式的沟通,且相关信息可作为资料长期保存、反复查阅。

口头沟通是指运用口头表达进行的沟通,其灵活性高、沟通迅速,沟通的双方存在较大互动性,可以自由地交换意见、传递信息。

项目沟通的方式很多,在实际项目运行过程中,项目经理应该根据对信息需求的紧迫程度、沟通方式的可行性、项目环境等因素决定采用何种沟通方式进行有效的沟通,以促进项目全面、健康实施，最终实现项目目标。

习题与思考题

8.1　举例说明什么是项目？它与日常工作有何区别？

8.2　什么是项目管理？它与一般的管理有何不同？

8.3　如何创建项目的工作分解结构？

8.4　项目团队组建和管理的方法有哪些？

8.5　结合本章内容，说明工程项目管理在数控实习中的应用有哪些？

参考文献

[1] 李东军,温上樵. 数控编程与项目教程[M]. 北京:海军出版社,2013.
[2] 周庆贵. 数控技术[M]. 北京:北京大学出版社,2019.
[3] 郑堤. 数控机床与编程[M]. 3 版. 北京:机械工业出版社,2019.
[4] 张南乔. 数控技术实训教程[M]. 北京:机械工业出版社,2010.
[5] 骆珣. 项目管理教程 [M]. 北京:机械工业出版社,2010.
[6] 窦如令. 工程项目管理——项目化教材 [M]. 南京:东南大学出版社,2018.
[7] 胡晓东. 数控机床操作与维护技术基础[M]. 北京:电子工业出版社,2011.
[8] 严峻. 数控机床安装调试与维护保养技术[M]. 北京:机械工业出版社,2016.
[9] 马智敏. 数控车床的保养与维修[J]. 农机使用与维修,2021:78-79.
[10] 王辉. 数控实训中心数控机床的维护与保养研究[J]. 湖南农机,2014:20-22.
[11] 骆珣. 项目管理教程[M]. 2 版. 北京:机械工业出版社,2010.
[12] 孙新波. 项目管理[M]. 2 版. 北京:机械工业出版社,2015.
[13] 窦如令. 工程项目管理—项目化教材[M]. 南京:东南大学出版社,2018.